"十四五"职业教育河南省规划教材

平法识图与钢筋算量

（第四版）

主　编　魏国安　杨　飞

副主编　刘　端　李华伟

主　审　王　辉

西安电子科技大学出版社

内 容 简 介

本书为"十四五"职业教育河南省规划教材,主要依据最新的国家建筑标准设计图集 22G101-1、22G101-2、22G101-3、18G901-1、18G901-2、18G901-3 编写。本书内容包括平法识图与钢筋算量的基础知识,梁、柱、板、剪力墙、基础、楼梯等构件的平法识图与钢筋算量,并提供了每类构件的实际工程计算案例。

本书内容系统,案例丰富,结合微课、视频、习题讲解等多种资源形式,实现信息技术与专业教学的全面深度融合,重在对学生动手能力的培养。

本书可作为高职高专院校以及应用型本科院校工程造价专业、工程管理专业、建筑工程技术专业、工程监理专业等土建类相关专业的"平法识图"课程教材,也可供建筑类专业设计人员、施工技术人员、工程造价人员以及相关专业大中专师生学习参考。

图书在版编目(CIP)数据

平法识图与钢筋算量 / 魏国安,杨飞主编. --4 版. --西安:西安电子科技大学出版社,2024.6
ISBN 978-7-5606-7227-4

Ⅰ. ①平… Ⅱ. ①魏… ②杨… Ⅲ. ①钢筋混凝土结构—建筑构图—识图—教材②钢筋混凝土结构—结构计算—教材 Ⅳ. ①TU375

中国国家版本馆 CIP 数据核字(2024)第 057573 号

策　　划　马乐惠
责任编辑　陈　婷
出版发行　西安电子科技大学出版社(西安市太白南路 2 号)
电　　话　(029)88202421　88201467　　　邮　　编　710071
网　　址　www.xduph.com　　　　　　　电子邮箱　xdupfxb001@163.com
经　　销　新华书店
印刷单位　咸阳华盛印务有限责任公司
版　　次　2024 年 6 月第 4 版　　2024 年 6 月第 1 次印刷
开　　本　787 毫米×1092 毫米　1/16　　印　张　13.5　插页 16
字　　数　310 千字
定　　价　42.00 元
ISBN 978-7-5606-7227-4 / TU
XDUP 7529004-1
如有印装问题可调换

前　言

平法是把结构构件尺寸和钢筋等，按照平面整体表示方法的制图规则，整体直接表达在各类构件的结构平面布置图上，再与标准构造详图相配合，构成一套完整的结构施工图的方法。平法现已在全国结构工程界普遍应用，"平法"一词也已被结构设计师、建造师、造价师、监理师、预算人员和技术工人普遍采用。平法是对我国现有结构设计、施工概念与方法的深刻反思和系统整合的成果，不仅在工程界产生了巨大影响，对结构教育相关研究的影响也逐渐显现。

高职院校以及应用型本科院校工程造价专业、工程管理专业、建筑工程技术专业、工程监理专业等土建类相关专业已相继开设"平法识图与钢筋算量"课程。每年举办的建筑类和水利类高职院校职业技能大赛中，"平法识图与钢筋算量"已是一项重要的考核内容。我们深感"平法识图与钢筋算量"教材建设的必要性和紧迫性，所以深入企业一线，置身实际工程，用心去感悟平法的应用和内涵，与企业中经验丰富的工程师反复探讨，仔细斟酌，在第三版的基础上，根据最新的国家建筑标准设计图集进行了修订，配置视频、课件、习题讲解等多种资源，使得本书更适合目前教学使用。

本书在编制过程中，准确识变、积极应变、主动求变，按照国家职业标准和教学标准，创新探索"岗课赛证"融通高技能人才培养模式改革，增强职业教育的适应性。本书编写坚持"岗课赛证"融通四位一体的育人理念，形成"岗课"相衔接、"证赛"搭建"岗课"桥梁相融通的高素质技术技能人才培养模式。"岗"是课程学习标准，以企业具体岗位需求为目标；"课"是课程体系，以对接职业标准和工程过程的岗位核心职业能力培养；"赛"是职业院校技能大赛，以赛促练、以赛促学提升课程教学水平；"证"是职业技能等级证书，以职业技能等级证书评价课程学习，使学生通过课程学习具备与企业岗位需求相匹配的职业能力，同时为高素质"双师型"教师的技能水平和专业教学能力的提升，提供了平台和途径。

本书强调基本知识和实用技能的掌握，以及在实际工程中的应用。在编写过程中，我们注重内容的科学性，尽量使用工程技术语言表述，培养学生基本的技术表述方法；通过工程案例的分析让学生理解平法识图和钢筋算量，并针对不同专题的技术特点和设计规律，设置了相应的学习目标和要求，使学生能够学以致用。为了体现高职教育的特色，更好地培养学生的动手能力和实际操作技能，本书采用任务驱动的方式组织内容，共包括基本知识，梁、柱、板、剪力墙、基础、楼梯等构件的平法识图与钢筋算量等 7 个项目 19 个任务。本书内容系统，实用性强，应用实体建模和三维立体技术仿真模拟结构构件配筋构造及节点构造，感官效果强烈，便于学生理解与掌握。

本书为"十四五"职业教育河南省规划教材，由河南建筑职业技术学院魏国安、杨飞担任主编，河南建筑职业技术学院刘端和李华伟任副主编。魏国安负责全书统稿、定稿工作。本书编写工作的具体分工如下：魏国安(项目1、项目2、项目3)，杨飞(项目6、项目7)，刘端(项目4)，李华伟(项目5)，魏国安、杨飞提供了书后配套图纸。

特别感谢河南建筑职业技术学院副校长王辉教授！王辉教授主审了全书，提出了许多宝贵意见，并在本书的选题和写作过程中给予极大的指导和帮助。在编写过程中，我们借鉴和参考了有关书籍、图纸和相关高职院校的教学资源，谨此一并致谢。

本书为河南省高等职业学校青年骨干教师培养计划(2019GZGG073)资助项目。

限于编者水平和经验，书中不妥之处在所难免。嘤其鸣矣，求其友声，我们诚恳地希望得到广大读者和同行专家的批评指正。

编　者

2023 年 11 月

第 一 版 前 言

所谓平法，就是把结构构件尺寸和钢筋等，按照平面整体表示方法的制图规则，整体直接表达在各类构件的结构平面布置图上，再与标准构造详图相配合，构成一套完整的结构施工图的方法。平法现已在全国结构工程领域得到普遍应用，"平法"一词已被遍及全国范围的结构设计师、建造师、造价师、监理师、预算人员和技术工人普遍采用。平法是对我国现有结构设计、施工概念与方法的深刻反思和系统整合的成果，不仅在工程界产生了巨大影响，对结构教育、研究的影响也逐渐显现。

我国大多数高职高专院校以及应用型本科院校的工程造价专业、工程管理专业、建筑工程技术专业、工程监理专业等土建类相关专业已相继开设了"平法识图与钢筋算量"课程。每年举办的建筑类和水利类高职院校职业技能大赛中，"平法识图与钢筋算量"已是一项重要的考核内容。在近几年的竞赛交流中，大家深感加快"平法识图与钢筋算量"教材建设的必要性和紧迫性，编者深入企业一线，置身实际工程，用心去感悟平法的应用和内涵，与企业中经验丰富的工程师反复探讨、仔细斟酌，联手编写了这本教材，希望能抛砖引玉。

本书主要依据最新的国家建筑标准设计图集 16G101-1、16G101-2、16G101-3、12G901-1、12G901-2、12G901-3 编写。为了体现高职特色，更好地培养学生的动手能力和实际操作技能，本书采用任务驱动方式组织内容，分为平法和钢筋算量基础知识，梁、柱、板、剪力墙、基础、楼梯等构件的平法识图与钢筋算量，共 7 个项目。在编写过程中，本书注重基础知识和内容的科学性，尽量使用工程技术语言表述，培养学生基本的技术表述方法，强调基本知识和实用技能的掌握及其在实际工程中的应用。通过分析工程案例，针对不同专题的技术特点和设计规律，设置了相应的学习目标和要求，让学生理解平法识图和钢筋算量并能够学以致用。

本书内容系统，实用性强，应用实体建模和三维立体技术仿真模拟结构构件配筋构造及节点构造，感官效果强烈，便于理解，方便掌握。可作为高职高专院校以及应用型本科院校工程造价专业、工程管理专业、建筑工程技术专业、工程监理专业等土建类相关专业的平法识图课程教材，也可供设计人员、施工技术人员、工程造价人员以及相关专业大中专师生学习参考。

本书由河南建筑职业技术学院魏国安、蔡跃东任主编，河南建筑职业技术学院杨飞任副主编。参加本书编写工作的还有郑州康桥房地产开发有限责任公司时萍，河南建筑职业技术学院李月娟、尚昱、赵小燕、李华伟、林泽昕。具体分工如下：杨飞编写项目 1、项目 2，魏国安编写项目 3、项目 4、项目 5、项目 6，时萍和赵小燕合编任务 7.1，林泽昕和李华伟合编任务 7.2，李月娟和尚昱合编任务 7.3，蔡跃东编写各章小结及习题、附图。河南建筑职业技术学院工程造价专业 2010 级学生朱鹏、徐明河完成了本书的插图绘制工作。

特别感谢河南建筑职业技术学院副院长吴承霞教授及福建林业职业技术学院的张新民老师，他们对本书提出了许多宝贵意见，并在本书的选题和写作过程中给予了很多指导和帮助。本书的出版得到河南建筑职业技术学院管理系王辉主任的大力支持，在此表示衷心的感谢！在编写过程中，我们借鉴和参考了有关书籍、图纸和相关高职院校的教学资源，谨此一并致谢。

由于编者水平有限，书中不妥之处在所难免。嘤其鸣矣，求其友声，我们诚恳地希望广大读者和同行专家批评指正。

编　者

2017 年 12 月

课程思政方案

　　本书课程思政元素是以习近平"新时代中国特色社会主义思想"为指导，以社会主义核心价值观为主题，紧紧围绕着"人格塑造，能力培养，知识传授"三位一体的课程设计目标，在课程内容中寻找相关的落脚点，通过识图、计算、案例、设计等教学素材的运用，以"诱思探究"的方式，将"劳模精神""劳动精神""工匠精神"潜移默化地传递给学生，从而产生积极的效应。

　　本书的课程思政元素设计，以爱岗敬业、争创一流、艰苦奋斗、勇于创新、诚实劳动、乐于奉献、执着专注、精益求精、一丝不苟、追求卓越为主要内容；以理想信念、价值取向、政治信仰、社会责任、国际视野为主题。通过教材每个知识点的设计，将以上内容落到实处，力求全面提高大学生的政治素质和工作能力，努力把学生培养成"德才兼备"的实用型人才。

　　本书每个思政元素的教学过程，都包括教师诱导、学生思考、师生共同研讨、最后得出结论等环节。师生在思考中感悟，在研讨中提高，真正实现"教学相长"。

　　本书共有 7 个项目，除项目 1 讲述平法识图与钢筋算量的基础知识外，其他 6 个项目分别从梁、柱、板、剪力墙、基础、楼梯等方面阐述了平法识图与钢筋的标准构造及计算原理等内容。第 1 个项目引导学生思考"平法图"产生的原因、作用及重要性，帮助学生树立"爱岗敬业，争创一流"的精神；后几个项目讲述运用"平法识图"的标注内容，注重培养学生"一丝不苟"做事的精神；讲授每个项目的标注及计算原理时，要求学生思考怎样做到"精益求精"；讲授每一个计算实例，要与学生一起探讨它的规律性，启发学生进行创新思维；每节课结束，都要求学生自己总结本节内容要点。学生只有熟练地掌握了本书主要知识点，又能"勤于思考，执着专注"于本专业，才能有所发展，有所创新，将来才能创造出一流的业绩，为实现"中国梦"贡献出自己的力量。

编　者

2023 年 11 月

CONTENTS 目 录

项目 1　平法识图与钢筋算量基础知识

【学习目标】

知识目标：

(1) 熟悉钢筋混凝土结构施工图平面整体表示方法(简称平法)的概念。

(2) 熟悉平法施工图识图的一般原则，了解平法的制图规则。

(3) 了解钢筋算量的意义。

(4) 掌握钢筋算量的基本流程。

能力目标：

(1) 具备区别平法施工图与传统结构施工图的能力。

(2) 具备理解钢筋算量基础知识和基本流程的能力。

(3) 具备查找平法相关资料的能力。

素质目标：

(1) 养成正确阅读图集和图纸的习惯。

(2) 能够通过图书馆、网络等方式查找资料，解决问题。

任务 1.1　平法基础知识

在现今的工程建设中，钢筋作为主要的建筑材料之一，用量大且价格高，其重要性不言而喻。首先，钢筋的加工成型直接影响钢筋混凝土结构的施工进度、工程质量及受力性能；其次，钢筋长度、用量的计算又影响工程造价编制的准确性。

钢筋的加工成型与算量工作需要与设计图纸和标准图集相结合，因此，**看懂图纸成为先决条件**，混凝土结构施工图平面整体表示方法(以下简称平法，在实际工程中常指平法图集)作为看懂图纸的基础，必须熟练掌握。在工程实践中，结构施工图主要表示构件截面尺寸大小及钢筋用量(数量)，而有关钢筋的构造做法，如钢筋锚固、截断位置、连接位置等，则要按平法之规定。因此，要全面、正确地理解图纸并付诸实践，必须把图纸和平法很好地结合。**数字看图纸，构造看平法，两者缺一不可。**

1.1.1　平法的概念

平法就是把结构构件尺寸和钢筋等，按照平面整体表示方法的制图规则，整体直接表达在各类构件的结构平面布置图上，再与标准构造详图相配合，构成一套完整的结构施工图的方法。**平法改变了传统结构施工图中从平面布置图中索引，再逐个绘制配筋详图的繁**

琐方法，减小了设计人员的工作量，同时也减少了传统结构施工图中"错、漏、碰、缺"的质量通病。

平法的创始人是山东大学的陈青来教授。平法实现了**结构领域标准构造设计的集成化**，被称为建筑结构领域的成功之作，是被原国家科委列为国家级推广的重点科研成果，也是对我国混凝土结构施工图设计表示方法的重大改革。

1.1.2　平法施工图的优点

1. 平法施工图与传统结构施工图的比较

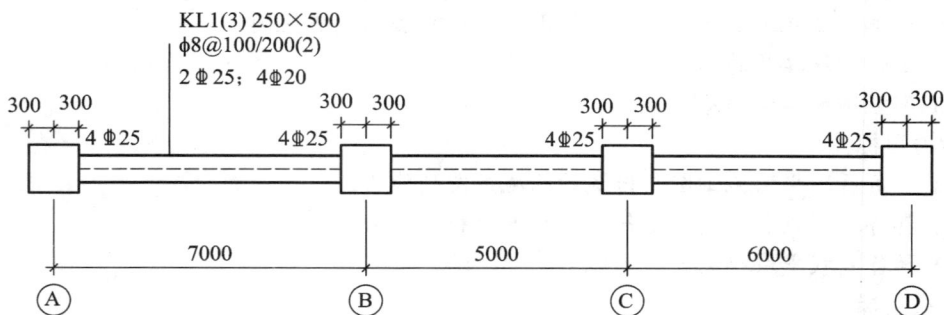

图 1-1 所示梁平法结构施工图是采用平面注写方式绘制的单根梁，用于对比按传统表示方法表示的图 1-2 (图中钢筋构造做法与尺寸是按平法要求确定的，在以后框架梁章节中有叙述)。当采用平面注写方式表达时，不需绘制梁截面配筋图。

图 1-1　梁平法结构施工图

2. 平法的六大优点

1995 年 7 月 26 日，由原建设部组织的"'建筑结构施工图平面整体设计方法'科研成果鉴定"在北京举行。会上，我国结构工程界的众多知名专家一致认同平法的以下六大优点：

(1) 够简单。平法采用标准化的设计制图规则，结构施工图表示数字化、符号化，单张图纸的信息量较大并且集中；构件分类明确，层次清晰，表达准确，设计速度快，效率成倍提高；平法使设计者易掌握全局，易进行平衡调整，易修改，易校审，改图可不牵连其他构件，易控制设计质量；平法能适应业主分阶段分层提图施工的要求，亦可适应在主体结构开始施工后进行大幅度调整的特殊情况。平法分结构层设计的图纸与水平逐层施工的顺序完全一致，对标准层可实现单张图纸施工，施工技术人员对结构比较容易形成整体概念，有利于管理施工质量。

(2) 易操作。平法采用标准化的构造详图，形象、直观，施工易懂、易操作；标准构造详图可集国内较成熟、可靠的常规节点构造之大成，经分类归纳后编制成国家建筑标准设计图集供设计选用，可避免构造做法反复抄袭及设计失误，保证节点构造在设计与施工两个方面均达到高质量。此外，对实现专门化节点构造的研究、设计和施工，提出了更高的要求。

(3) 低能耗。平法大幅度地降低设计成本及设计消耗，节约了自然资源。平法施工图是有序化、定量化的设计图纸，与其配套使用的标准设计图集可以重复使用，与传统方法相比图纸量减少 70%左右，综合设计工日减少 2/3 以上，节约了人力资源与自然资源。

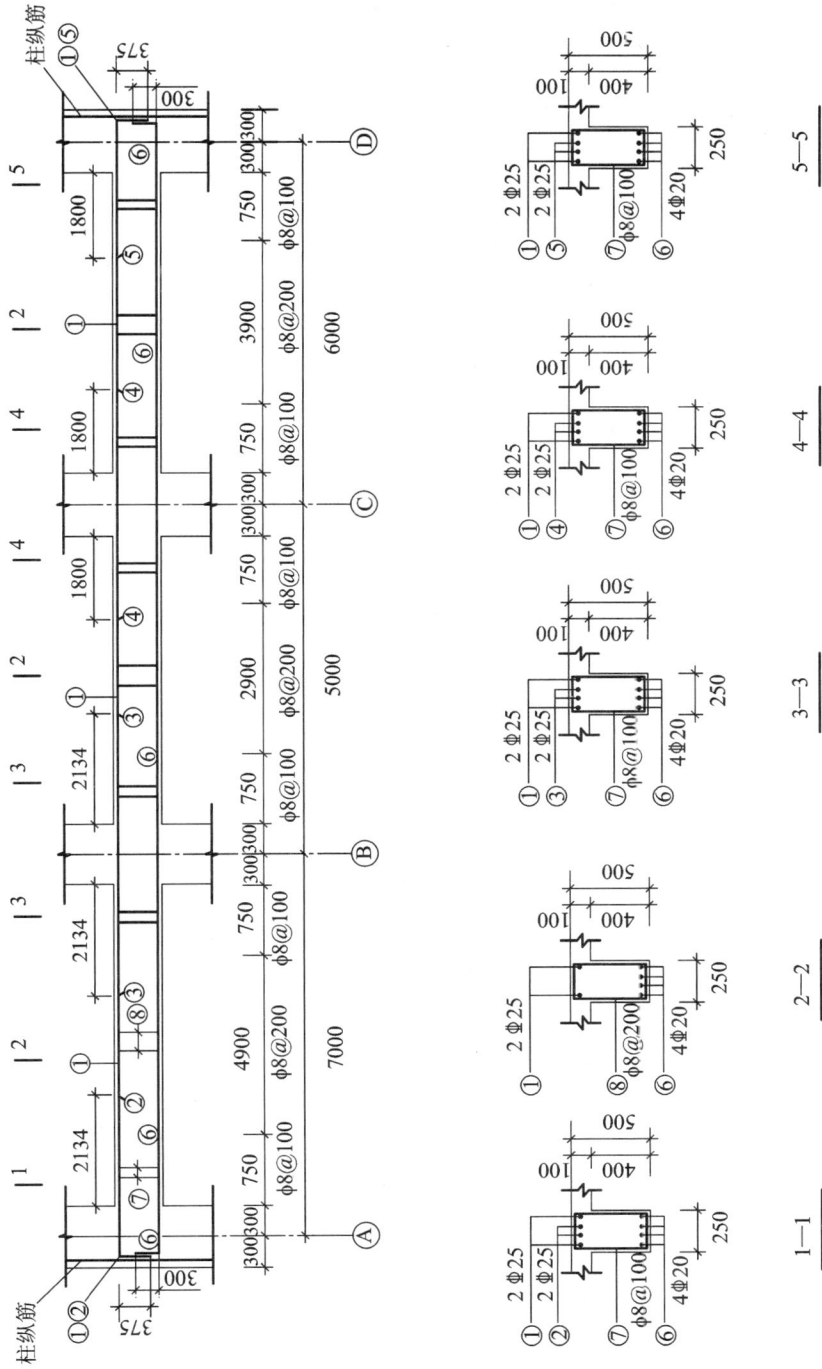

图 1-2 传统梁结构施工图

(4) 高效率。平法可以大幅度提高设计效率，能快速解放生产力，迅速缓解基本建设高峰时期结构设计人员紧缺的局面。在推广平法比较早的建筑设计院，结构设计人员的数量已经低于建筑设计人员，有些设计院结构设计人员仅为建筑设计人员的 1/2～1/4，结构设计周期明显缩短，结构设计人员的工作强度显著降低。

(5) 改变用人结构。平法促进人才分布格局的改变，影响了建筑结构领域的人才结构。设计单位对工民建专业大学毕业生的需求量已经明显减少，为施工单位招聘结构人才留出了相当大的空间，大量工民建专业毕业生到施工部门择业渐成普遍现象，使人才流向发生了比较明显的转变，人才分布趋向合理。随着时间的推移，高校培养的大批土建高级技术人才必将对施工建设领域的科技进步产生积极作用。

(6) 促进人才竞争。平法促进设计院内的人才竞争，促进结构设计水平的提高。设计单位对年度毕业生的需求量有限，自然形成了人才的就业竞争，使比较优秀的专业人才有更多机会进入设计单位，长此以往，可有效提高结构设计队伍的整体素质。

1.1.3 平法标准设计系列国标图集简介

目前已出版发行的常用平法标准设计系列国标图集主要有：

(1) 《国家建筑标准设计图集 22G101-1：混凝土结构施工图平面整体表示方法制图规则和构造详图(现浇混凝土框架、剪力墙、梁、板)》。

(2) 《国家建筑标准设计图集 22G101-2：混凝土结构施工图平面整体表示方法制图规则和构造详图(现浇混凝土板式楼梯)》。

(3) 《国家建筑标准设计图集 22G101-3：混凝土结构施工图平面整体表示方法制图规则和构造详图(独立基础、条形基础、筏形基础及桩基承台)》。

(4) 《国家建筑标准设计图集 20G329-1：建筑物抗震构造详图(多层和高层钢筋混凝土房屋)》。

(5) 《国家建筑标准设计图集 11G329-2：建筑物抗震构造详图(多层砌体房屋和底部框架砌体房屋)》。

(6) 《国家建筑标准设计图集 23G329-3：建筑物抗震构造详图(单层工业厂房)》。

(7) 《国家建筑标准设计图集 11G902-1：G101 系列图集常用构造三维节点详图(框架结构、剪力墙结构、框架-剪力墙结构)》。

目前出版的与 22G101 平法图集配套使用的系列图集主要有：

(1) 《国家建筑标准设计图集 18G901-1：混凝土结构施工钢筋排布规则与构造详图(现浇混凝土框架、剪力墙、梁、板)》。此图集是对 22G101-1 钢筋排布的细化和延伸，配合 22G101-1 解决施工中现浇混凝土框架、剪力墙、梁、板的钢筋翻样计算和现场安装绑扎，从而实现设计构造和施工建造的有机结合，为施工人员进行钢筋排布和下料提供技术依据。

(2) 《国家建筑标准设计图集 18G901-2：混凝土结构施工钢筋排布规则与构造详图(现浇混凝土板式楼梯)》。此图集是对 22G101-2 钢筋排布的细化和延伸，配合 22G101-2 解决施工中现浇混凝土板式楼梯的钢筋翻样计算和现场安装绑扎，从而实现设计构造和施工建造的有机结合，为施工人员进行钢筋排布和下料提供技术依据。

(3) 《国家建筑标准设计图集 18G901-3：混凝土结构施工钢筋排布规则与构造详图(独立基础、条形基础、筏形基础、桩基承台)》。此图集是对 22G101-3 钢筋排布的细化和延伸，配合 22G101-3 解决施工中独立基础、条形基础、筏形基础及桩基承台的钢筋翻样计算和现场安装绑扎，从而实现设计构造和施工建造的有机结合，为施工人员进行钢筋排布和下料提供技术依据。

当然，22G101 系列图集和 20G329 以及 18G901 系列图集节点构造基本一致。但由于目前我国结构设计主要遵循的是平法制图规则，也就是说，平法制图规则和构造比起来，平法制图规则是第一位的。所以结构"1 字头"图集是制图规则和设计深度的主要参照标准。基于此，**本书主要以 22G101 和 18G901 系列图集(如图 1-3 所示)为依据进行讲解。**

图 1-3　22G101 和 18G901 系列图集

1.1.4　学习平法的作用

平法设计采用标准化的制图规则，用数字、符号来表达结构施工图，图纸中的信息量大而且集中，建筑构件分类明确，构造层次清晰且实现了标准构造设计的集成化；设计内容表达准确，提高了设计速度和读图速度，工作效率成倍提高。同时，平法施工图设计推动了设计和施工的理念的更新，更推动了预算方法的改进。

虽然平法设计的规律性给从事设计和施工的人员带来了便利，但是对施工管理、监理造价等有关人员的识图提出了新要求。

1.1.5 平法结构施工图上应注明的事项

平法结构施工图上应注明的事项有：

(1) 注明所选用平法标准图的图集号(如 22G101-1)，以免图集升级改版后在施工中用错版本。

(2) 写明混凝土结构的设计使用年限。

(3) 抗震设计时，应写明抗震设防烈度及抗震等级，以明确选用相应抗震等级的标准构造详图；非抗震设计时，也应注明，以明确选用非抗震的标准构造详图。

(4) 写明各类构件在不同部位所选用的混凝土的强度等级和钢筋级别，以确定相应纵向受拉钢筋的最小锚固长度及最小搭接长度等。当采用机械锚固形式时，设计者应指定机械锚固的具体形式、必要的构件尺寸及质量要求。

(5) 当标准构造详图有多种可选择的构造做法时，应写明在何部位选用何种构造做法。当未写明时，则表示设计人员自动授权施工人员可以任选一种构造做法进行施工。例如：框架顶层端节点配筋构造、复合箍中拉筋弯钩做法、无支撑板端部封边构造等。

某些节点要求设计者必须写明在何部位选用何种构造做法，例如：非框架梁(板)上部纵向钢筋在端支座的锚固(需注明"设计按铰接"或"充分利用钢筋的抗拉强度时")，地下室外墙与顶板的链接，剪力墙上柱 QZ 纵筋构造方式等，以及剪力墙水平钢筋是否计入约束边缘构件体积配箍率计算等。

(6) 写明柱(包括墙柱)纵筋、墙身分布筋、梁上部贯通筋等在具体工程中需接长时所采用的连接形式及有关要求。必要时，应注明对接头的性能要求。例如，轴心受拉及小偏心受拉构件的纵向受力钢筋不得采用绑扎搭接，设计者应在平法施工图中注明其所在层数及平面位置。

(7) 写明结构不同部位所处的环境类别。

(8) 注明上部结构的嵌固部位的位置。

(9) 设置后浇带时，注明后浇带的位置、浇筑时间和后浇混凝土的强度等级以及其他特殊要求。

(10) 当柱、墙或梁与填充墙需要拉结时，其构造详图应由设计者根据墙体材料和规范要求选用相关国家建筑标准设计图集或自行绘制。

(11) 当具体工程需要对本图集的标准构造详图做局部变更时，应注明变更的具体内容。

(12) 当具体工程中有特殊要求时，应在施工图中另加说明。

(13) 对钢筋的混凝土保护层厚度、钢筋搭接和锚固长度，除在结构施工图中另有注明外，均需按本图集标准构造详图中的有关构造规定执行。

任务 1.2 钢筋算量及相关结构构造知识

1.2.1 钢筋算量的基础知识

钢筋是一种常用的建筑材料，它的主要优点是强度高、品质均匀稳定、塑性和韧性较好、加工性能良好，可用于制作各种钢筋混凝土构件，主要用来弥补混凝土

热轧钢筋

抗拉强度低的缺点。工程造价计算中，钢筋用量的计算是最繁琐的任务，钢筋用量计算的准确与否对工程造价的影响很大。

1. 热轧钢筋

热轧钢筋是目前钢筋混凝土结构最常用的钢筋，分热轧光圆钢筋(HPB)、热轧带肋钢筋(HRB)、余热处理钢筋(RRB)和细晶粒热轧带肋钢筋(HRBF)四种。常见热轧钢筋如图1-4所示。

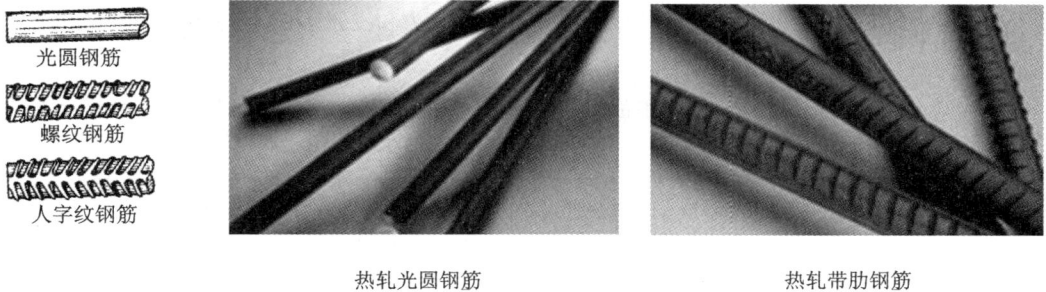

光圆钢筋

螺纹钢筋

人字纹钢筋

热轧光圆钢筋　　　　　　　　　　热轧带肋钢筋

图 1-4　热轧钢筋

热轧钢筋是建筑工程中用量最大的钢材品种之一，目前我国常见的热轧钢筋见表1-1。在表1-1中，钢筋牌号HRBF的表示意义为：

肋 ───── 细晶粒

热轧 ← **HRBF 400** → 屈服强度标准值为400 MPa

钢筋 ─────┘

表 1-1　常见热轧钢筋的符号和直径

牌　号	符　号	公称直径 d/mm	屈服强度标准值 f_{yk}/(N/mm^2)	极限强度标准值 f_{stk}/(N/mm^2)
HPB300	Φ	6～22	300	420
HRB400	Φ			
HRBF400	Φ^F	6～50	400	540
RRB400	Φ^R			
HRB500	Φ	6～50	500	630
HRBF500	Φ^F			

《混凝土结构设计规范(2015年版)》(GB50010—2010)指出，混凝土结构的钢筋应按下列规定选用：

(1) 纵向受力普通钢筋**宜采用** HRB400、HRB500、HRBF400、HRBF500 钢筋，也可采用 HPB300、RRB400 钢筋。

(2) 梁、柱纵向受力普通钢筋**应采用** HRB400、HRB500、HRBF400、HRBF500 钢筋。

(3) 箍筋**宜采用** HRB400、HRBF400、HPB300、HRB500、HRBF500 钢筋。

2. 钢筋算量的业务分类

建筑工程从设计到竣工，依次可分为设计、招投标、施工、竣工结算四个阶段。在建筑工程建设的各个阶段都要确定造价，各阶段的工程造价内容见表 1-2。

表 1-2 钢筋算量业务

阶　段	工程造价内容	说　明
设计	设计概算	在设计过程中，编制设计概算以对工程的经济性进行评估，比如，计算出工程的钢筋用量，可以评估构件的含钢量
招投标	招标方：标底、招标控制价	招标方和投标方编制招投标需要的工程造价文件，需要先计算出工程中人、材、机的用量，然后乘以单价，再综合规费和税金，以确定工程造价；在这个过程中，需要计算工程的钢筋用量
	投标方：投标报价	
施工	材料备料	在施工过程中，需要进行钢筋采购、加工等，需要编制材料计划、钢筋配料单等
竣工结算	结算造价	竣工结算过程中，确定工程造价，也同样需要计算工程钢筋用量

从表 1-2 中可以看出，钢筋算量贯穿工程建设全过程，它是确定钢筋用量及造价的重要环节。将表 1-2 中钢筋算量的业务进行归类，可以分为两类，见表 1-3。

表 1-3 钢筋算量的业务划分

钢筋算量业务划分	计算依据和方法	目　的	关　注　点
钢筋下料	按照相关规范及设计图纸，以"实际长度"进行计算	指导实际施工	既符合相关规范和设计要求，还要满足方便施工、降低成本等施工要求
钢筋算量	按照相关规范及设计图纸，以及工程量清单和定额的要求，以"设计长度"进行计算	确定工程造价	以快速计算工程的钢筋总用量，用于确定工程造价
说明	实际长度 = 设计长度 – 量度差值		

1.2.2 钢筋算量及相关结构知识

1. 钢筋工程量的计算原理

钢筋工程量的计算原理是先计算钢筋的总长度，再以总长度乘以单位长度理论重量得到总重量。

表 1-4 为钢筋的公称直径、公称截面面积及理论重量，括号内为预应力螺纹钢筋的数值。

用公式则表示为

$$钢筋的总重量 = 单根钢筋长度×总根数 × 单位长度理论重量/1000$$
$$单根钢筋长度 = 净长度 + 锚固长度 + 连接长度 + 弯钩长度$$

表 1-4　钢筋的公称直径、公称截面面积及理论重量

公称直径 /mm	不同根数钢筋的公称截面面积/mm²									单根钢筋理论重量 /(kg/m)
	1	2	3	4	5	6	7	8	9	
6	28.3	57	85	113	142	170	198	226	255	0.222
8	50.3	101	151	201	252	302	352	402	453	0.395
10	78.5	157	236	314	393	471	550	628	707	0.617
12	113.1	226	339	452	565	678	791	904	1017	0.888
14	153.9	308	461	615	769	923	1077	1231	1385	1.21
16	201.1	402	603	804	1005	1206	1407	1608	1809	1.58
18	254.5	509	763	1017	1272	1527	1781	2036	2290	2.00(2.11)
20	314.2	628	942	1256	1570	1884	2199	2513	2827	2.47
22	380.1	760	1140	1520	1900	2281	2661	3041	3421	2.98
25	490.9	982	1473	1964	2454	2945	3436	3927	4418	3.85(4.10)
28	615.8	1232	1847	2463	3079	3695	4310	4926	5542	4.83
32	804.2	1609	2413	3217	4021	4826	5630	6434	7238	6.31(6.65)
36	1017.9	2036	3054	4072	5089	6107	7125	8143	9161	7.99
40	1256.6	2513	3770	5027	6283	7540	8796	10053	11310	9.87(10.34)
50	1963.5	3928	5892	7856	9820	11784	13748	15712	17676	15.42(16.28)

影响节点锚固和搭接长度的因素主要有混凝土强度等级、抗震等级和钢筋种类三个方面。钢筋工程量计算原理如图 1-5 所示。

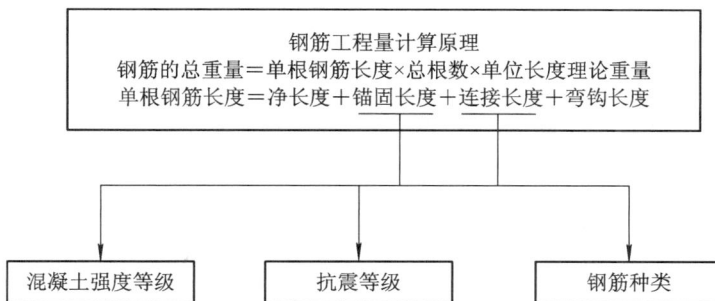

图 1-5　钢筋工程量计算原理图

2. 混凝土结构的环境类别

混凝土结构的环境即混凝土结构所处的环境,其环境类别主要影响混凝土结构的耐久性和混凝土结构构造(如钢筋保护层厚度等)。表 1-5 为混凝土结构的环境类别。

表 1-5 混凝土结构的环境类别

环境类别	条 件
一	室内干燥环境； 无侵蚀性静水浸没环境
二 a	室内潮湿环境； 非严寒和非寒冷地区的露天环境； 非严寒和非寒冷地区与无侵蚀性的水或土壤直接接触的环境； 严寒和寒冷地区的冷冻线以下与无侵蚀性的水或土壤直接接触的环境
二 b	干湿交替环境； 水位频繁变动环境； 严寒和寒冷地区的露天环境； 严寒和寒冷地区冷冻线以上与无侵蚀性的水或土壤直接接触的环境
三 a	严寒和寒冷地区冬季水位变动区环境； 受除冰盐影响环境； 海风环境
三 b	盐渍土环境； 受除冰盐作用环境； 海岸环境
四	海水环境
五	受人为或自然的侵蚀性物质影响的环境

注：(1) 室内潮湿环境是指构件表面经常处于结露或湿润状态的环境。

(2) 严寒和寒冷地区的划分应符合现行国家标准《民用建筑热工设计规范》GB50176 的有关规定。

(3) 海岸环境和海风环境宜根据当地情况，考虑主导风向及结构所处迎风、背风部位等因素的影响，由调查研究和工程经验确定。

(4) 受除冰盐影响环境是指受到除冰盐盐雾影响的环境；受除冰盐作用环境是指被除冰盐溶液溅射的环境以及使用除冰盐地区的洗车房、停车楼等建筑。

(5) 暴露的环境是指混凝土结构表面所处的环境。

3. 混凝土保护层厚度

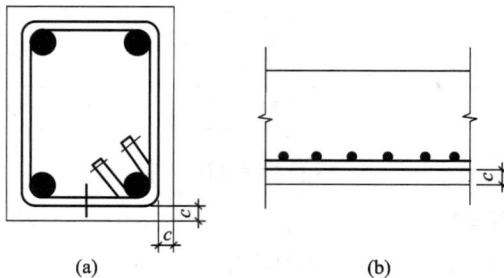

混凝土的保护层厚度指**最外层钢筋外边缘**至混凝土表面的距离，如图 1-6 所示。设计使用年限为 50 年的混凝土结构，混凝土保护层的最小厚度必须符合表 1-6 的规定。

混凝土保护层厚度

图 1-6 保护层示意图

(a) 梁保护层示意图；(b) 板保护层示意图

表 1-6 混凝土保护层的最小厚度　　　　　　　　　　mm

环境类别	板、墙	梁、柱	环境类别	板、墙	梁、柱
一	15	20	三 a	30	40
二 a	20	25	三 b	40	50
二 b	25	35			

同时，混凝土保护层厚度要符合以下要求：

(1) 构件中受力钢筋的保护层厚度不应小于钢筋的公称直径。

(2) 设计使用年限为 100 年的混凝土结构，在一类环境中，最外层钢筋的保护层厚度不应小于表中数据的 1.4 倍；在二、三类环境中，应采取专门的有效措施。

(3) 混凝土强度不大于 C25 时，表中保护层厚度数值应增加 5 mm。

(4) 基础底面钢筋的保护层厚度，有混凝土垫层时应从垫层顶面算起，且不应小于 40 mm。

4. 钢筋的锚固长度

钢筋的锚固长度是指受力钢筋通过混凝土与钢筋的黏结作用，将所受力传递给混凝土所需要的长度。钢筋的锚固长度应符合设计要求，当图纸要求不明确时，可按照平法构造的要求确定。

1) 纵向受拉钢筋的基本锚固长度

纵向受拉钢筋的基本锚固长度可通过表 1-7、表 1-8 查取。

(1) 四级抗震时，$l_{abE} = l_{ab}$。

(2) 混凝土强度等级应取锚固区的混凝土强度等级。

(3) 当锚固钢筋的保护层厚度不大于 $5d$ 时，锚固钢筋长度范围内应设置横向构造钢筋，其直径不应小于 $d/4$(d 为锚固钢筋的最大直径)；对梁、柱等构件间距不应大于 $5d$，对板、墙等构件间距不应大于 $10d$，且均不应大于 100 mm(d 为锚固钢筋的最小直径)。

钢筋的锚固长度

表 1-7 纵向受拉钢筋基本锚固长度 l_{ab}

钢筋种类	混凝土强度等级							
	C25	C30	C35	C40	C45	C50	C55	≥C60
HPB300	34d	30d	28d	25d	24d	23d	22d	21d
HRB400 HRBF400 RRB400	40d	35d	32d	29d	28d	27d	26d	25d
HRB500 HRBF500	48d	43d	39d	36d	34d	32d	31d	30d

表 1-8 抗震设计时纵向受拉钢筋基本锚固长度 l_{abE}

钢筋种类		混凝土强度等级							
		C25	C30	C35	C40	C45	C50	C55	≥C60
HPB300	一、二级	39d	35d	32d	29d	28d	26d	25d	24d
	三级	36d	32d	29d	26d	25d	24d	23d	22d
HRB400 HRBF400	一、二级	46d	40d	37d	33d	32d	31d	30d	29d
	三级	42d	37d	34d	30d	29d	28d	27d	26d
HRB500 HRBF500	一、二极	55d	49d	45d	41d	39d	37d	36d	35d
	三级	50d	45d	41d	38d	36d	34d	33d	32d

2) 纵向受拉钢筋的锚固长度

纵向受拉钢筋的锚固长度可通过表 1-9、表 1-10 查取。

表 1-9 纵向受拉钢筋锚固长度 l_a

钢筋种类	混凝土强度等级														
	C25		C30		C35		C40		C45		C50		C55		≥C60
	$d≤25$	$d>25$	$d≤25$	$d>25$	$d≤25$	$d>25$	$d≤25$	$d>25$	$d≤25$	$d>25$	$d≤25$	$d>25$	$d≤25$	$d>25$	$d≤25$	$d>25$
HPB300	34d	—	30d	—	28d	—	25d	—	24d	—	23d	—	22d	—	21d	—
HRB400 HRBF400 RRB400	40d	44d	35d	39d	32d	35d	29d	32d	28d	31d	27d	30d	26d	29d	25d	28d
HRB500 HRBF500	48d	53d	43d	47d	39d	43d	36d	40d	34d	37d	32d	35d	31d	34d	30d	33d

表 1-10 纵向受拉钢筋抗震锚固长度 l_{aE}

钢筋种类		混凝土强度等级														
		C25		C30		C35		C40		C45		C50		C55		≥C60
		$d≤25$	$d>25$	$d≤25$	$d>25$	$d≤25$	$d>25$	$d≤25$	$d>25$	$d≤25$	$d>25$	$d≤25$	$d>25$	$d≤25$	$d>25$	$d≤25$	$d>25$
HPB300	一、二级	39d	—	35d	—	32d	—	29d	—	28d	—	26d	—	25d	—	24d	—
	三级	36d	—	32d	—	29d	—	26d	—	25d	—	24d	—	23d	—	22d	—
HRB400 HRBF400	一、二级	46d	51d	40d	45d	37d	40d	33d	37d	32d	36d	31d	35d	30d	33d	29d	32d
	三级	42d	46d	37d	41d	34d	37d	30d	34d	29d	33d	28d	32d	27d	30d	26d	29d
HRB500 HRBF500	一、二级	55d	61d	49d	54d	45d	49d	41d	46d	39d	43d	37d	40d	36d	39d	35d	38d
	三级	50d	56d	45d	49d	41d	45d	38d	42d	36d	39d	34d	37d	33d	36d	32d	35d

(1) 当为环氧树脂涂层带肋钢筋时，上述表中数据应乘以 1.25。

(2) 当纵向受拉钢筋在施工过程中易受扰动时，上述表中数据应乘以 1.1。

(3) 当锚固长度范围内纵向受力钢筋周边保护层厚度为 $3d$、$5d$(d 为锚固钢筋的直径)时，表中数据可分别乘以 0.8、0.7；保护层厚度介于二者之间时按内插值。

(4) 当纵向受拉普通钢筋上述锚固长度修正系数多于一项时，可按连乘计算。

(5) 受拉钢筋的锚固长度 l_a、l_{aE} 计算值不应小于 200 mm。

(6) 四级抗震时，$l_a = l_{aE}$。

(7) 当锚固钢筋的保护层厚度不大于 $5d$ 时，锚固钢筋长度范围内应设置横向构造钢筋，其直径不应小于 $d/4$(d 为锚固钢筋的最大直径)；对梁、柱等构件间距不应大于 $5d$，对板、墙等构件间距不应大于 $10d$，且均不应大于 100 mm(d 为锚固钢筋的最小直径)。

(8) HPB300 钢筋末端应做 180° 弯钩。

(9) 混凝土强度等级应取锚固区的混凝土强度等级。

3) 简支支座钢筋混凝土构件下部纵向受力筋伸入支座的锚固长度

对于简支支座，下部纵向受力筋伸入支座的锚固长度 l_{as} 如表 1-11 所示。混凝土强度等级不大于 C25 的简支梁或连续梁的简支端，当距支座边 1.5 倍梁高范围内作用有集中荷载且 $V>0.7f_tbh_0$ 时，对带肋钢筋 $l_{as}≥15d$。

表 1-11　简支支座纵向钢筋锚固长度 l_{as}

构件类型		$V \leqslant 0.7f_t bh_0$	$V > 0.7f_t bh_0$
梁	光圆钢筋	$\geqslant 5d$	$\geqslant 15d$
	带肋钢筋		$\geqslant 12d$
板		$\geqslant 5d$ 且宜伸过支座中心线	

4) 弯起钢筋的锚固长度

弯起钢筋的锚固长度如图 1-7 所示。

5) 关于纵筋锚固长度的选用

(1) l_{aE} 或 l_{abE}(l_a 或 l_{ab})与 l_{as} 的区别与选用。

当纵向受力钢筋在支座边利用其强度时，

图 1-7　弯起钢筋锚固长度示意图

即在支座边受弯构件 $M \neq 0$ 或受扭构件 $T \neq 0$
或轴心受力构件 $N \neq 0$ 时，应选用 l_{aE} 或 l_{abE}(l_a 或 l_{ab})。若在支座边受弯构件 $M = 0$ 或受扭构件 $T = 0$ 或轴心受力构件 $N = 0$ 时，受力纵筋锚固可选用 l_{as}。换句话说，**在锚固处，钢筋只要受力，即应选用 l_{aE} 或 l_{abE}(l_a 或 l_{ab})，钢筋不受力即可选用 l_{as}。**例如悬臂梁，上部钢筋在固定端受力，锚固长度选用 l_a 或 l_{ab}，上部钢筋在自由端不受力，锚固长度选用 $l_{as} = 12d$(因为纵筋通常是带肋的钢筋)，如图 1-8 所示。图 1-9 所示为简支梁在支座处正弯矩为零，因此，纵筋锚固长度取 l_{as}。

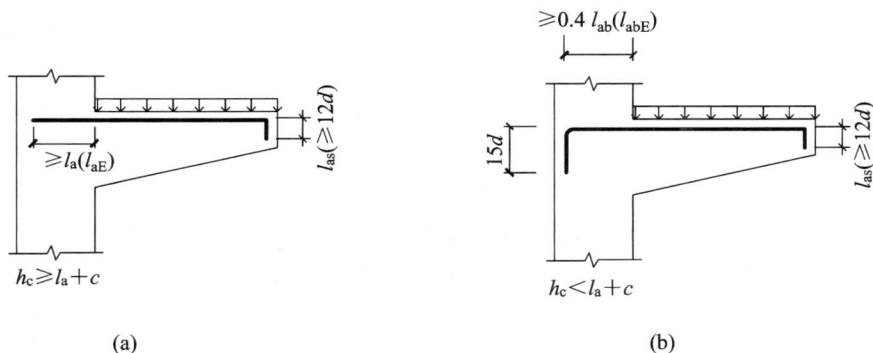

(a)

(b)

图 1-8　悬臂梁钢筋锚固示意图

(a) 钢筋直锚示意图；(b) 钢筋弯锚示意图

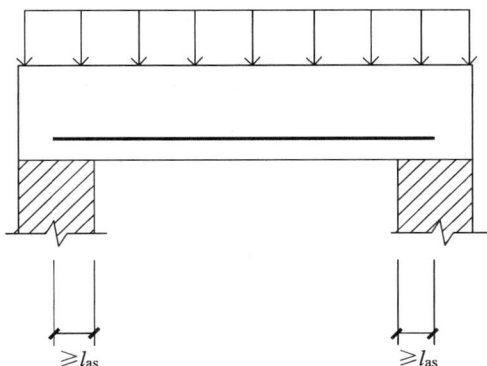

图 1-9　简支钢筋锚固示意图

(2) l_{aE} 与 $l_{abE}(l_a$ 与 $l_{ab})$ 的选用。

① 结构体系或结构构件需要考虑抗震设防时，锚固长度选用 $l_{aE}(l_{abE})$，否则选用 $l_a(l_{ab})$。

② 钢筋的锚固形式。钢筋的锚固形式可分为两种：直锚(直锚固)和弯锚(弯折锚固)。**直锚选用 l_{aE} (l_a)，弯锚需要用到 l_{abE} (l_{ab})。当支座宽度足够时，可采用直锚，否则应采用弯锚**。图 1-10 所示为楼层框架梁(KL)端支座直锚和弯锚构造。

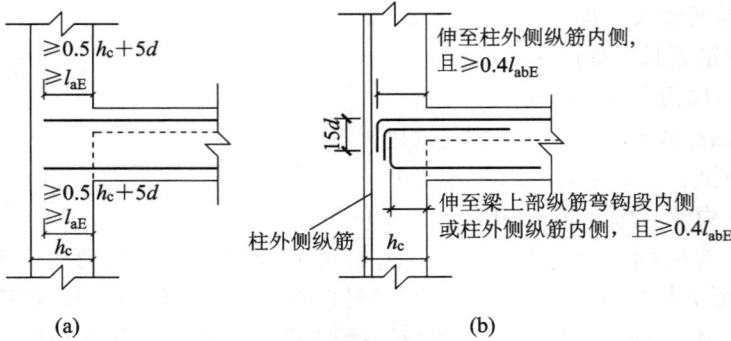

图 1-10　楼层框架梁 KL 端支座直锚和弯锚

(a) KL 端支座直锚构造；　(b) KL 端支座弯锚构造

(3) 弯起钢筋及吊筋的锚固长度按图 1-7 所示取用。

5. 钢筋的连接

为便于钢筋的运输，市场上购买的较大直径钢筋长度通常为 9 m 和 12 m。施工过程中，如果钢筋长度不够，就必须采取措施将钢筋连接起来。钢筋连接可采用绑扎搭接、机械连接或焊接。机械连接接头和焊接接头的类型及质量应符合国家现行有关标准的规定。

钢筋的连接

混凝土结构中**受力钢筋的连接接头宜设置在受力较小处**。在同一根受力钢筋上宜少设接头。在结构的重要构件和关键传力部位，纵向受力钢筋不宜设置连接接头。

图 1-11 和图 1-12 为同一连接区段内纵向受拉钢筋绑扎搭接接头和同一连接区段内纵向受拉钢筋机械连接、焊接接头。

钢筋绑扎搭接长度

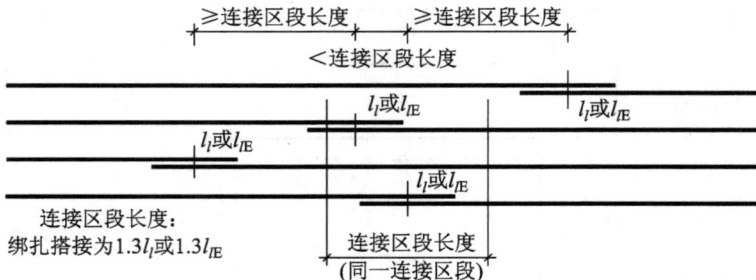

图 1-11　同一连接区段内纵向受拉钢筋绑扎搭接接头

(1) 同一构件中相邻纵向受力钢筋的**绑扎搭接接头宜互相错开**(如图 1-11 所示)。凡接头中点位于连接区段长度内的连接接头均属同一连接区段。

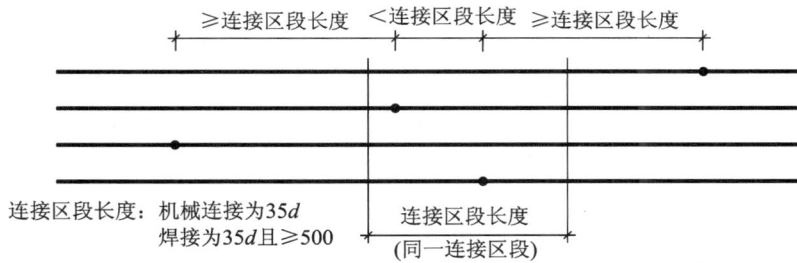

图 1-12　同一连接区段内纵向受拉钢筋机械连接、焊接接头

(2) 同一连接区段内纵向钢筋搭接接头面积百分率为该区段内有连接接头的纵向受力钢筋截面面积与全部纵向钢筋截面面积的比值。当直径不同的钢筋搭接时，按直径较小的钢筋计算。位于同一连接区段内的受拉钢筋搭接接头面积百分率：梁类、板类及墙类构件，**不宜大于 25%；柱类构件，不宜大于 50%**。当工程中确有必要增大受拉钢筋搭接接头面积百分率时，梁类构件不宜大于 50%；板、墙、柱及预制构件的拼接处可根据实际情况放宽。当构件中的纵向受压钢筋采用搭接连接时，其受压搭接长度不应小于规范规定的纵向受拉钢筋搭接长度的 70%，且不应小于 200 mm。

(3) 并筋(并筋指为解决无法获得足够直径钢筋及配筋密集引起设计、施工的困难，将几根钢筋并在一起的布置方式，也指用此种布置方式布置的钢筋束。并筋仅适用于纵向钢筋)采用绑扎搭接连接时，应按每根单筋错开搭接的方式连接。接头面积百分率应按同一连接区段内所有的单根钢筋计算。并筋中钢筋的搭接长度应按单筋分别计算。

(4) 当受拉钢筋直径大于 25 mm 及受压钢筋直径大于 28 mm 时，**不宜采用绑扎搭接**。

(5) 轴心受拉及小偏心受拉构件中纵向受拉钢筋**不应**采用绑扎搭接。需要疲劳验算的构件，其纵向受拉筋不得采用绑扎搭接。

(6) 纵向受力钢筋连接位置宜避开梁端、柱端箍筋加密区。如必须在此连接时，**应采用机械连接或焊接**。

(7) 纵向受力钢筋的焊接接头**应**相互错开(如图 1-12 所示)。同一连接区段内，纵向受拉钢筋焊接接头的接头面积百分率**不宜**大于 50%，但对预制构件的拼接处，可根据实际情况放宽。纵向受压钢筋的接头百分率可不受限制。余热处理钢筋(RRB)及需要疲劳验算的构件，其纵向受拉钢筋不宜采用焊接接头。

(8) 纵向受力钢筋的机械连接接头**宜**相互错开(如图 1-12 所示)。同一连接区段内，纵向受拉钢筋机械连接接头的接头面积百分率**不宜**大于 50%，但对板、墙、柱及预制构件的拼接处，可根据实际情况放宽。纵向受压钢筋的接头百分率可不受限制。

(9) 纵向受拉钢筋采用绑扎搭接形式时，其搭接长度可按表 1-12 或表 1-13 进行计算。

表 1-12　纵向受拉钢筋搭接长度 l_l

钢筋种类及同一区段内搭接钢筋面积百分率		混凝土强度等级														
		C25		C30		C35		C40		C45		C50		C55		C60	
		$d{\leqslant}25$	$d{>}25$	$d{\leqslant}25$	$d{>}25$	$d{\leqslant}25$	$d{>}25$	$d{\leqslant}25$	$d{>}25$	$d{\leqslant}25$	$d{>}25$	$d{\leqslant}25$	$d{>}25$	$d{\leqslant}25$	$d{>}25$	$d{\leqslant}25$	$d{>}25$
HPB300	≤25%	41d	—	36d	—	34d	—	30d	—	29d	—	28d	—	26d	—	25d	—
	50%	48d	—	42d	—	39d	—	35d	—	34d	—	32d	—	31d	—	29d	—
	100%	54d	—	48d	—	45d	—	40d	—	38d	—	37d	—	35d	—	34d	—

钢筋种类及同一区段内搭接钢筋面积百分率		混凝土强度等级															
		C25		C30		C35		C40		C45		C50		C55		C60	
		$d{\leq}25$	$d{>}25$	$d{\leq}25$	$d{>}25$	$d{\leq}25$	$d{>}25$	$d{\leq}25$	$d{>}25$	$d{\leq}25$	$d{>}25$	$d{\leq}25$	$d{>}25$	$d{\leq}25$	$d{>}25$	$d{\leq}25$	$d{>}25$
HRB400	≤25%	48d	53d	42d	47d	38d	42d	35d	38d	34d	37d	32d	36d	31d	35d	30d	34d
HRBF400	50%	56d	62d	49d	55d	45d	49d	41d	45d	39d	43d	38d	42d	36d	41d	35d	39d
RRB400	100%	64d	70d	56d	62d	51d	56d	46d	51d	45d	50d	43d	48d	42d	46d	40d	45d
HRB500	≤25%	58d	64d	52d	56d	47d	52d	43d	48d	41d	44d	38d	42d	37d	41d	36d	40d
	50%	67d	74d	60d	66d	55d	60d	50d	56d	48d	52d	45d	49d	43d	48d	42d	46d
HRBF500	100%	77d	85d	69d	75d	62d	69d	58d	64d	54d	59d	51d	56d	50d	54d	48d	53d

表 1-13 纵向受拉钢筋抗震搭接长度 l_{lE}

钢筋种类及同一区段内搭接钢筋面积百分率			混凝土强度等级															
			C25		C30		C35		C40		C45		C50		C55		C60	
			$d{\leq}25$	$d{>}25$	$d{\leq}25$	$d{>}25$	$d{\leq}25$	$d{>}25$	$d{\leq}25$	$d{>}25$	$d{\leq}25$	$d{>}25$	$d{\leq}25$	$d{>}25$	$d{\leq}25$	$d{>}25$	$d{\leq}25$	$d{>}25$
一、二级抗震等级	HPB300	≤25%	47d	—	42d	—	38d	—	35d	—	34d	—	31d	—	30d	—	29d	—
		50%	55d	—	49d	—	45d	—	41d	—	39d	—	36d	—	35d	—	34d	—
	HRB400	≤25%	55d	61d	48d	54d	44d	48d	40d	44d	38d	43d	37d	42d	36d	40d	35d	38d
	HRBF400	50%	64d	71d	56d	63d	52d	56d	46d	52d	45d	50d	43d	49d	42d	46d	41d	45d
	HRB500	≤25%	66d	73d	59d	65d	54d	59d	49d	55d	47d	52d	44d	48d	43d	47d	42d	46d
	HRBF500	50%	77d	85d	69d	76d	63d	69d	57d	64d	55d	60d	52d	56d	50d	55d	49d	53d
三级抗震等级	HPB300	≤25%	43d	—	38d	—	35d	—	31d	—	30d	—	29d	—	28d	—	26d	—
		50%	50d	—	45d	—	41d	—	36d	—	34d	—	32d	—	31d	—		
	HRB400	≤25%	50d	55d	44d	49d	41d	44d	36d	41d	35d	40d	34d	38d	32d	36d	31d	35d
	HRBF400	50%	59d	64d	52d	57d	48d	52d	42d	48d	41d	46d	39d	45d	38d	42d	36d	41d
	HRB500	≤25%	60d	67d	54d	59d	49d	54d	46d	50d	43d	47d	41d	44d	40d	43d	38d	42d
	HRBF500	50%	70d	78d	63d	69d	57d	63d	53d	59d	50d	55d	48d	52d	46d	50d	45d	49d

① 上述表中数值为纵向受拉钢筋绑扎搭接接头的搭接长度,当两根不同直径钢筋搭接时,表中 d 取较细钢筋直径。

② 当采用环氧树脂涂层带肋钢筋时,表中数据应乘以 1.25;当纵向受拉钢筋在施工过程中易受扰动时,表中数据应乘以 1.1;当搭接长度范围内纵向受力钢筋周边保护层厚度为 $3d$、$5d$(d 为搭接钢筋的直径)时,表中数据可分别乘以 0.8、0.7,保护层厚度介于二者之间时按内插值;当上述修正系数多余一项时,可按连乘计算。

③ 当位于同一连接区段内的钢筋搭接接头面积百分率为 100% 时,$l_{lE} = 1.6l_{aE}$;当位于同一连接区段内的钢筋搭接接头面积百分率为表中数据中间值时,搭接长度可按内插取值。

④ 任何情况下,搭接长度不应小于 300;四级抗震等级时,$l_{lE} = l_l$;HPB300 级钢筋末端应做 180° 弯钩。

6. 钢筋的计算其他问题

在钢筋算量过程中,还要注意设计图纸未画出以及未明确表示的钢筋,如楼板中双层钢筋的上部负弯矩钢筋附加的分布筋，满堂基础底板的双层钢筋在施工时支撑所使用的马凳筋(如图 1-13 所示)、钢筋混凝土墙施工时所使用的拉筋(如图 1-14 所示)和梯子筋(如图 1-15 所示)等，这些都应按照规范要求，计入钢筋用量中。

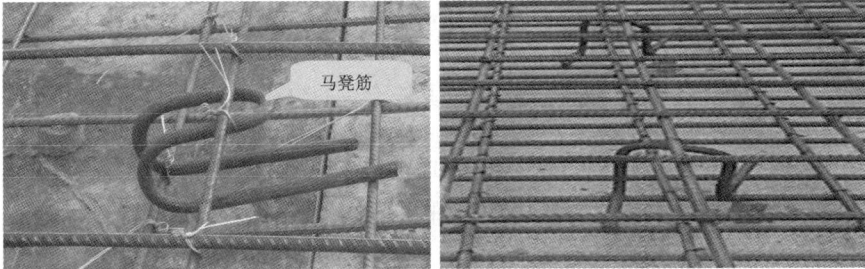

图 1-13　马凳筋

图 1-14　拉筋

剪力墙设置梯子筋来控钢筋间距

图 1-15　梯子筋

本 章 小 结

(1) 平法是把结构构件尺寸和钢筋等，按照平面整体表示方法制图规则，整体直接表达在各类构件的结构平面布置图上，再与标准构造详图相配合，构成一套完整的结构施工图的方法。平法与传统结构施工图相比，有诸多优势。在工程实践中，结构施工图主要表示了构件轴线尺寸、截面尺寸和钢筋用量等数字，而有关结构制图规则及钢筋的构造做法，如钢筋锚固、截断位置、连接位置等，则要按平法的规定。所以要全面、正确地理解图纸并付诸实践，必须把图纸和平法很好地结合。即数字看图纸，构造看平法，两者缺一不可。

(2) 钢筋工程量计算原理用公式表示为：

$$钢筋的总重量 = 单根钢筋长度 \times 总根数 \times \frac{单位长度理论重量}{1000}$$

$$单根钢筋长度 = 净长度 + 锚固长度 + 连接长度 + 弯钩长度$$

(3) 钢筋下料以"实际长度"进行计算，而钢筋算量以"设计长度"进行计算，两者是不同的。

(4) 混凝土的保护层厚度指最外层钢筋外边缘至混凝土表面的距离。实际应用中，保护层厚度应结合不同的情况进行调整。

(5) 钢筋的锚固长度是指受力钢筋通过混凝土与钢筋的黏结作用，将所受力传递给混凝土所需要的长度。钢筋的断点位置及锚固长度应符合设计要求，当图纸要求不明确时，可按照平法构造的要求计算钢筋用量。受拉钢筋基本锚固长度与钢筋种类、抗震等级和混凝土强度等级有关。

在锚固处，钢筋只要受力，即应选用 l_{aE} 或 l_{abE}(l_a 或 l_{ab})，钢筋不受力即可选用 l_{as}。结构体系或结构构件需要考虑抗震设防时，锚固长度选用 l_{aE}(或 l_{abE})，否则选用 l_a(或 l_{ab})。

钢筋的锚固形式可分为两种：直锚(直锚固)和弯锚(弯折锚固)。直锚选用 l_{aE}(或 l_a)，而弯锚则需要用到 l_{abE}(或 l_{ab})。当支座宽度足够时，可采用直锚，否则应采用弯锚。

(6) 钢筋连接可采用绑扎搭接、机械连接或焊接。混凝土结构中受力钢筋的连接接头宜设置在受力较小处，在同一根受力钢筋上宜少设接头。

同一构件中相邻纵向受力钢筋的绑扎搭接接头宜互相错开；纵向受力钢筋的焊接接头应相互错开；纵向受力钢筋的机械连接接头宜相互错开。

习　题

1. 简述平法施工图与传统施工图的区别与优势。
2. 钢筋工程量的计算原理是什么？
3. 钢筋算量与钢筋下料的区别是什么？
4. 何谓混凝土保护层的厚度？
5. 何谓钢筋的锚固长度？影响受拉钢筋基本锚固长度的因素有哪些？
6. 简述 l_{aE}(l_a) 与 l_{as} 的区别与选用条件。
7. 何谓直锚？何谓弯锚？直锚与弯锚的使用条件是什么？
8. 钢筋的连接方式有几种？各种连接方式在构造上有何要求？

项目一课后习题答案

项目2 梁平法识图与钢筋算量

【学习目标】

知识目标:

(1) 熟悉梁的平法识图。

(2) 熟悉梁钢筋构造的一般规则。

(3) 掌握梁钢筋算量的基本知识。

(4) 掌握梁钢筋算量的应用。

能力目标:

(1) 具备看懂梁平法施工图的能力。

(2) 具备梁钢筋算量的基本能力。

素质目标:

(1) 能够耐心细致地读懂梁的相关图集和图纸。

(2) 能够通过查找、询问和自主学习等方式解决问题。

任务 2.1 梁平法识图

梁平法施工图的表示方式可分为平面注写方式和截面注写方式。

梁平法施工图的
表示方法

2.1.1 平面注写方式

平面注写方式是在梁平面布置图上,分别在不同编号的梁中各选一根梁,用注写截面尺寸和配筋具体数值的方式来表达梁平法施工图。

平面注写方式包括集中标注和原位标注。集中标注表达梁的通用数值,原位标注表达梁的特殊数值。在施工时,**原位标注取值优先**。

在实际工程中,梁平法施工图(平面注写方式)如附图结施-03~结施-07 所示。

1. 梁集中标注

梁集中标注的内容,**有五项必注值**(梁编号、梁截面尺寸、梁箍筋标注、梁上部通长筋或架立筋配置、梁侧面纵向构造筋或受扭钢筋标注)**及一项选注值**(梁顶面标高高差),简称"五项半"。集中标注可以从梁的任意一跨引

梁集中标注

出，规定如下：

(1) 梁编号。梁编号由梁类型代号、序号、跨数及有无悬挑代号几项组成，见表 2-1。

表 2-1 梁 编 号

梁类型	代号	序号	跨数及是否带有悬挑
楼层框架梁	KL	××	(××)、(××A)或(××B)
楼层框架扁梁	KBL	××	(××)、(××A)或(××B)
屋面框架梁	WKL	××	(××)、(××A)或(××B)
框支梁	KZL	××	(××)、(××A)或(××B)
托柱转换梁	TZL	××	(××)、(××A)或(××B)
非框架梁	L	××	(××)、(××A)或(××B)
悬挑梁	XL	××	(××)、(××A)或(××B)
井字梁	JZL	××	(××)、(××A)或(××B)

梁的类型

注：(××A)为一端有悬挑，(××B)为两端有悬挑，悬挑不计入跨数。

【例 2.1】 KL1(4)表示框架梁 1 号，4 跨，无悬挑。

WKL1(4A)表示屋面框架梁 1 号，4 跨，一端有悬挑。

L4(3B)表示非框架梁 4 号，3 跨，两端有悬挑。

(2) 梁截面尺寸。当为等截面梁时，用 $b \times h$ 表示，其中 b 为梁宽，h 为梁高。当有悬挑梁且根部和端部的高度不同时，用斜线分隔根部与端部的高度值，即为 $b \times h_1/h_2$，如图 2-1 所示。

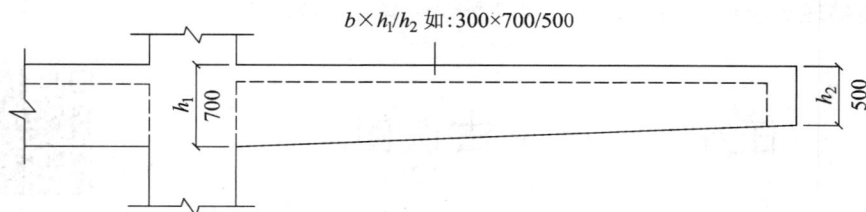

图 2-1 悬挑梁不等高截面注写示意

(3) 梁箍筋标注。梁箍筋包括钢筋级别、直径、加密区与非加密区间距及肢数。箍筋加密区与非加密区的不同间距及肢数需用斜线"/"分隔；当梁箍筋为同一种间距及肢数时，则不需用斜线；当加密区与非加密区的箍筋肢数相同时，则将肢数注写一次；箍筋肢数应写在括号内。

非框架梁、悬挑梁、井字梁采用不同的箍筋间距及肢数时，也用斜线"/"将其分隔开来。注写时，先注写梁支座端部的箍筋(包括箍筋的箍数、钢筋级别、直径、间距与肢数)，在斜线后注写梁跨中部分的箍筋间距及肢数。

【例 2.2】 Φ10@100/200(2) 表示箍筋采用Φ10，加密区间距为 100 mm，非加密区间距为 200 mm，均为双肢箍。

Φ10@150(2) 表示箍筋采用Φ10，双肢箍，间距为 150 mm，不分加密区和非加密区。

Φ8@100(4)/150(2) 表示箍筋采用Φ8，加密区间距 100 mm，四肢箍；非加密区间距为 150 mm，双肢箍。

13φ10@150(4)/200(2)　表示箍筋采用φ10,梁的两端各有 13 个四肢箍,间距为 150 mm,梁跨中部分间距为 200 mm,双肢箍。

(4) 梁上部通长筋或架立筋配置。通长筋可以是相同或不同直径采用搭接连接、机械连接或焊接的钢筋。当同排纵筋中既有通长筋又有架立筋(架立筋不一定是通长的,如图 2-10 所示)时,应用加号"+"将通长筋和架立筋相联。注写时需将角部纵筋写在加号的前面,架立筋写在加号后面的括号内,以示不同直径及与通长筋的区别。当全部采用架立筋时,则将其写入括号内。

当梁的上部纵筋和下部纵筋为全跨相同,且多数跨配筋相同时,此项可加注下部纵筋的配筋值,用分号";"将上部与下部纵筋的配筋值分隔开来。

【例 2.3】　2φ25　梁上部通长筋(用于双肢箍)。

2φ25+(4φ12)梁上部钢筋:2φ25 为通长筋,4φ12 为架立筋。

3φ22;4φ20　梁上部通长筋 3φ22,梁下部通长筋 4φ20。

(5) 梁侧面纵向构造筋或受扭钢筋标注。当梁腹板高度 $h_w \geq 450$ mm 时(h_w 的取值如下:矩形截面,取有效高度;T 形截面,取有效高度减去翼缘高度;I 形截面,取腹板净高),需配置纵向构造钢筋,所标注规格与根数应符合规范规定;此项注写值以大写字母 G 打头,接续注写设置在梁两个侧面的总配筋值,且对称配置。当为梁侧面构造钢筋时,其搭接与锚固长度可取值为 $15d$。因为构造筋属于非受力筋,所以对其接头位置无要求。

当梁侧面需配置受扭纵向钢筋时,此项注写值以大写字母 N 打头,接续注写配置在梁两个侧面的总配筋值,且对称配置。受扭纵向钢筋应满足梁侧面纵向构造钢筋的间距要求,且不再重复配置纵向构造钢筋(即受扭筋可兼作构造筋)。若为梁侧面受扭纵向钢筋时,则其搭接长度为 l_l 或 l_{lE}(抗震),搭接位置一般位于梁跨中部三分之一跨度范围内。锚固长度为 l_a 或 l_{aE}(抗震);其锚固方式与框架梁下部纵筋相同。

【例 2.4】　G4φ12　表示梁的两侧共配置 4φ12 的纵向构造钢筋,每侧各 2φ12。

N6φ22　表示梁的两侧共配置 6φ22 的纵向受扭钢筋,每侧各 3φ22。

(6) 梁顶面标高高差。梁顶面标高高差是指相对于结构层楼面标高的高差值,对于位于结构夹层的梁,则指相对于结构夹层楼面标高的高差。有高差时,需将其写入括号内,无高差时不注。当某梁的顶面高于所在结构层的楼面标高时,其标高高差为正值,反之为负值。

【例 2.5】　(−0.100)表示梁顶面比楼板顶面低 0.100 m。

如果此项标注缺省,表示梁顶面与楼板顶面持平。

2. 梁原位标注

(1) 梁支座上部纵筋,该部位含通长筋在内的所有纵筋。

① 当上部纵筋多于一排时,用斜线"/"将各排纵筋自上而下分开。

【例 2.6】　梁支座上部纵筋注写为 6φ25 4/2,表示上一排纵筋为 4φ25,下一排纵筋为 2φ25。

② 当同排纵筋有两种直径时,用加号"+"将两种直径的纵筋相联,注写时将角部纵筋写在前面。

【例 2.7】　梁支座上部有四根纵筋:2φ25 放在角部,2φ22 放在中部,在梁支座上部应注写为 2φ25 + 2φ22。

梁原位标注

③ 当梁中间支座两边的上部纵筋不同时，须在支座两边分别标注；**当梁中间支座两边的上部纵筋相同时，可仅在支座的一边标注配筋值，另一边省去不注(这里应注意，切勿认为另一边无钢筋)**。

(2) 梁下部纵筋。

① 当下部纵筋多于一排时，用斜线"/"将各排纵筋自上而下分开。

【例 2.8】 梁下部纵筋注写为 6Φ25 2/4，表示上一排纵筋为 2Φ25，下一排纵筋为 4Φ25，全部伸入支座。

② 当同排纵筋有两种直径时，用加号"+"将两种直径的纵筋相联，注写时角筋写在前面。

③ 当梁下部纵筋不全部伸入支座时，将梁支座下部纵筋减少的数量写在括号内。

【例 2.9】 梁下部纵筋注写为 6Φ25 2(−2)/4，则表示上排纵筋为 2Φ25，且不伸入支座；下一排纵筋为 4Φ25，全部伸入支座。

梁下部纵筋注写为 2Φ25 + 3Φ22(−3)/5Φ25，表示上排纵筋为 2Φ25 和 3Φ22，其中 3Φ22 不伸入支座；下一排纵筋为 5Φ25，全部伸入支座。

④ 当梁的集中标注中已按规定分别注写了梁上部和下部均为通长的纵筋值时，则不需在梁下部重复做原位标注。

(3) 当在梁上集中标注的内容(即梁截面尺寸、箍筋、上部通长筋或架立筋，梁侧面纵向构造钢筋或受扭纵向钢筋，以及梁顶面标高高差中的某一项或几项数值)不适用于某跨或某悬挑部分时，则将其不同数值原位标注在该跨或该悬挑部位，**施工时应按原位标注数值取用**。

(4) 附加箍筋或吊筋，将其直接画在平面图中的主梁上，用线引注总配筋值(附加箍筋的肢数注在括号内)，如图 2-2 所示。当多数附加箍筋或吊筋相同时，可在梁平法施工图上统一注明，少数与统一注明值不同时，再原位引注。

(5) 在梁平法施工图中，当局部梁的布置过密时，可将过密区用虚线框出，适当放大比例后再用平面注写方式表示。

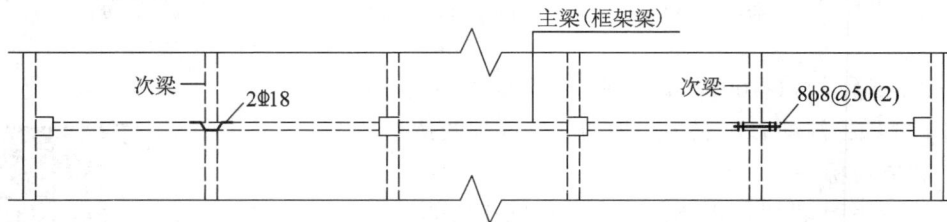

图 2-2 附加箍筋和吊筋示意图

3. 平面注写方式与传统表示方法的比较

如图 2-3 所示四个梁截面配筋图系采用传统表示方法绘制，用于对比按平面注写方式表达的同样内容。实际采用平面注写方式表达时，不需绘制梁截面配筋图和图 2-3 中的相应截面号。

梁平面注写识图练习

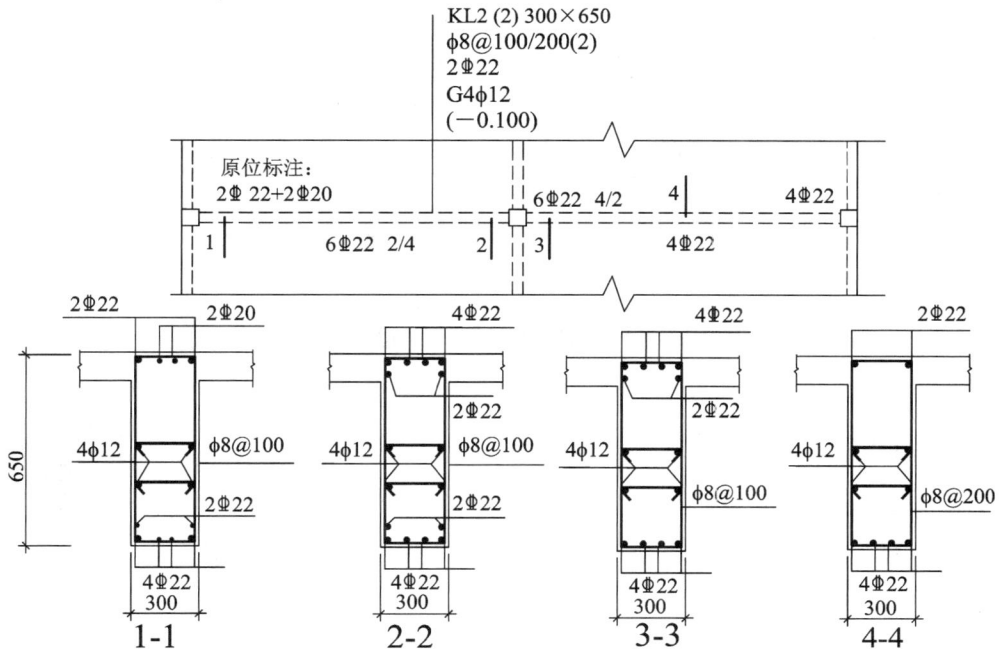
图 2-3 平面注写方式示例

2.1.2 截面注写方式

截面注写方式是在分标准层绘制的梁平面布置图上，分别从不同编号的梁中各选择一根梁用剖面号引出配筋图，用注写截面尺寸和配筋具体数值的方式来表达梁平法施工图(如图 2-4 所示)。

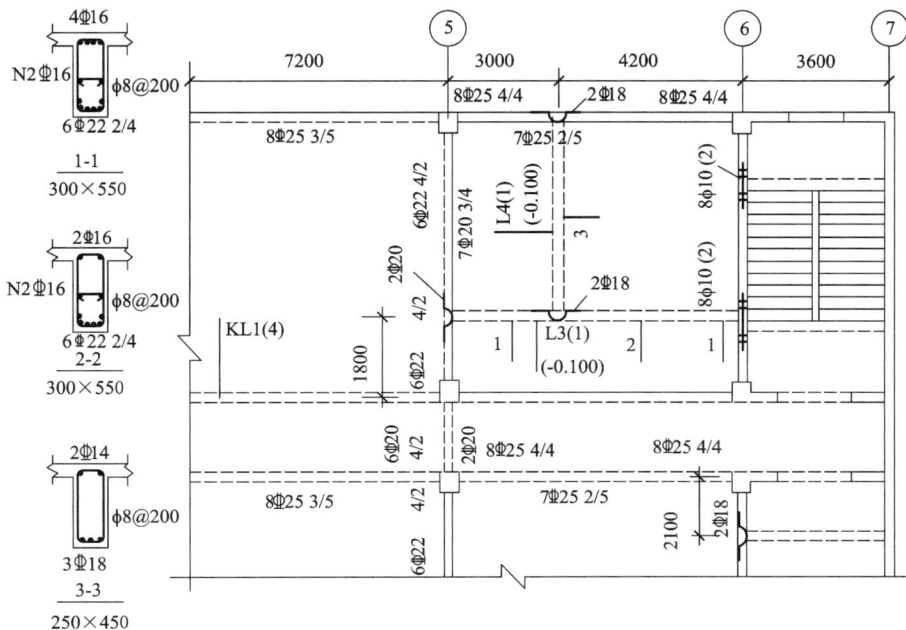
图 2-4 梁平法施工图(局部)

对所有梁按规定进行编号,从相同编号的梁中选择一根梁,先将单边截面号画在该梁上,再将截面配筋详图画在本图或其他图上。当某梁的顶面标高与结构层的楼面标高不同时,应继梁编号后注写梁顶面标高高差(注写规定与平面注写方式相同)。

在截面配筋详图上注写截面尺寸 $b \times h$、上部筋、下部筋、侧面构造筋或受扭筋以及箍筋的具体数值时,其表达形式与平面注写方式相同。

截面注写方式既可以单独使用,也可与平面注写方式结合使用。

任务 2.2 梁钢筋标准构造及计算原理

2.2.1 框架梁受力特点简介

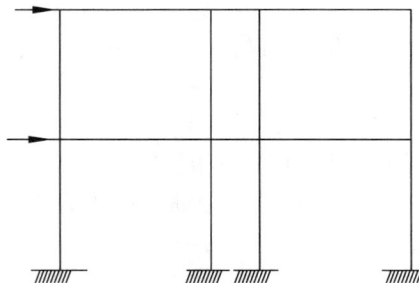

1. 框架结构受水平荷载

框架结构在水平荷载(一般指风荷载或水平地震作用)作用下,框架梁力学模型的计算简图和内力图如图 2-5 所示。

框架梁受力特点简介

项目 2 扩展阅读

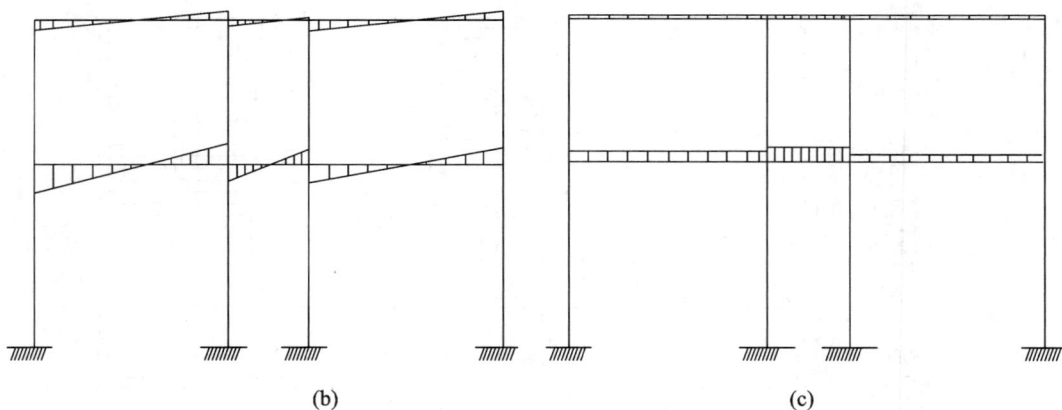

(a)

(b)　　　　　　　　　　　　(c)

图 2-5　水平荷载作用下的计算简图和内力图

(a) 水平荷载作用；(b) 水平荷载作用下的 M 图:kN·m；(c) 水平荷载作用下的 V 图:kN

2. 框架结构受竖向荷载

框架结构在竖向荷载作用下，框架梁力学模型的计算简图和内力图如图 2-6 所示。

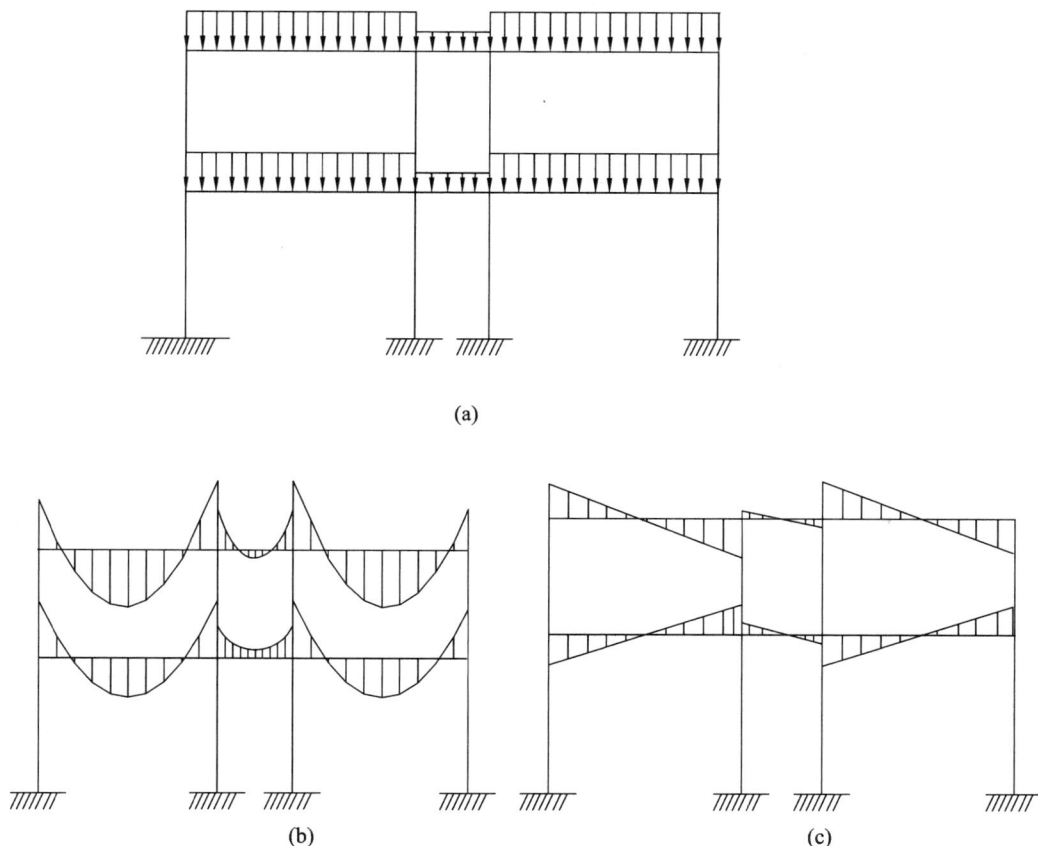

(a)

(b)   (c)

图 2-6　竖向荷载作用下的计算简图和内力图

(a) 竖向荷载作用；(b) 竖向荷载作用下的 M 图：kN・m；(c) 竖向荷载作用下的 V 图：kN

梁构件属于弯剪构件，主要承受弯矩和剪力。框架结构在水平荷载和竖向荷载综合作用下，框架梁承受的弯矩(M)和剪力(N)呈现如下特点：

(1) 梁下部有正弯矩存在，跨中大，两端小，所以下部一般设通长受力纵筋。若钢筋需要连接，则接头宜在两端处。

(2) 梁上部有负弯矩存在，两端大，中间小，所以两端配置负筋多(可部分截断)，中部配置负筋(即上部通长筋)少。钢筋若需连接，接头宜在梁跨中 1/3 范围内。

(3) 梁两端剪力大，所以应在梁两端设置箍筋加密区。

2.2.2　梁结构钢筋构造知识体系

22G101-1 图集第 2-33～2-49 页讲述的是梁构件的钢筋构造，本书按构件组成、钢筋组成的思路，将梁构件的钢筋构造总结为表 2-2 所示的内容，整理出钢筋种类后，再逐一整理其各种构造情况，这也是本书强调的精髓，就是 G101 平法图集的学习方法——系统梳理。

表 2-2　22G101-1 梁构件钢筋构造知识体系

楼层框架梁 KL	楼层框架梁纵筋一般构造
	不伸入支座的下部钢筋构造
	中间支座变截面钢筋构造
	一级抗震时箍筋构造
	二～四级抗震时箍筋构造
	侧部钢筋、附加箍筋或箍筋
屋面框架梁 WKL	屋面框架梁纵筋一般构造
	不伸入支座的下部钢筋构造
	中间支座变截面钢筋构造
	一级抗震时箍筋构造
	二～四级抗震时箍筋构造
	侧部钢筋、附加箍筋或箍筋
非框架梁 L	纵筋、箍筋
井字梁 JZL	纵筋、箍筋
框支梁 KZL	纵筋、箍筋
纯悬挑梁 XL	纵筋、箍筋

框架结构钢筋骨架如图 2-7 所示。

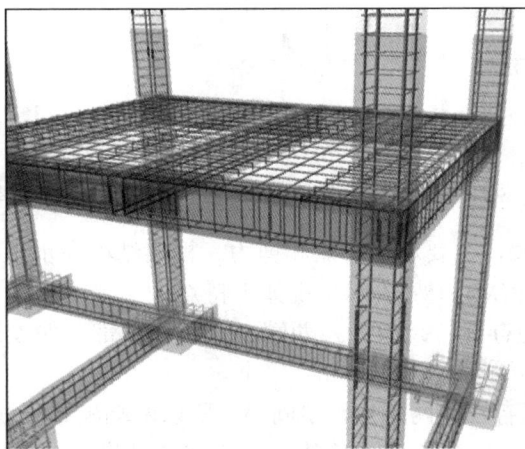

图 2-7　框架结构钢筋骨架

2.2.3　楼层框架梁钢筋构造

1. 楼层框架梁钢筋骨架

楼层框架梁钢筋骨架构成见表 2-3。楼层框架梁钢筋骨架如图 2-8(a) 所示，框架梁中钢筋示意如图 2-8(b)所示。

楼层框架梁钢筋骨架

表 2-3　楼层框架梁钢筋骨架构成

纵　筋	上部通长筋、支座负筋、架立筋	
	侧部钢筋	侧部构造钢筋
		侧部受扭钢筋
	下部钢筋	通长钢筋
		非通长钢筋
箍　筋		

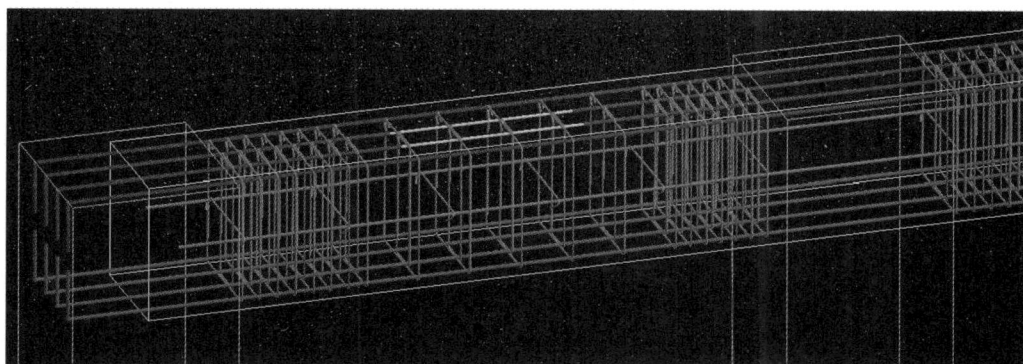

(a)

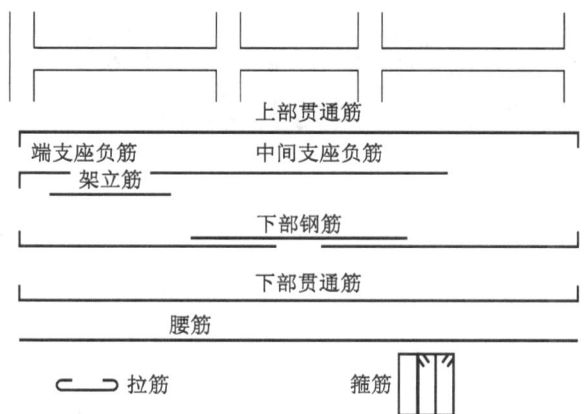

(b)

图 2-8　楼层框架梁钢筋骨架

(a) 楼层框架梁钢筋骨架示意图；(b) 框架梁中钢筋示意图

2. 上部通长筋构造

通长筋是应抗震构造需要，沿梁全长顶面和底面至少应各配置两根通长的纵向钢筋。

上部通长筋钢筋构造总述见表 2-4。上部通长筋弯锚或直锚效果如图 2-9 所示。

上部通长筋构造

表 2-4　上部通长筋钢筋构造总述

楼层框架梁梁上部通长筋的锚固与连接			
上部通长筋锚固	端支座		直锚
			弯锚
	中间支座变截面		斜弯通过
			断开锚固
	悬挑端		
上部通长筋连接	直径相同		
	直径不相同		

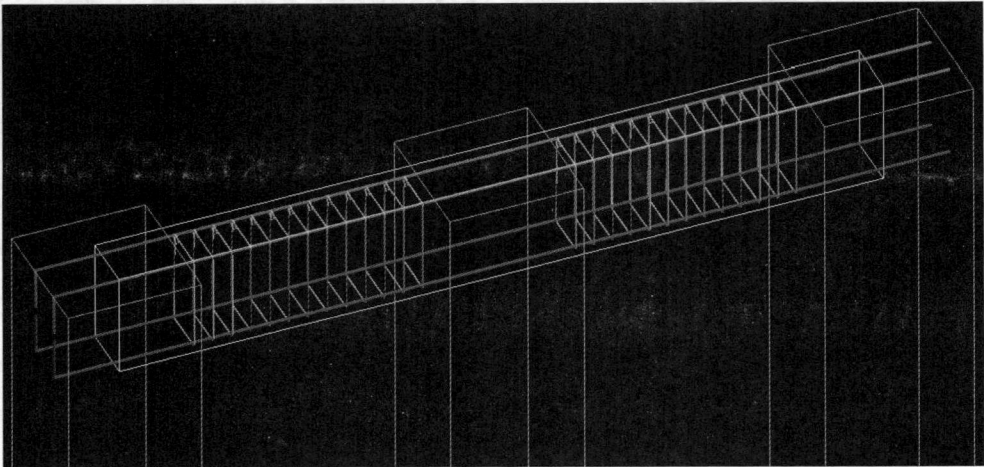

图 2-9　锚固效果

上部通长筋的连接分两种情况，一是直径相同；二是直径不相同，见表 2-5。上部通长筋连接构造如图 2-10 所示。

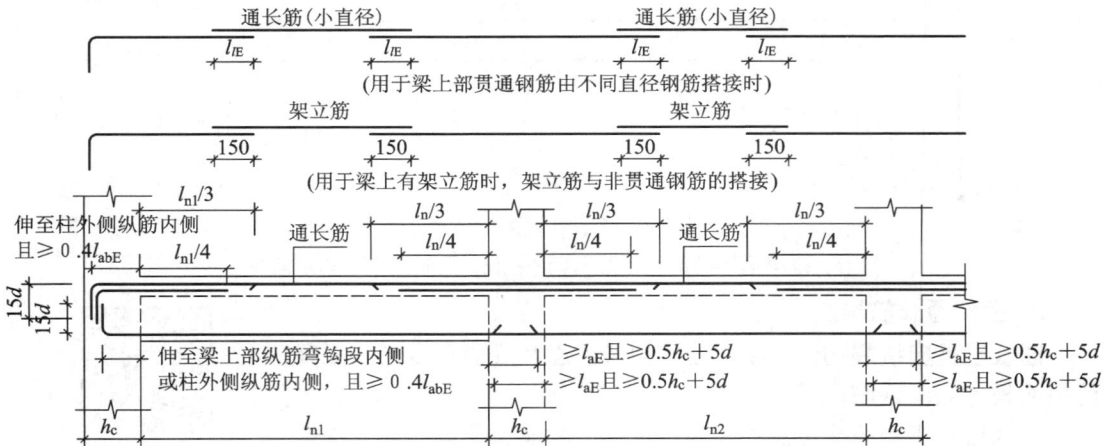

图 2-10　上部通长筋连接构造

表 2-5　上部通长筋连接情况

直径相同	跨中 1/3 的范围连接
直径不相同	通长筋与支座负筋搭接 l_{lE}

3. 端支座钢筋构造要求

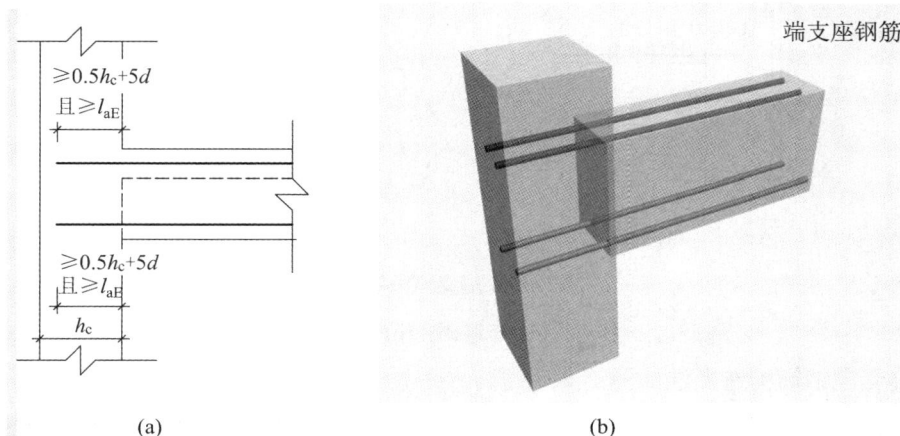

1) 端支座钢筋锚固

当支座宽度够直锚(即 $h_c \geqslant l_{aE} + c$)时，采用直锚，直锚长度 = $\max(l_{aE}, 0.5h_c + 5d)$。端支座直锚构造如图 2-11 所示。

端支座钢筋构造

(a)　　　　　　　　　　　(b)

图 2-11　端支座直锚构造

(a) 二维图；(b) 三维图

当支座宽度不够直锚时，可以采用弯锚，例如，上部第一排钢筋弯锚长度 = $h_c - c - d_{柱箍} - d_{柱} - 25 + 15d$ 且不小于 $0.4l_{abE} + 15d$。一般情况下，**梁筋伸入柱内的平直段长度不小于 $0.4l_{abE}$，应在设计阶段解决**。c 为柱保护层厚度，$d_{柱箍}$ 为柱箍筋直径，$d_{柱}$ 为柱外侧纵筋直径，25 为柱外侧纵筋和弯折进入柱内的梁上部纵筋之间的净距。端支座弯锚构造如图 2-12 所示。

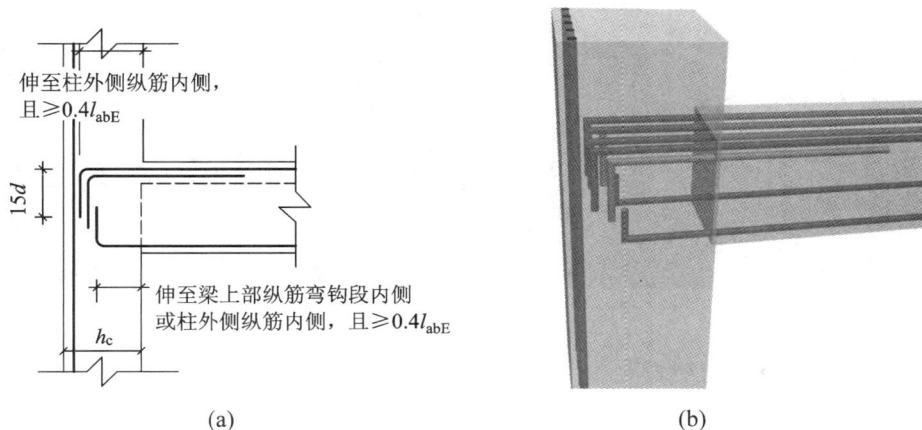

(a)　　　　　　　　　　　(b)

图 2-12　端支座弯锚构造

(a) 二维图；(b) 三维图

2) 端支座负筋截断位置

端支座负筋截断位置如图 2-13 所示，端支座处可以直锚时直锚，不能直锚时弯锚，直锚和弯锚的长度与上部通长筋相同。支座负筋向跨中延伸长度从支座边缘算起，上部第一排跨内延伸长度 $l_{n1}/3$，上部第二排跨内延伸长度 $l_{n1}/4$（l_{n1} 指端跨的净长度）。

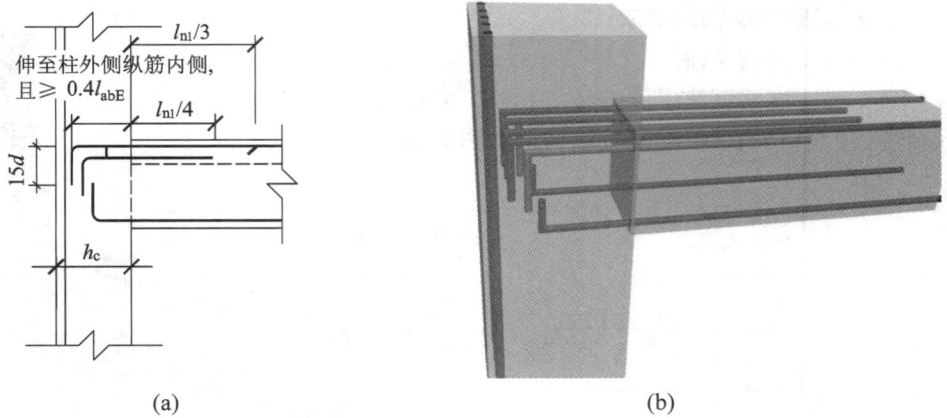

(a) (b)

图 2-13 端支座负筋截断位置

(a) 二维图；(b) 三维图

端支座钢筋构造做法如图 2-14 示意。

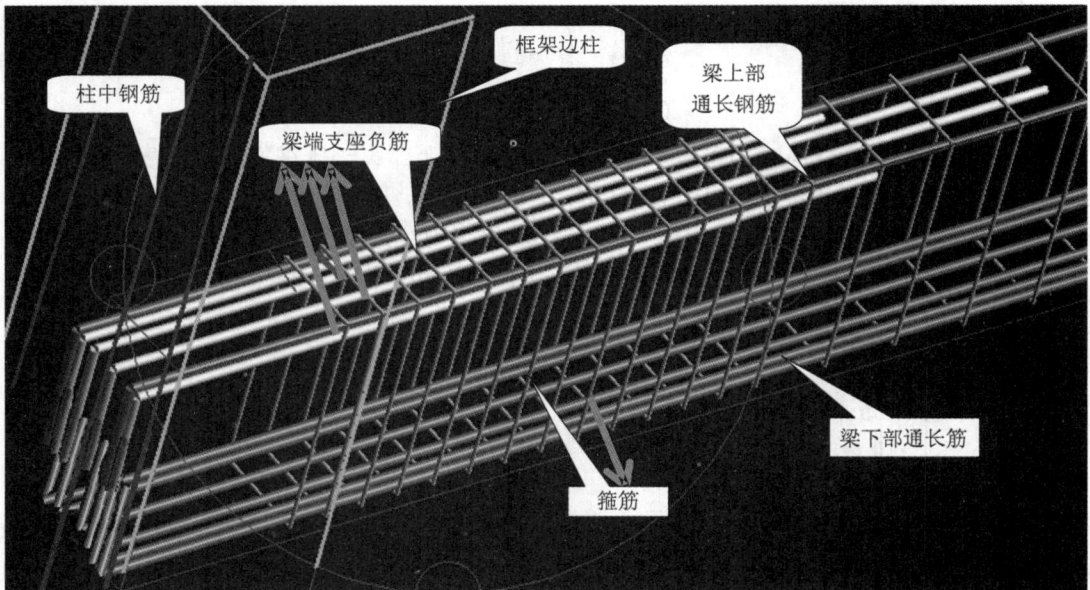

图 2-14 端支座钢筋构造(立体示意图)

3) 端部有挑梁时钢筋构造

外伸悬挑端构造如图 2-15 所示，第一排钢筋至少两根角筋，并且不能少于第一排纵筋的 1/2 延伸至端部后弯折至少 $12d$，其余纵筋下弯 $45°$ 角后在沿悬挑梁弯折至少 $10d$，第二排钢筋在 $0.75l$ 处直接弯折 $45°$ 角后沿悬挑梁弯折至少 $10d$。当上部钢筋为一排，且 $l < 4h_b$

时，上部钢筋可不在端部变弯下，伸至悬挑梁外端，向下弯折 12d；当上部钢筋为两排，且 l<5h_b 时，第二排钢筋可不在端部弯下，伸至悬挑梁外端向下弯折 12d，h_b 为悬挑梁根部高度。

当上部钢筋为一排，且l<4h_b时，
上部钢筋可不在端部弯下，
伸至悬挑梁外端，向下弯折12d

至少2根角筋，并不少于第一排
纵筋1/2，其余纵筋弯下

第一排

≥12d

第二排   ≥10d   ≥10d

当上部钢筋为两排，且l<5h_b时，可不将钢筋在
端部弯下，伸至悬挑梁外端向下弯折12d

15d

支座边缘线

当悬挑梁根部与框架梁梁底齐平时，
底部相同直径的纵筋可拉通设置

50   15d   50

0.75l

柱、墙或梁   l

(a)   (b)

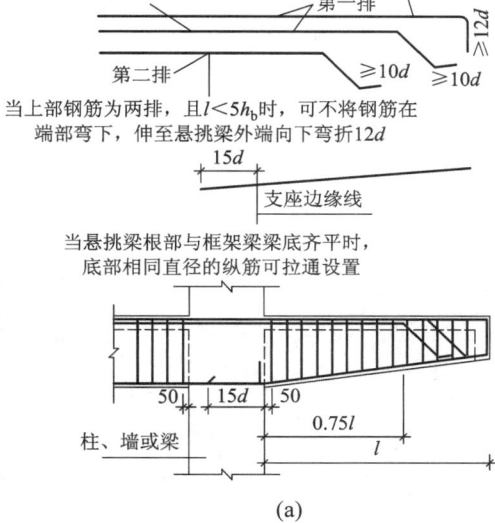

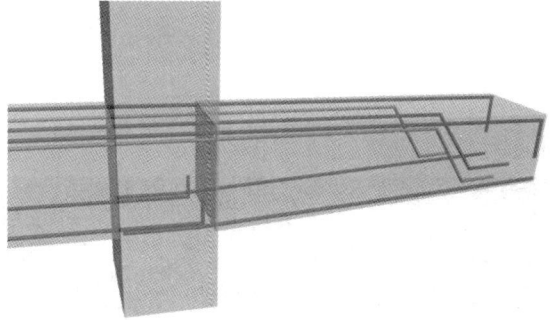

图 2-15　外伸悬挑端构造

(a) 二维图；(b) 三维图

4) 纯悬挑梁(XL)钢筋构造

纯悬挑构件一般按非抗震设计，其钢筋构造如图 2-16 所示。

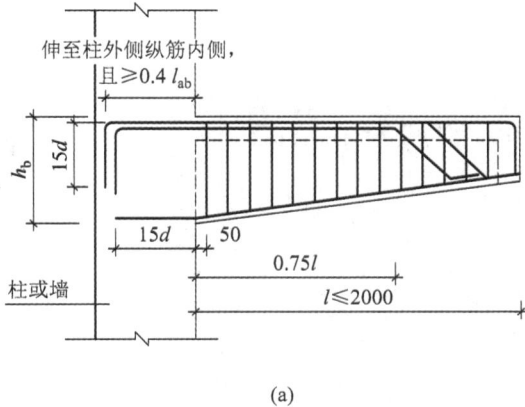

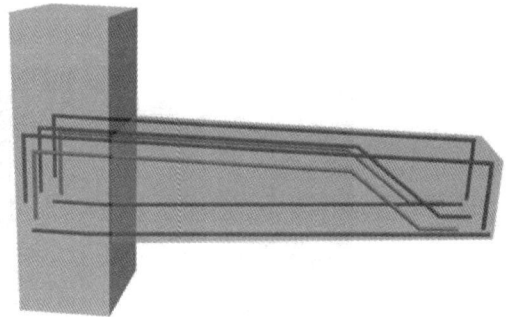

伸至柱外侧纵筋内侧，
且 ≥0.4 l_{ab}

15d

h_b

15d   50

0.75l

柱或墙   l≤2000

(a)   (b)

图 2-16　纯悬挑梁钢筋构造

(a) 二维图；(b) 三维图

4. 中间支座钢筋构造要求

1) 中间支座等截面负筋构造

中间支座等截面负筋构造如图 2-17 所示，上部第一排跨内延伸长度 $l_n/3$，上部第二排跨内延伸长度 $l_n/4$(l_n 是指相邻两跨净跨长度之较大者)。

当两大跨中间为小跨，且小跨净跨度不大于左、右两大跨净跨度之和的 1/3 时，小跨上

中间支座钢筋构造

部纵筋采取贯通全跨方式，如图 2-18 所示。此时，应将贯通小跨的钢筋注写在小跨中部上方。

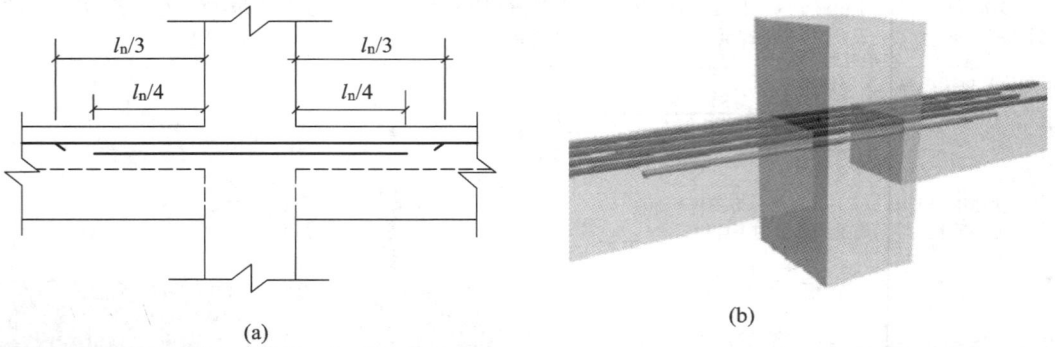

(a)

(b)

(c)

图 2-17 中间支座等截面负筋构造

(a) 二维图；(b) 三维图；(c) 三维图

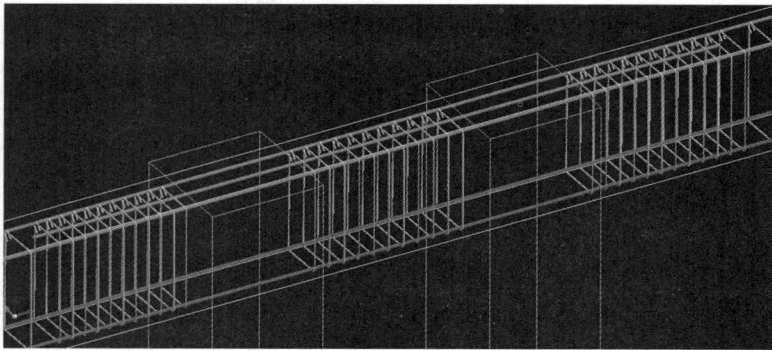

图 2-18 贯通小跨

2) 中间支座等截面下部钢筋构造

中间支座等截面下部钢筋构造如图 2-19 所示，**梁下部钢筋可以每跨一锚固**，也可以**通长连接**(采用可靠的连接形式)，宜遵循"**能通则通**"的原则，而在通长连接时，就需要计算接头数量。

$$锚固长度 = \max(l_{aE}, \ 0.5h_c + 5d)$$

楼层框架梁下部钢筋不伸入支座时，构造做法如图 2-20 所示，下部不伸入支座的钢筋，

其端部距支座边 $0.1l_{n1}$(l_{n1} 为净跨度)。注意本构造详图不适用于框支梁。

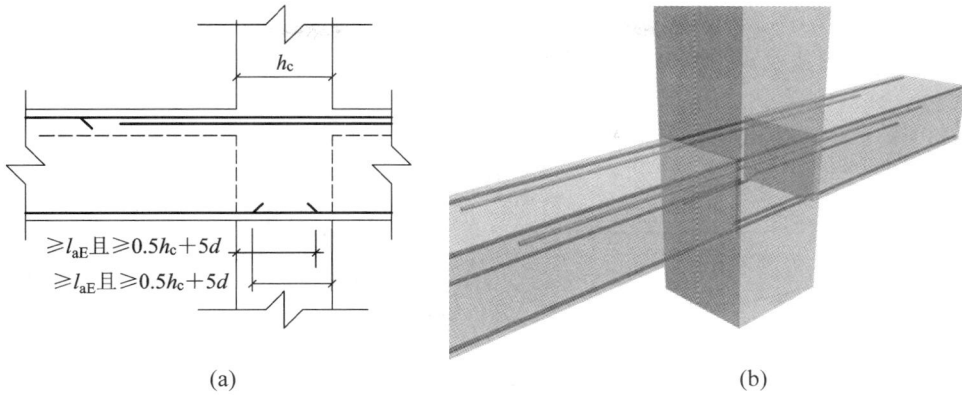

图 2-19　中间支座等截面下部钢筋构造

(a) 二维图；(b) 三维图

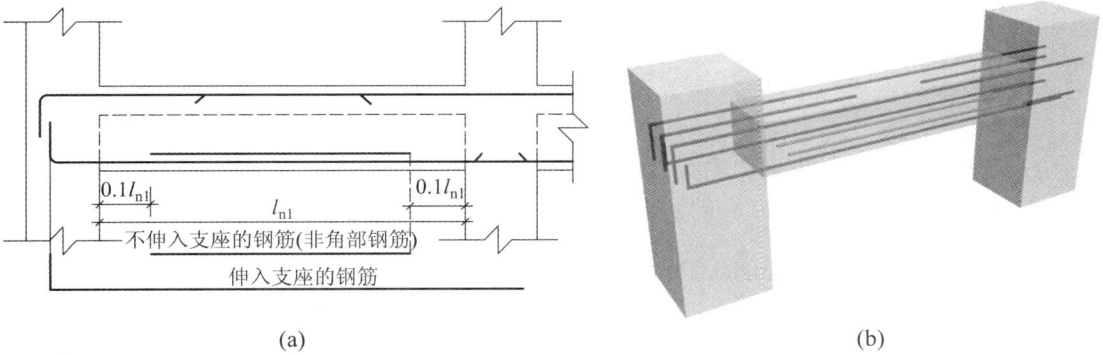

图 2-20　下部钢筋不伸入支座构造

(a) 二维图；(b) 三维图

3) 中间支座变截面钢筋构造

(1) 中间支座变截面($\Delta h/(h_c - 50) > 1/6$)。框架梁中间支座变截面($\Delta h/(h_c - 50) > 1/6$)构造一如图 2-21 所示，此时，$\Delta h$ 为两梁高差(下同)，h_c 为柱的宽度(下同)。

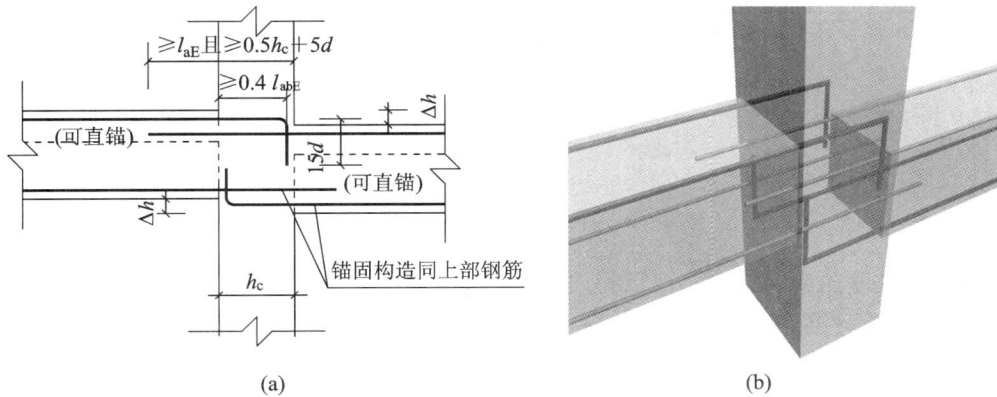

图 2-21　框架梁中间支座变截面钢筋构造一

(a) 二维图；(b) 三维图

(2) 中间支座变截面($\Delta h/(h_c - 50) \leqslant 1/6$)。抗震框架梁中间支座变截面($\Delta h/(h_c - 50) \leqslant 1/6$)构造二如图 2-22 所示，上、下部通长筋斜弯通过，其斜弯长度为 $\sqrt{\Delta h^2 + (h_c - 50)^2}$（$\Delta h$ 为梁高差，h_c 为柱的宽度）。

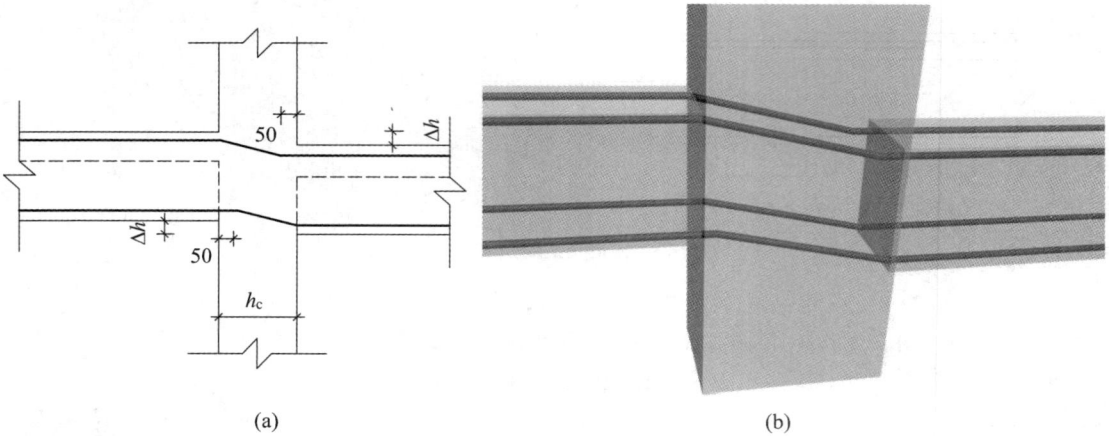

图 2-22　框架梁中间支座变截面钢筋构造二

(a) 二维图；(b) 三维图

(3) 中间支座变截面(梁宽度不同)。抗震框架梁中间支座变截面(梁宽度不同)构造三如图 2-23 所示，将无法直锚的纵筋弯锚入柱内。

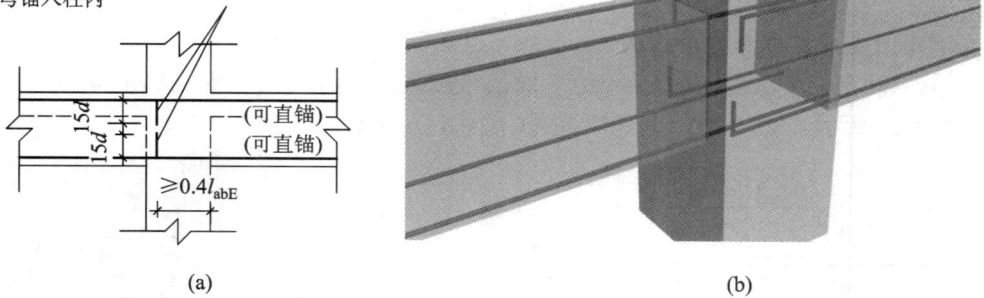

图 2-23　框架梁中间支座变截面钢筋构造三

(a) 二维图；(b) 三维图

由中间支座的钢筋构造，可以得出如下结论：

(1) 中间支座等截面在工程中比较常见，此时钢筋可直接通过支座。

(2) 中间支座变截面处，即支座两侧梁高或梁宽不等，若钢筋转折坡度不超过 1/6，其钢筋做法与等截面相同。否则，钢筋在支座处应断开，能直锚则直锚，不能直锚则弯锚。

(3) 若支座两侧钢筋根数不同，则一侧多出的钢筋在支座处直锚或弯锚。

5. 架立筋钢筋构造

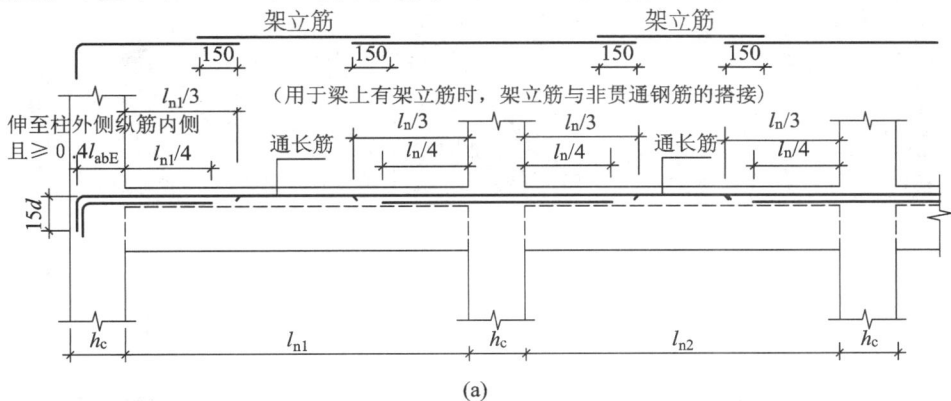

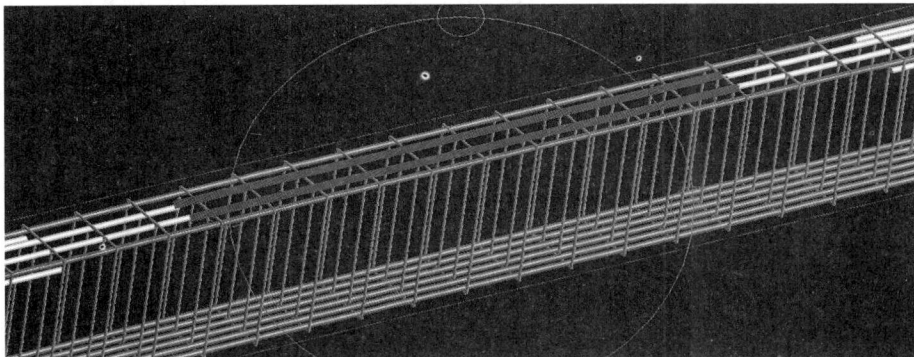

架立筋的钢筋构造如图 2-24 所示。架立筋不受力,只为**满足箍筋肢数需求,通常与支座负筋搭接,搭接长度为 150 mm。**如图 2-24(b) 所示,梁上部只有两根通长筋,而箍筋采用四肢箍,则梁上部应增加 2 根架立筋,以便于固定中间的两肢箍筋。架立筋的直径与梁的跨度有关,当梁的跨度小于 4 m 时,架立筋的直径不宜小于 8 mm;当梁的跨度为 4 m~6 m,架立筋直径不宜小于 10 mm;当梁的跨度大于 6 m,架立筋的直径不宜小于 12 mm。

(a)

(b)

图 2-24 架立筋的钢筋构造

(a) 二维图;(b) 三维图

6. 侧部钢筋构造

(1) 侧部钢筋构造综述见表 2-6。

表 2-6 侧部钢筋构造综述

侧部构造钢筋(G)	锚固 15d
	搭接 15d
侧部受扭钢筋(N)	锚固:同下部钢筋
	搭接:l_{lE}
拉筋	长度、根数、直径

(2) 侧部构造钢筋。侧部构造纵筋的锚固如图 2-25 所示,其搭接和锚固长度可取 15d,

d 为侧部钢筋直径。

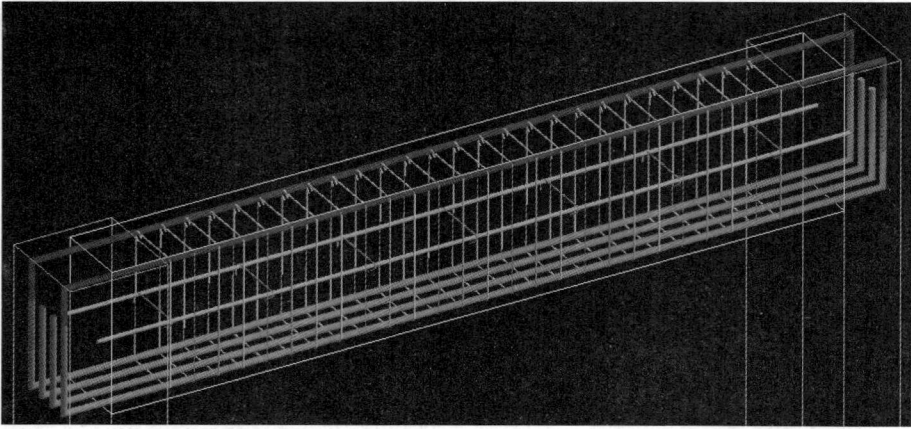

(a)

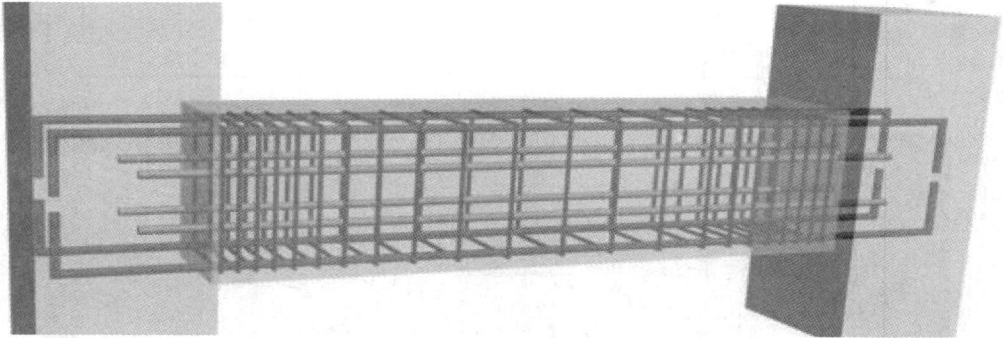

(b)

图 2-25　侧部构造纵筋的锚固

(a) 三维图；(b) 三维图

(3) 侧部受扭钢筋。侧部受扭纵筋如图 2-26 所示，**其抗震搭接长度取值为** l_{lE}，位置在梁中部 $l_n/3$ 范围内。**其抗震锚固长度为** l_{aE}，锚固方式同框架梁下部或上部纵筋。

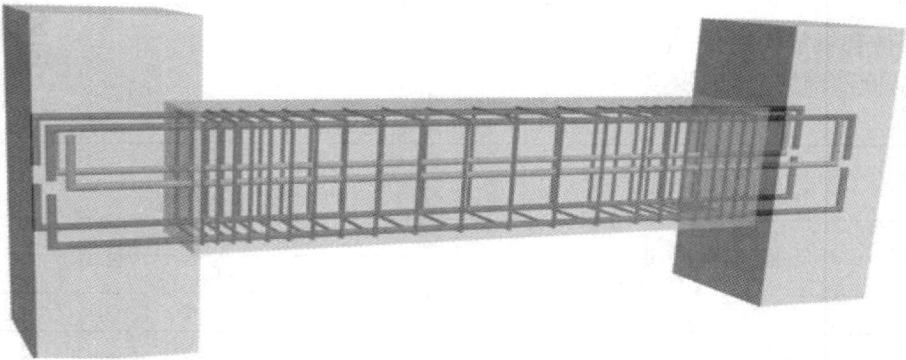

图 2-26　侧部受扭纵筋的搭接

侧部构造筋(G)和侧部受扭筋(N)，相同之处是其在截面中的位置，不同之处是构造筋不受力，而受扭筋则应按受力筋考虑，故二者**搭接和锚固长度是不一样的**。

(4) 拉筋。拉筋构造如图 2-27 所示，拉筋构造要点如下：

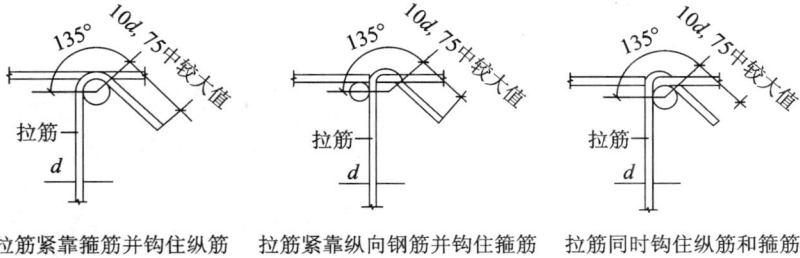

图 2-27　拉筋构造

① 当梁宽不大于 350 mm 时，拉筋直径为 6 mm；当梁宽大于 350 mm 时，拉筋直径为 8 mm；

② 拉筋间距是非加密区箍筋间距的 2 倍；

③ 非框架梁以及不考虑地震作用的悬挑梁，拉筋弯钩平直段长度可为 5d；当其受扭时，应为 10d。

7. 箍筋

箍筋在计算软件中一般按中心线计算长度，本教程中箍筋算法与此相同。

图 2-28　箍筋构造

箍筋构造图如图 2-28 所示，在箍筋构造中，设 135° 弯钩(弯曲段取 1.9d)，平直段长度为 10d 和 75 mm 中较大值，则箍筋长度 = [($b - 2c - d_{箍}$) + ($h - 2c - d_{箍}$) + 1.9$d_{箍}$] × 2 + max(10$d_{箍}$, 75) × 2。式中，b 为梁宽，h 为梁高，c 为保护层厚度，d 为箍筋直径。

在实际工程中，箍筋直径一般不小于 8 mm，所以**双肢箍筋长度计算公式可简化为**

$$[(b - 2c - d_{箍}) + (h - 2c - d_{箍}) + 11.9d_{箍}] × 2$$

箍筋起步距离(即距柱边距离)为 50 mm，箍筋加密区长度如图 2-29 所示：一级抗震加密区长度为 max{2h_b, 500 mm}，二~四级抗震箍筋加密区长度为 max{1.5h_b, 500 mm}，h_b 为梁高。

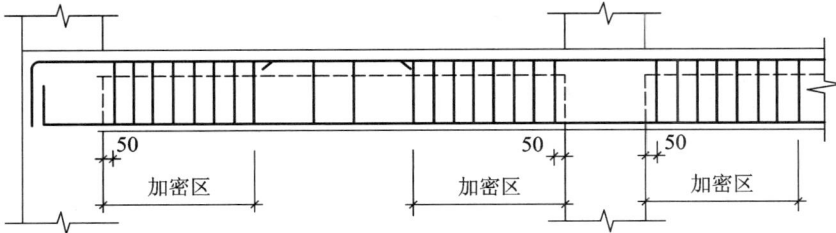

加密区：抗震等级为一级：≥2.0h_b且≥500

抗震等级为二~四级：≥1.5h_b且≥500

图 2-29　箍筋加密区长度

8. 附加吊筋

在主次梁交接处，一般会在主梁上设置附加吊筋或附加箍筋。附加吊筋构造如图 2-30 所示，上部每侧水平段长度为 20d，下部水平段长度为次梁宽度两端各加 50 mm，中间采取弯折，当主梁高大于 800 mm 时，夹角为 60°，当主梁高不大于 800 mm 时，夹角为 45°。

附加筋

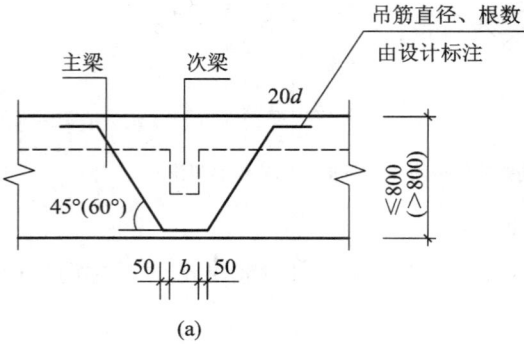

图 2-30　附加吊筋构造

(a) 二维图；(b) 三维图

9. 附加箍筋

附加箍筋构造如图 2-31 所示，附加箍筋是在主梁箍筋正常布置的基础上另外附加的箍筋。s 为布置附加箍筋的长度范围。

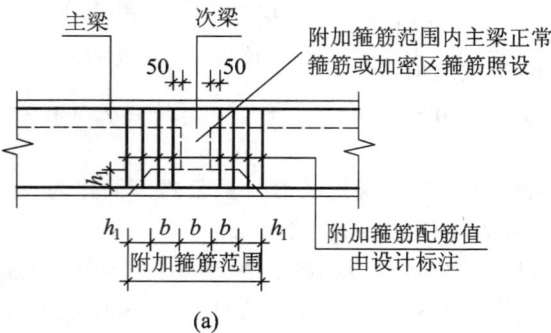
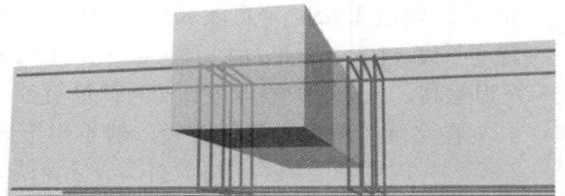

图 2-31　附加箍筋构造

(a) 二维图；(b) 三维图

2.2.4　屋面框架梁 WKL 钢筋构造

本部分主要是以楼层框架梁 KL 钢筋构造为基础，讲解与之不同的屋面框架梁 WKL 的钢筋构造中需要注意的构造要点。

1. 楼层框架梁和屋面框架梁的区别

楼层框架梁和屋面框架梁的主要区别：一是端支座上部钢筋的锚固做法不同，二是中间变截面处钢筋构造有差异。

2. 屋面框架梁上部纵筋端支座钢筋锚固构造

屋面框架梁上部纵筋端支座钢筋锚固构造中，**没有直锚构造，需要伸到柱对边下弯。**
下弯存在两种构造：第一种构造是下弯至梁底位置(工程用语："**柱包梁**")，如图 2-32 所示。
第二种构造是下弯 $1.7l_{aE}$，如图 2-33 所示(工程用语："**梁包柱**")。上述两种构造，根据实际
情况选用时需要注意的是，**无论选择哪种构造，相应的 KZ 柱顶构造就要与之配套。**

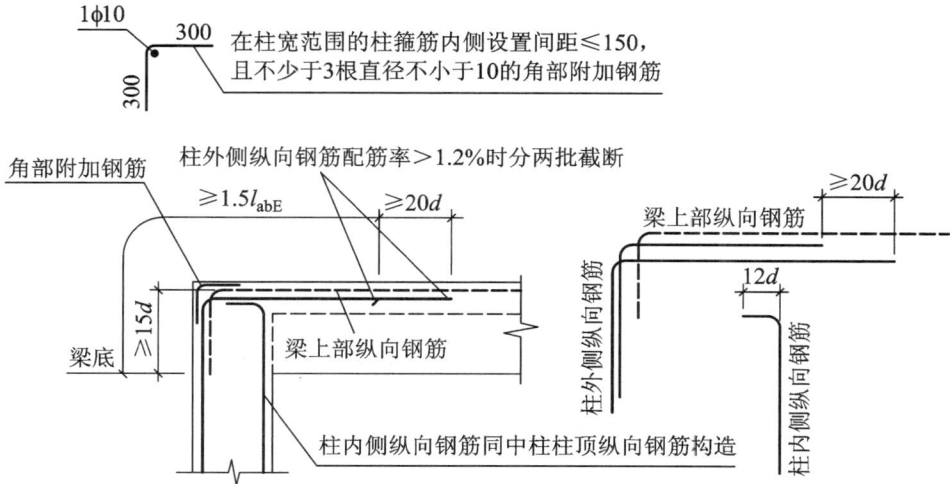

(a)

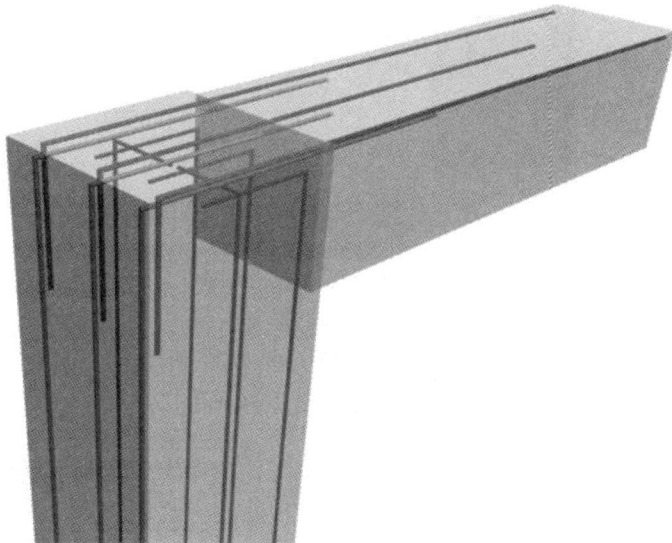

(b)

图 2-32 柱包梁

(a) 二维图；(b) 三维图

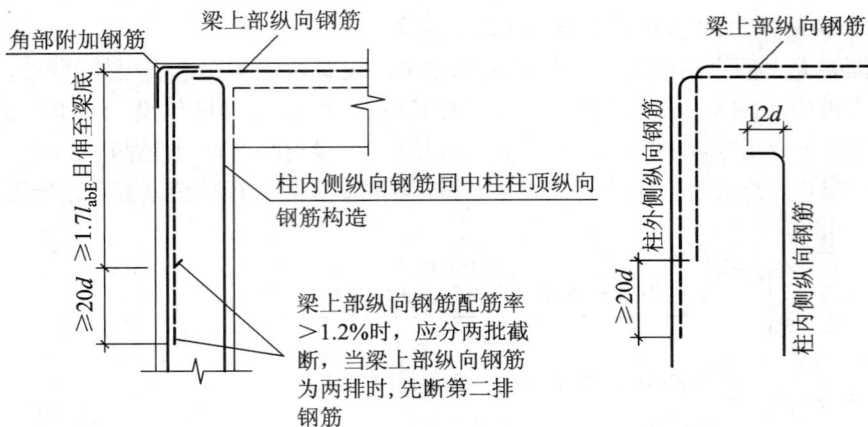

(a)

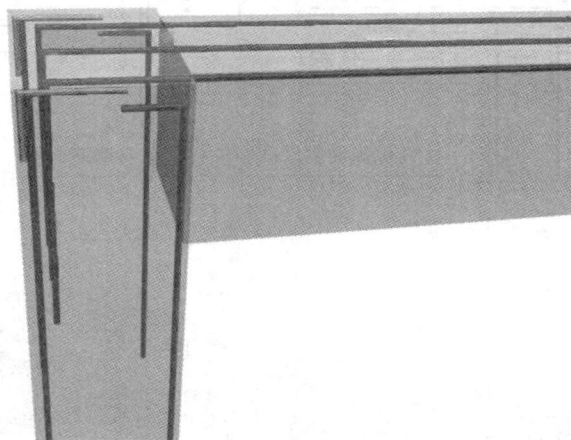

(b)

图 2-33　梁包柱

(a) 二维图；(b) 三维图

3. 屋面框架梁下部纵筋端支座钢筋锚固构造

屋面框架梁下部纵筋端支座钢筋弯锚构造如图 2-32 所示，均需伸至梁上部纵筋弯折段内侧且不小于 $0.4l_{abE}$ 后弯折 $15d$。直锚构造如图 2-34 和图 2-35 所示。

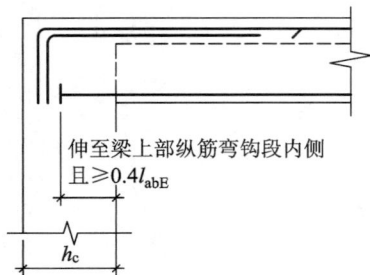

图 2-34　梁下部钢筋端头加锚板构造

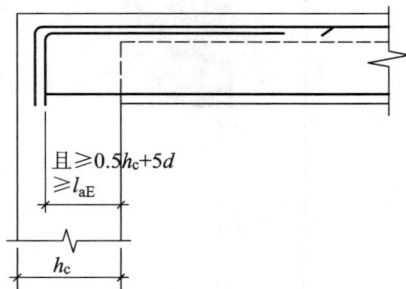

图 2-35　梁下部钢筋直锚构造

4. 中间支座变截面钢筋构造

WKL 中间支座变截面有三种构造形式:

第一种为梁底部有高差($\Delta h / (h_c - 50) > 1/6$),如图 2-36 所示,低位钢筋弯锚,平直段长度不小于 $0.4l_{abE}$,向上弯折 $15d$;高位钢筋直锚,长度为 l_{aE}。

第二种为梁顶有高差($\Delta h / (h_c - 50) > 1/6$),如图 2-37 所示,高位钢筋伸至对边向下弯折,自低梁顶面算起向下 l_{aE} 处截断;低位钢筋直锚,长度为 l_{aE}。

第三种为梁截面宽度不同,如图 2-38 所示,截面宽度较大一侧宽出部位的钢筋采取弯锚。

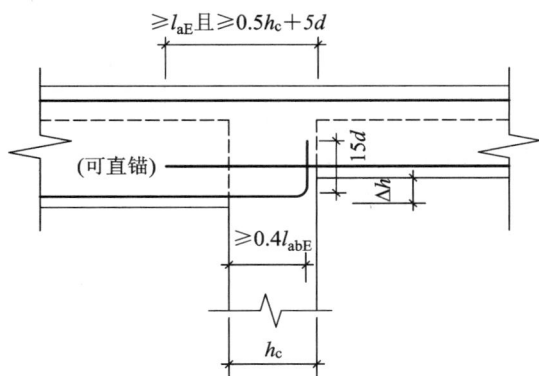

图 2-36 WKL 中间支座纵筋构造一　　　　　　图 2-37 WKL 中间支座纵筋构造二

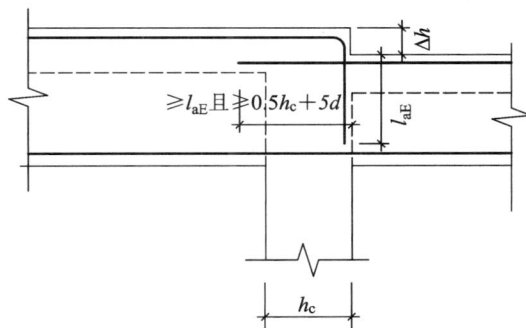

当支座两边梁宽不同或错开布置时,将无法直通的纵筋弯锚入柱内;或当支座两边纵筋根数不同时,可将多出的纵筋弯锚入柱内

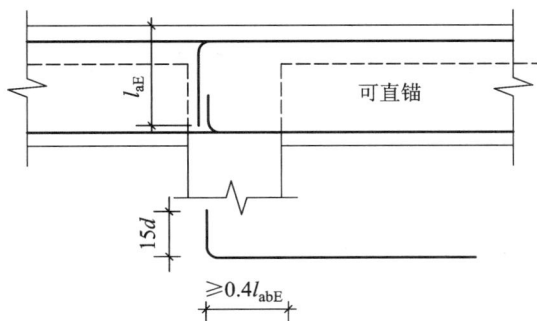

图 2-38 WKL 中间支座纵筋构造三

2.2.5 非框架梁 L 钢筋构造

1. 上部钢筋端支座锚固构造

上部钢筋端支座锚固构造如图 2-39 所示,非框架梁上部钢筋端支座锚固构造为伸至主梁外侧纵筋内侧后向下弯折 $15d$,当直段长度不小于 l_a 时,可不弯折。

2. 支座负筋、架立筋、下部钢筋、箍筋

如图 2-39 所示,钢筋构造要点如下:

(1) 支座负筋端支座延伸长度：设计按铰接时为 $l_{n1}/5$(充分利用钢筋的抗拉强度为 $l_{n1}/3$)，**工程中设计按铰接的居多**。l_{n1} 为端跨净长；支座负筋中间支座延伸长度为 $l_n/3$，l_n 取相邻两跨较大的净跨长。

(2) 架立筋与支座负筋搭接 150 mm。

(3) 下部钢筋锚固：螺纹钢筋 $12d$，光圆钢筋 $15d$(平面为弧形的梁因有扭矩作用，纵筋在支座处受力，所以锚入支座长度取 l_a)。

(4) 箍筋没有加密区，如果端部采用不同间距的箍筋，需注明根数。

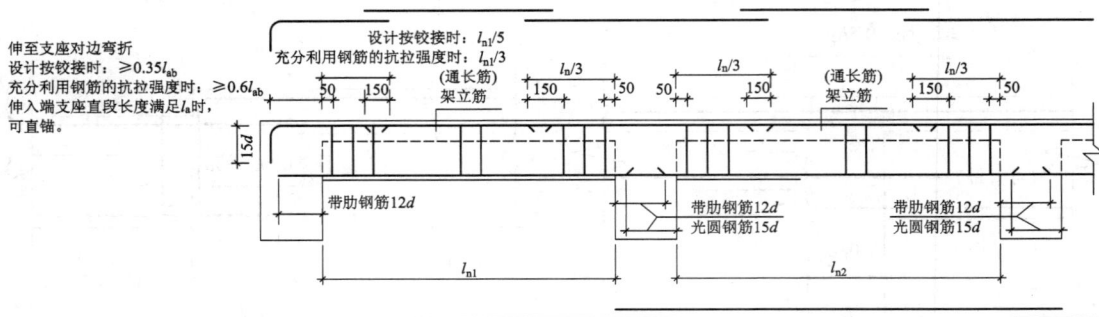

图 2-39 L 钢筋构造

非框架梁 L 钢筋构造有别于框架梁 KL，主要区别有：

① 一般按非抗震考虑；

② 下部纵筋在支座处锚固一般按简支支座考虑；

③ 一般无箍筋加密区。

任务 2.3 梁钢筋计算实例

【例 2.10】 图 2-40 为框架梁平法施工图，图 2-41 为与其对照的传统施工图。

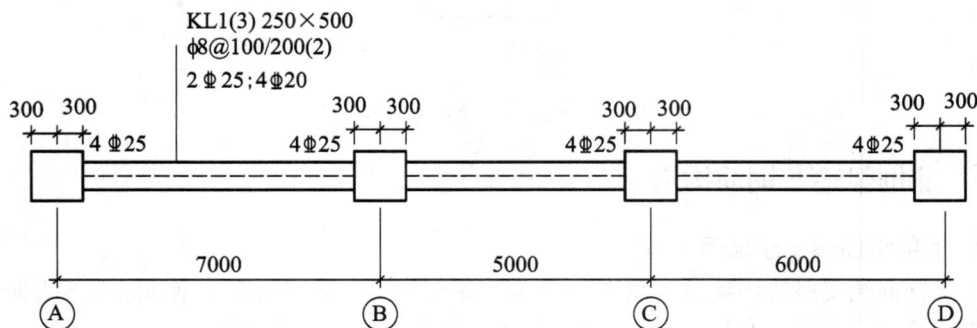

项目二案例讲解
视频-梁

图 2-40 框架梁平法施工图

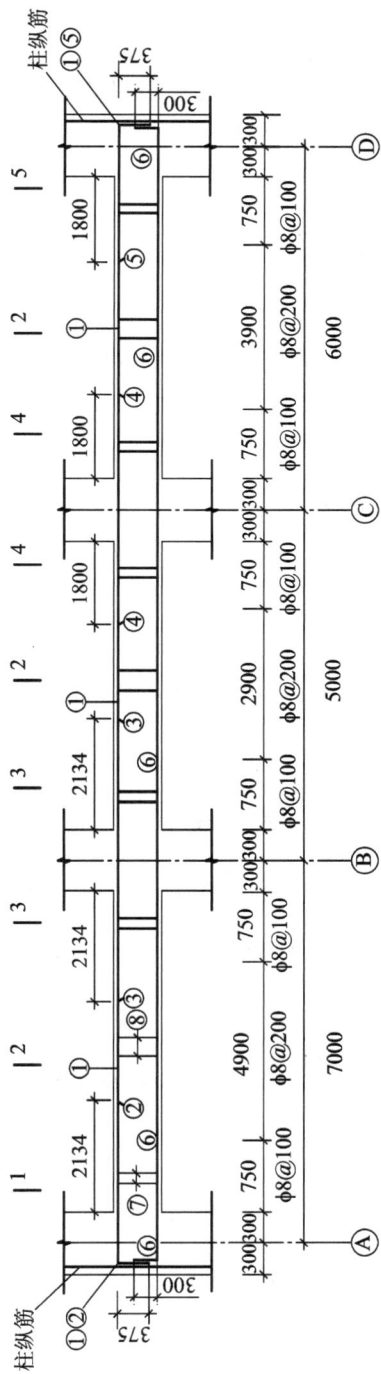

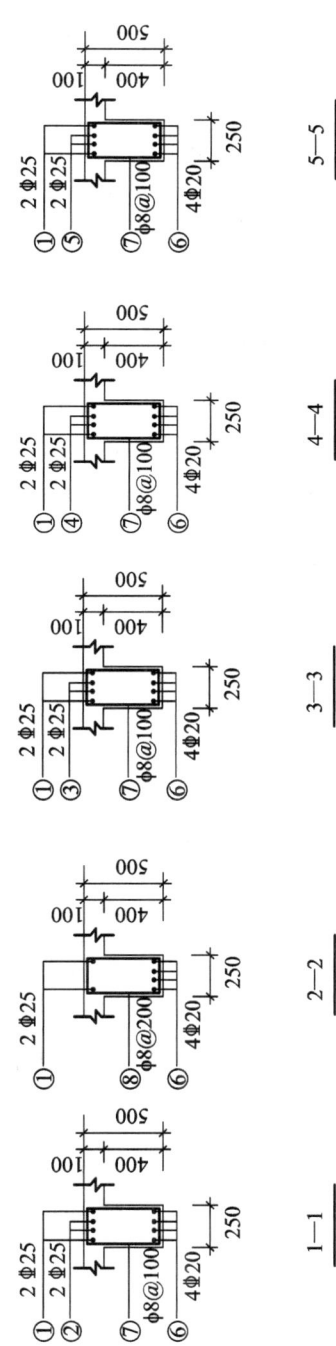

图 2-41 传统施工图

已知：此 KL1 所在环境类别为一类，梁、柱保护层为 20 mm，混凝土强度等级为 C30，梁的钢筋不受扰动且无环氧树脂涂层，钢筋类别为 HRB400，框架结构抗震等级二级，柱纵筋类别为 HRB400，直径为 25 mm，柱箍筋类别为 HPB300，直径为 8 mm。

【注】 $d_{箍}$：箍筋直径；$d_{梁}$：梁纵筋直径；$c_{柱}$：柱保护层厚度；

$d_{柱箍}$：柱箍筋直径；$d_{柱}$：柱纵筋直径；h_c：柱截面长边尺寸；

Ⓐ Ⓑ Ⓒ Ⓓ 轴线上的柱子分别为"梁支座 A，梁支座 B，梁支座 C，梁支座 D"。

解 (1) 梁上部钢筋。

① 判断端支座上部钢筋锚固方式。

假设左右端支座直锚，查表 1-10 则锚固长度：

$$l_{aE} = 40d = 40 \times 25 = 1000 \text{ mm}$$

$$\max(l_{aE}, 0.5h_c + 5d_{梁}) = \max(1000, 0.5 \times 600 + 5 \times 25) = 1000 \text{ mm}$$

因为 1000>600，所以两端端支座上部钢筋都用弯锚。

② 上部通长筋①单根长度。

$$7000 + 5000 + 6000 - 300 - 300 + [\max(h_c - c_{柱} - d_{柱箍} - d_{柱} - 25, 0.4l_{abE}) + 15d_{梁}] \times 2$$
$$= 17400 + (522 + 375) \times 2 = 19194 \text{ mm}$$

(如上部通长筋需连接，位置应在相邻较大净跨的 1/3 范围内)

③ 支座 A 负筋②单根长度。

$$\max(h_{c1} - c_{柱} - d_{柱箍} - d_{柱} - 25, 0.4l_{abE}) + 15d_{梁} + \frac{l_n}{3} = 522 + 375 + 2134 = 3031 \text{ mm}$$

④ 支座 B 负筋③单根长度。

$$\frac{7000 - 300 - 300}{3} \times 2 + 600 = 4867 \text{ mm}$$

⑤ 支座 C 负筋④单根长度。

$$\frac{6000 - 300 - 300}{3} \times 2 + 600 = 4200 \text{ mm}$$

⑥ 支座 D 负筋⑤单根长度。

$$\max(h_c - c_{柱} - d_{柱箍} - d_{柱} - 25, 0.4l_{abE}) + 15d_{梁} + \frac{l_n}{3} = 522 + 375 + 1800 = 2697 \text{ mm}$$

(2) 梁下部钢筋。

① 判断端支座下部钢筋⑥锚固方式。

假设左右端支座直锚，查表 1-10 则锚固长度：

$$l_{aE} = 40d = 40 \times 20 = 800 \text{ mm}$$

$$\max(l_{aE}, 0.5h_c + 5d_{梁}) = \max(800, 0.5 \times 600 + 5 \times 20) = 800 \text{ mm}$$

因为 800 > 600，所以左右端端支座下部钢筋必须弯锚。

② 下部通长筋⑥单根长度。

$$7000 + 5000 + 6000 - 300 - 300 +$$
$$\left[\max\left(h_{\text{c}} - c_{\text{柱}} - d_{\text{柱箍}} - d_{\text{柱}} - 25 - d_{\text{梁}} - 25, 0.4l_{\text{abE}}\right) + 15d_{\text{梁}}\right] \times 2$$
$$= 17\,400 + (472 + 300) \times 2 = 18\,944 \text{ mm}$$

梁下部通长钢筋端部采取弯锚时,可伸至梁上部纵筋弯钩段内侧($h_b < 15d_{梁} \times 2 + 2c + 2d_{箍}$)或柱外侧纵筋内侧($h_b \geqslant 15d_{梁} \times 2 + 2c + 2d_{箍}$),且$\geqslant 0.4l_{\text{abE}}$。而本例中,$h_b = 500 < 15d_{梁} \times 2 + 2c + 2d_{箍}$,故需伸至梁上部纵筋弯钩段内侧。式中 25 表示钢筋的净距,h_b 为梁高。

(3) 梁箍筋。

① 单根箍筋长度(中心线算法)。

$$\left[(b - 2c - d_{箍}) + (h - 2c - d_{箍}) + 11.9d_{箍}\right] \times 2$$
$$= \left[(250 - 20 \times 2 - 8) + (500 - 20 \times 2 - 8) + 11.9 \times 8\right] \times 2 = 1500 \text{ mm}$$

(b 为梁截面宽度,h 为梁截面高度,$11.9d_{箍}$为每个箍筋的弯钩长度)

② 箍筋根数:

第一跨,加密区根数:

$$2 \times \left[\frac{\max(1.5h_b, 500) - 50}{100} + 1\right] = 16 \text{ 根} \quad (h_b \text{ 为梁高})$$

非加密区根数。

$$\frac{7000 - 300 - 300 - 2 \times 1.5h_b}{200} - 1 = 24 \text{ 根}$$

第一跨总根数为 16 + 24 = 40 根。

第二跨,加密区根数:

$$2 \times \left[\frac{\max(1.5h_b, 500) - 50}{100} + 1\right] = 16 \text{ 根}$$

非加密区根数:

$$\frac{5000 - 300 - 300 - 2 \times 1.5h_b}{200} - 1 = 14 \text{ 根}$$

第二跨总根数为 16 + 14 = 30 根。

第三跨,加密区根数:

$$2 \times \left[\frac{\max(1.5h_b, 500) - 50}{100} + 1\right] = 16 \text{ 根}$$

非加密区根数:

$$\frac{6000 - 300 - 300 - 2 \times 1.5h_b}{200} - 1 = 19 \text{ 根}$$

第三跨总根数为 16 + 19 = 35 根。

箍筋总根数为 40 + 30 + 35 = 105 根。

【例 2.11】 图 2-42 为非框架梁平法施工图,图 2-43 为与其对照的传统施工图。

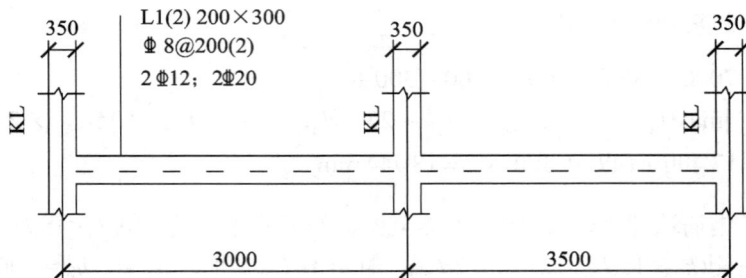

图 2-42 非框架梁平法施工图

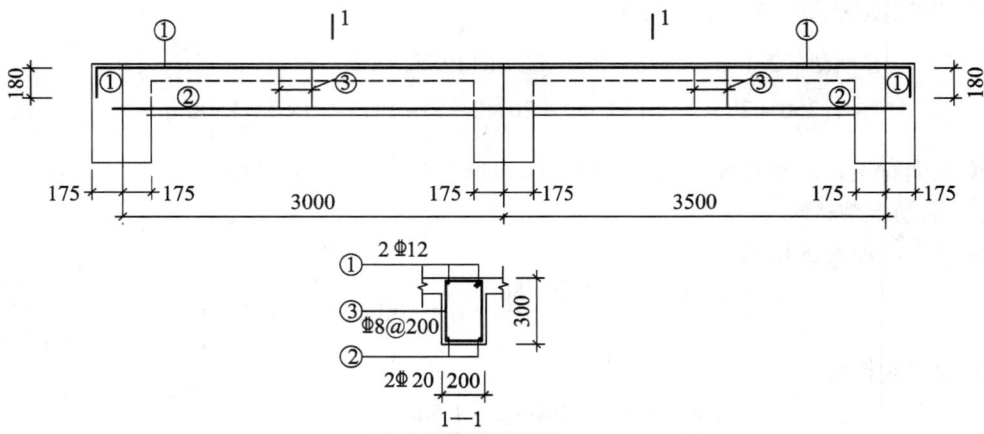

图 2-43 非框架梁传统施工图

已知：此 L1 所在环境类别为一类，梁保护层为 20 mm，混凝土强度等级为 C30，梁的钢筋不受扰动且无环氧树脂涂层。钢筋类别为 HRB400，假设梁充分利用钢筋的抗拉强度。KL 梁宽度为 350 mm，厚度为 20 mm，梁纵向角筋直径为 20 mm，箍筋直径为 8 mm。

【注】 $d_{\text{箍}}$：箍筋直径。

解 (1) 梁上部钢筋。

上部通长钢筋①单根钢筋长度：

$$(350 - 20 - 8 - 20 - 25 + 15d) \times 2 + 3000 + 3500 - 175 \times 2 = 7064 \text{ mm}$$

(2) 下部通长钢筋②单根钢筋长度。

$$12d \times 2 + 3000 + 3500 - 175 \times 2 = 6630 \text{ mm}$$

(3) 梁箍筋。

① 单根箍筋长度(中心线算法)。

$$[(b - 2c - d_{\text{箍}})] + (h - 2c - d_{\text{箍}}) + 11.9d_{\text{箍}}] \times 2$$
$$= [(200 - 20 \times 2 - 8) + (300 - 20 \times 2 - 8)] + 11.9 \times 8] \times 2 = 999 \text{ mm}$$

② 每跨箍筋根数。

第一跨根数：$\dfrac{3000 - 350 - 100}{200} + 1 = 14$ 根

第二跨根数：$\dfrac{3500-350-100}{200}+1=17$ 根

箍筋总根数 = 14 + 17 = 31 根

本 章 小 结

本章主要介绍了框架梁(KL)、屋面框架梁(WKL)的施工图制图规则和钢筋标准构造详图。概括起来讲，主要包括：

(1) 梁平法识图制图规则。采用平面注写方式和截面注写方式，工程中采用平面注写方式的较多。平面注写方式分集中标注(五项半)和原位标注，且原位标注优先，即集中标注与原位标注有差别时，以原位标注为准。

(2) 纵向受力筋锚固。纵向受力筋能直锚时则直锚，常见如中间支座下部纵筋；不满足直锚要求(支座宽度小于 $l_{aE}+c$)则弯锚，常见如边支座，或中间支座梁截面有较大高差，钢筋无法拉通时。

(3) 支座处负筋截断。端支座上部第一排跨内延伸长度 $l_{n1}/3$，上部第二排跨内延伸长度 $l_{n1}/4$(l_{n1} 指端跨的净长度)。中间支座负筋上部第一排跨内延伸长度 $l_n/3$，上部第二排跨内延伸长度 $l_n/4$(l_n 是指相邻两跨净跨长度之较大者)。

(4) 受力筋接头。根据框架梁受力特点，上部通长筋需接头时，位置宜在梁跨中 $l_n/3$ 范围内，而梁下部钢筋如需接头，则宜在支座处。

(5) 构造筋。主要指架立筋及梁侧面构造筋，因其不受力，锚固长度按 l_{as} 考虑，取 $15d$。搭接位置不受限制。

(6) 箍筋加密。在框架梁两端，加密区长度与抗震等级有关。

项目二学生实训
任务及对应图纸

习 题

1. 结构层楼标高与建筑图中的楼面标高有什么关系？
2. 梁平法施工图在梁平面布置图上可采用几种方式表达？
3. 梁集中标注的五项必注值及一项选注值，即"五项半"包括的内容是什么？
4. 某梁截面尺寸标注为 250 × 600 GY500 × 250，是什么意思？
5. 某梁箍筋标注为 15 Φ 10@150(4)/200(2)，是什么意思？
6. G4 Φ12 和 N4 Φ12 有什么相同和不同之处？
7. 梁下部纵筋注写为 6Φ20 2(−2)/4 表示什么意思？
8. KL 与 WKL 在配筋构造上有何区别？
9. KL 与 L(非框架梁)在配筋构造上有何区别？
10. 梁上部和下部的通长钢筋如需连接，连接位置在哪里？
11. h_w 指的是什么？梁中侧面纵向构造筋所需拉筋有何规定？
12. 梁中纵筋在支座处什么情况下直锚？什么情况下弯锚？
13. 描述图 2-44 中箍筋标注的含义。

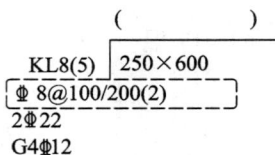

图 2-44

14. 描述图 2-45 所标注钢筋的含义并画出所示剖面截面配筋图。

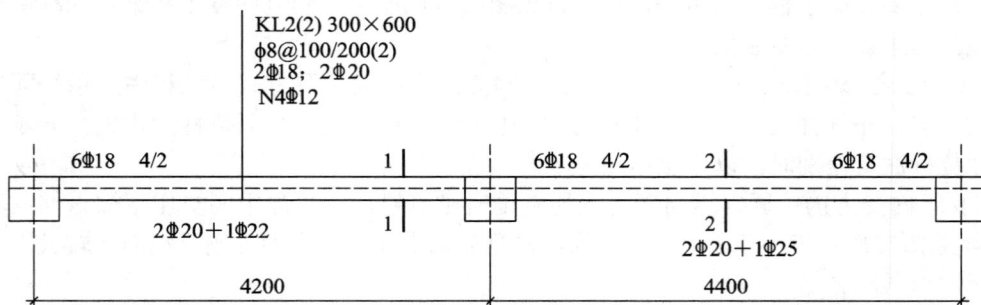

图 2-45

15. 如图 2-46 所示 KL1 所处环境类别为一类，梁、柱保护层为 20 mm，柱混凝土强度等级为 C30。梁的钢筋不受扰动且无环氧树脂涂层，抗震等级为一级，柱纵筋为Φ25，柱箍筋类别为 HRB400，直径为 8 mm，试计算 KL1 中钢筋量。

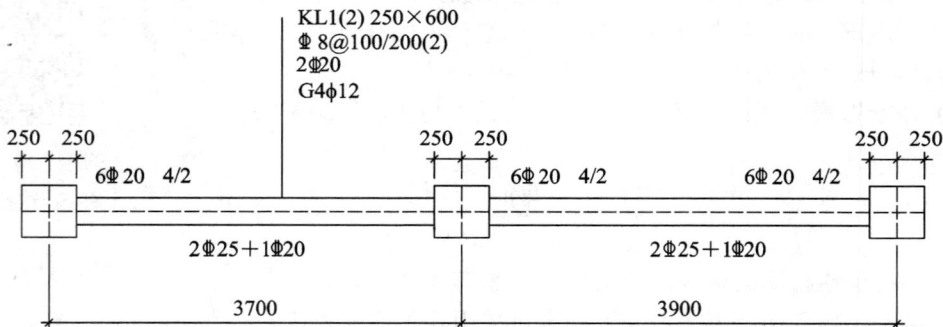

图 2-46

项目二课后习题答案

项目 3 柱平法识图与钢筋算量

【学习目标】

知识目标:

(1) 熟悉柱的平法识图。

(2) 熟悉柱钢筋构造的一般规则。

(3) 掌握柱钢筋算量的基本知识。

(4) 掌握柱钢筋算量的应用。

能力目标:

(1) 具备看懂柱平法施工图的能力。

(2) 具备柱钢筋算量的基本能力。

素质目标:

(1) 能够耐心细致地读懂关于柱的图集和图纸。

(2) 能够通过查找、询问和自主学习等方式解决问题。

任务 3.1 柱平法识图

柱平法施工图是在柱平面布置图上,采用列表注写方式或截面注写方式表达柱的尺寸与配筋信息等设计内容。

在实际工程中,柱平法施工图(截面注写方式)如附图结施-02 所示。

3.1.1 列表注写方式

列表注写方式是指在柱平面布置图上,分别在同一编号的柱中选择一个(有时需要选择几个)截面标注几何参数代号,其中,在柱表中注写柱编号、柱段起止标高、几何尺寸(含柱截面对轴线的偏心情况)与配筋的具体数值,并配以各种柱截面形状及其箍筋类型。如图 3-1 所示。

1. 注写柱编号

柱编号由类型、代号和序号组成,应符合表 3-1 的规定。

柱平法识图概述

项目 3 扩展阅读

列表注写方式

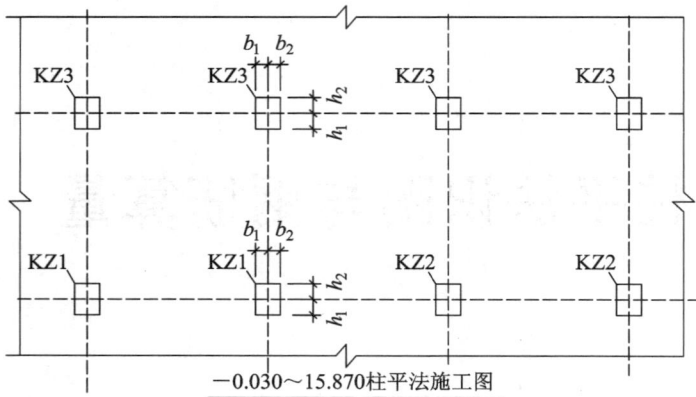

−0.030～15.870柱平法施工图

层号	标高(m)	层高(m)
10	33.870	3.600
9	30.270	3.600
8	26.670	3.600
7	23.070	3.600
6	19.470	3.600
5	15.870	3.600
4	12.270	3.600
3	8.670	3.600
2	4.470	4.200
1	−0.030	4.500

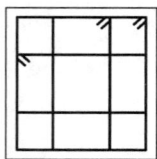

箍筋类型1($m×n$)

箍筋类型2

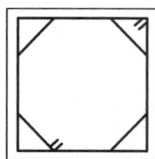

箍筋类型3

柱号	标高	$b×h$(圆柱直径D)	b_1	b_2	h_1	h_2	全部纵筋	角筋	b边一侧中部筋	h边一侧中部筋	箍筋类型号	箍筋	备注
KZ1	−0.030～15.870	600×600	300	300	300	300		4Φ25	2Φ25	2Φ25	1(4×4)	φ10@100/200	
	15.870～33.870	500×500	250	250	250	250		4Φ25	2Φ25	2Φ25	1(4×4)	φ10@100/200	

−0.030～33.870柱平法施工图(局部)

图 3-1　柱构件列表注写方式示例

表 3-1　柱　编　号

柱的类型

柱　类　型	代　号	序　号
框　架　柱	KZ	××
转　换　柱	ZHZ	××
芯　　柱	XZ	××

2. 注写各段柱的起止标高

各段柱的起止标高自柱根部往上以变截面位置或截面未变但配筋改变处为界分段注写。梁上起框架柱的根部标高是指梁顶面标高；剪力墙上起框架柱的根部标高为墙顶面标高。从基础起的柱，其根部标高是指基础顶面标高，当屋面框架梁上翻时，框架柱顶标高应为梁顶面标高，芯柱的根部标高是根据结构实际需要而定的起始位置标高。

3. 各种柱截面尺寸与轴线关系的表述方式

对于矩形柱，注写柱截面尺寸 $b×h$，及与轴线关系的几何参数代号 b_1、b_2 和 h_1、h_2

的具体数值，需对应于各段柱做分别注写，其中 $b = b_1 + b_2$、$h = h_1 + h_2$。当截面的某一边收缩变化与轴线重合或偏到轴线的另一侧时，b_1、b_2、h_1、h_2 中的某项为零或负值。

对于圆柱，表中 $b \times h$ 一栏改用在圆柱直径数字前加 d 表示。为表达简单，圆柱截面与轴线的关系也用 b_1、b_2 和 h_1、h_2 表示，且 $b = b_1 + b_2 = h_1 + h_2$。

4. 注写柱纵筋

当柱纵筋直径相同，各边根数也相同时(包括矩形柱、圆柱和芯柱)，将纵筋注写在"全部纵筋"一栏中；除此之外，柱纵筋分**角筋**、**截面 b 边中部筋**和 **h 边中部筋**三项分别注写。

5. 注写箍筋类型号及箍筋肢数

在箍筋类型栏内注写按表 3-2 规定的箍筋类型编号和箍筋肢数。箍筋肢数可有多种组合，应在表中注明具体的数值：m、n 及 Y 等。确定箍筋肢数时应满足对柱纵筋"隔一拉一"以及箍筋肢距的要求。具体工程设计时，若采用超出本表所列举的箍筋类型或标准构造详图中的箍筋符合方式，应在施工图中另行绘制，并标注与施工图中对应的 b 和 h。

表 3-2　箍 筋 类 型 表

箍筋类型编号	箍筋肢数	复合方式
1	$m \times n$	肢数m　h 　肢数n　b
2	—	h 　b
3	—	h 　b
4	$Y + m \times n$ 圆形箍	肢数m 　肢数n　d

6. 注写柱箍筋，包括钢筋级别、直径与间距

用斜线"/"区分柱端箍筋加密区与柱身非加密区长度范围内箍筋的不同间距。当框架节点核芯区内(即框架柱与框架梁相交部位区域)箍筋与柱端箍筋设置不同时，应在括号中注明核芯区箍筋直径及间距。当箍筋沿柱全高为一种间距时，则不使用"/"线。当圆柱采用螺旋箍筋时，需在箍筋前加"L"。

【例 3.1】

Φ10@100/200，表示箍筋为 HPB300 级钢筋，直径为 10 mm，加密区间距为 100 mm，非加密区间距为 200 mm。

Φ10@100/200(Φ12@100)，表示柱中箍筋为 HPB300 级钢筋，直径为 10 mm，加密区间距为 100 mm，非加密区间距为 200 mm。框架节点核芯区箍筋为 HPB300 级钢筋，直径为 12 mm，间距为 100 mm。

Φ10@100，表示沿柱全高范围内箍筋均为 HPB300 级钢筋，直径为 10 mm，间距为 100 mm。

LΦ10@100/200，表示采用螺旋箍筋，HPB300 级钢筋：直径为 10 mm，加密区间距为 100 mm，非加密区间距为 200 mm。

如图 3-1 所示为柱构件列表注写方式。

3.1.2 截面注写方式

截面注写方式是在柱平面布置图的柱截面上，分别在同一编号的柱中选择一个截面，以直接注写截面尺寸和配筋具体数值的方式，用来表达柱平法施工图，如图 3-2 所示。截面注写方式适用于各种结构类型。对除芯柱外的所有柱截面按表 3-1 进行编号，从相同编号的柱中选择一个截面，按另一种比例原位放大绘制柱截面配筋图，并在各配筋图上继其编号后再注写截面尺寸 $b \times h$、角筋或全部纵筋、箍筋的具体数目，以及在柱截面配筋图上标注柱截面与轴线关系 b_1、b_2、h_1、h_2 的具体数值。

如图 3-2 所示 KZ1 表示框架柱，序号 1，截面尺寸 $b \times h = 600$ mm × 600 mm，箍筋为 HPB300 级钢筋，直径为 8 mm，柱端加密区间距为 100 mm，中部非加密区间距为 200 mm，截面角部纵筋为 4Φ25。b 边中部 2Φ25，h 边中部 2Φ25，对称配筋。

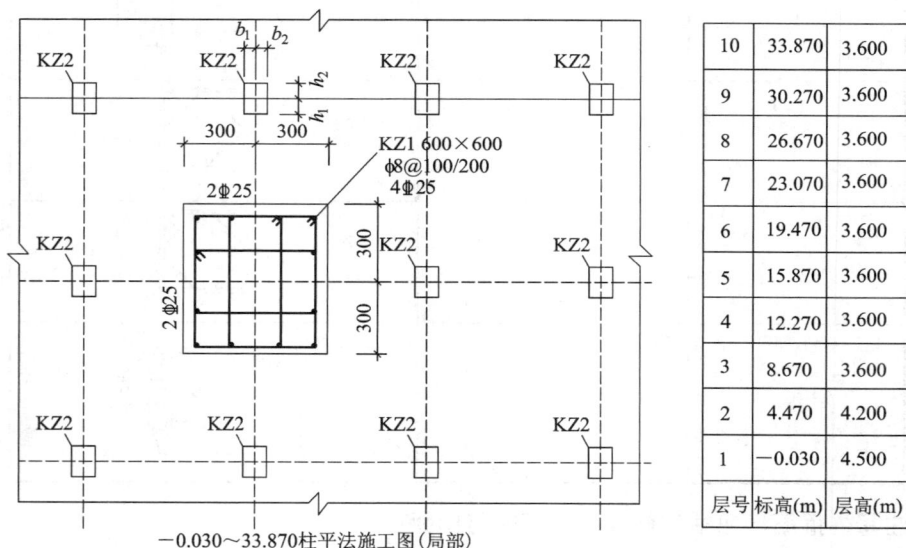

10	33.870	3.600
9	30.270	3.600
8	26.670	3.600
7	23.070	3.600
6	19.470	3.600
5	15.870	3.600
4	12.270	3.600
3	8.670	3.600
2	4.470	4.200
1	−0.030	4.500
层号	标高(m)	层高(m)

−0.030~33.870柱平法施工图（局部）

图 3-2 柱构件截面注写方式示例

任务 3.2 柱钢筋标准构造及计算原理

3.2.1 框架柱受力特点简述

1. 框架受水平荷载

框架结构在水平荷载作用下(主要是指风荷载和水平地震作用)，框架柱力学模型的计算简图和内力图如图 3-3 所示。

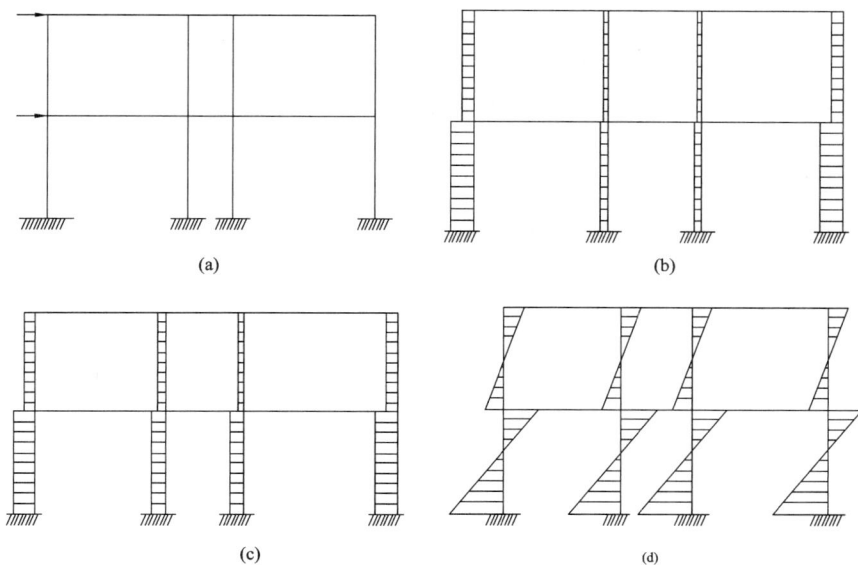

(a)

(b)

(c)

(d)

图 3-3　水平荷载作用下的计算简图和内力图

(a) 风荷载或地震作用；(b) 风荷载或地震作用下的 N 图：kN；

(c) 风荷载或地震作用下的 V 图：kN；(d) 风荷载或地震作用下的 M 图：kN·m

2. 框架受竖向荷载

框架结构在竖向荷载作用下，框架柱力学模型的计算简图和内力图如图 3-4 所示。

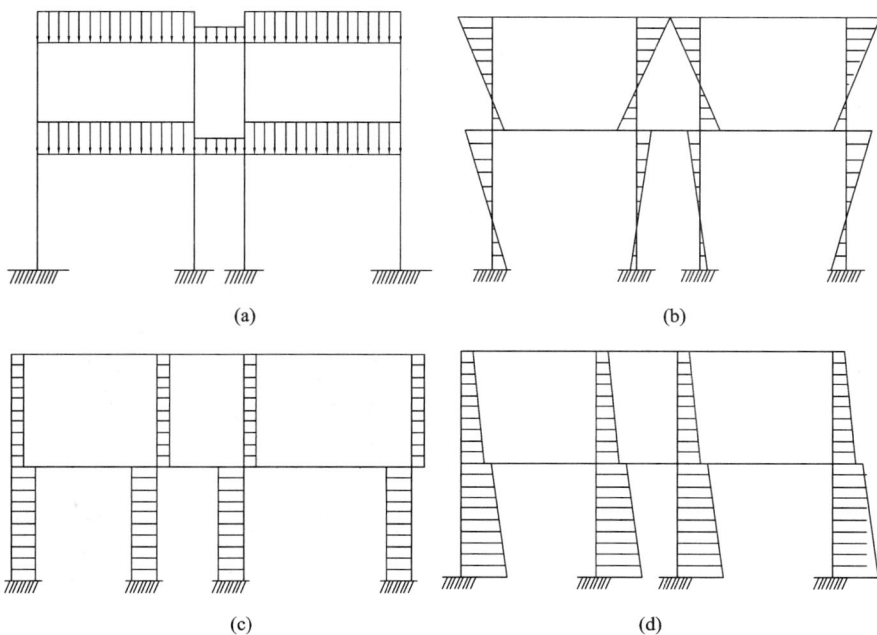

(a)

(b)

(c)

(d)

图 3-4　竖向荷载作用下的计算简图和内力图

(a) 竖向荷载作用；(b) 竖向荷载作用下的 M 图：kN·m；

(c) 竖向荷载作用下的 V 图：kN；(d) 竖向荷载作用下的 N 图：kN

一般情况下，柱属于偏压构件。由图 3-3 和图 3-4 可以看出，**框架柱上下两端受力较**

大，中间受力相对偏小。所以柱子端部箍筋通常需要加密，在柱子纵筋连接时，柱两端一定范围内为非连接区。风荷载和地震作用具有不确定性，框架柱可能受到反号的弯矩作用，同时为了便于施工，框架柱一般采用对称配筋。

3.2.2 框架柱构件钢筋构造知识体系

框架柱构件的钢筋构造分布在 22G101-1 和 22G101-3 中，框架柱构件的钢筋总结见表 3-3。

表 3-3 框架柱构件钢筋种类

钢筋种类	构　造　情　况		
纵筋	基础内柱插筋构造		
	地下室框架柱		
	中间层	基本构造	
		变截面	
		变钢筋	
	顶层	中柱	
		边柱、角柱	
箍筋	箍筋根数(加密区范围)		

3.2.3 基础内柱插筋构造

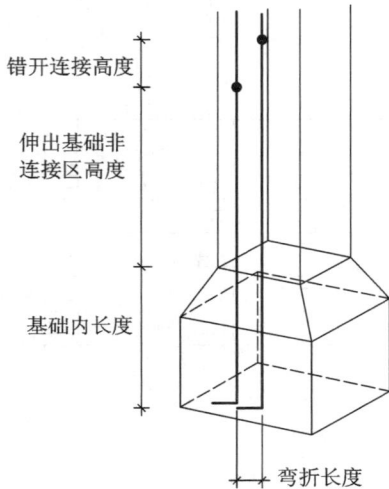

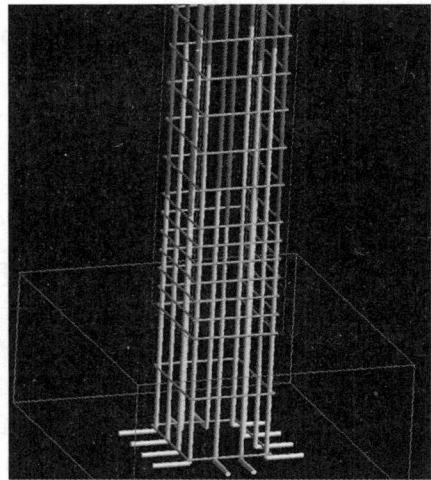

基础内柱插筋相当于柱内纵筋插入基础内锚固，即"柱生根"，所以其直径、级别、根数、位置与其对应的柱纵筋一致。

基础内柱插筋构造

基础内柱插筋分为低位钢筋和高位钢筋，如图 3-5 所示。其中，低位钢筋长度＝基础内长度(含弯折长度)＋伸出基础非连接区高度。高位钢筋长度＝基础内长度(含弯折长度)＋伸出基础非连接区高度＋错开连接高度。伸出基础非连接区高度和错开连接高度，本节稍后讲解。

图 3-5 基础内柱插筋示意图

根据实际情况，柱插筋在基础中锚固一般有四种构造做法，下面我们逐一阐述。

1. 柱插筋在基础中锚固构造一

柱子在基础中部，插筋保护层厚度大于 $5d$ 且基础高度 $h_j > l_{aE}$，如图 3-6 所示。钢筋构造要点：

(1) 柱插筋插至基础板底部支在底板钢筋网上。

(2) 插筋底部弯折 $6d$ 且不小于 150 mm，弯折方向不同。

(3) 基础内箍筋间距不大于 500 mm，且不少于两道矩形封闭箍筋(非复合箍)。

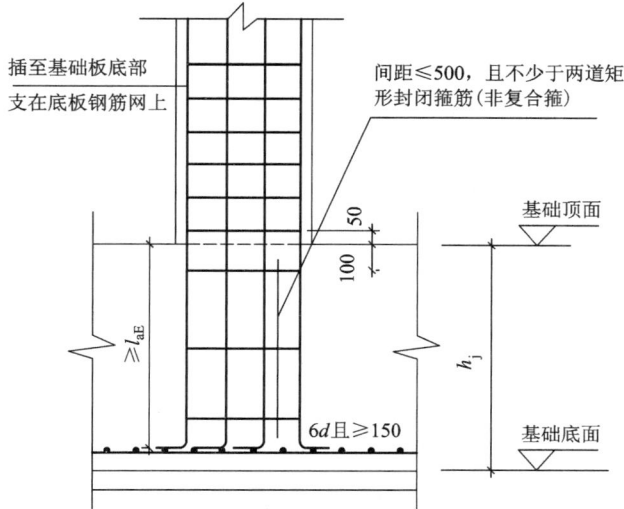

图 3-6　柱插筋在基础中锚固构造一

2. 柱插筋在基础中锚固构造二

柱子在基础中部，插筋保护层厚度大于 $5d$ 且基础高度 $h_j \leqslant l_{aE}$，如图 3-7 所示。钢筋构造要点：

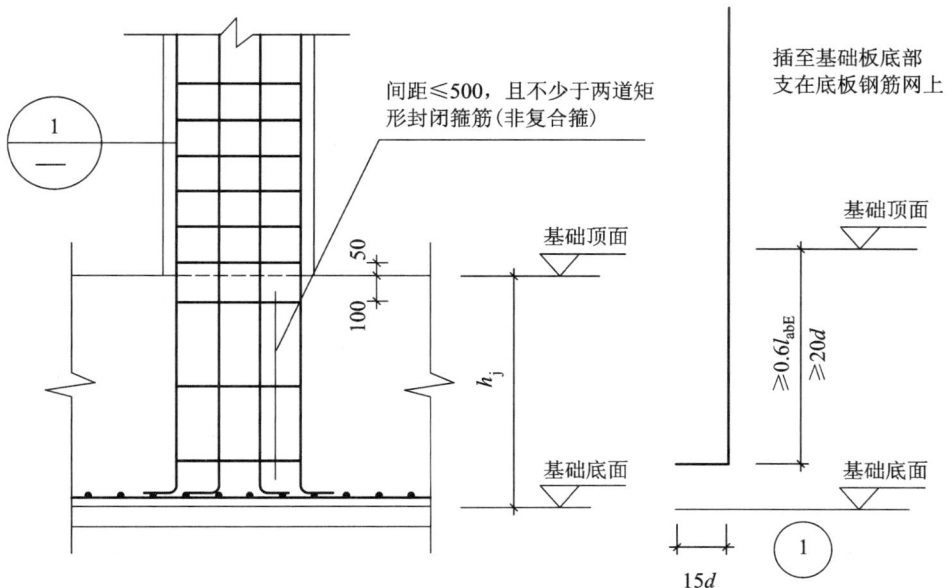

图 3-7　柱插筋在基础中锚固构造二

(1) 柱插筋插至基础板底部支在底板钢筋网上，在基础内的竖直段长度不小于 $0.6l_{abE}$ 且不小于 $20d$。

(2) 插筋底部弯折 $15d$，弯折方向不同。

(3) 基础内箍筋间距不大于 500 mm，且不少于两道矩形封闭箍筋(非复合箍)。

3. 柱插筋在基础中锚固构造三

柱子在基础端部，柱外侧插筋保护层厚度不大于 $5d$ 且基础高度 $h_j > l_{aE}$，如图 3-8 所示。钢筋构造要点：

(1) 柱插筋插至基础板底部支在底板钢筋网上。

(2) 插筋底部弯折 $6d$ 且不小于 150 mm，弯折方向相同并朝向基础内部。

(3) 插筋保护层厚度不大于 $5d$ 的部位应设置锚固区横向箍筋，锚固区横向箍筋应满足直径不小于 $d/4$(d 为插筋最大直径)、间距不大于 $5d$(d 为插筋最小直径)且不大于 100 mm 的要求。

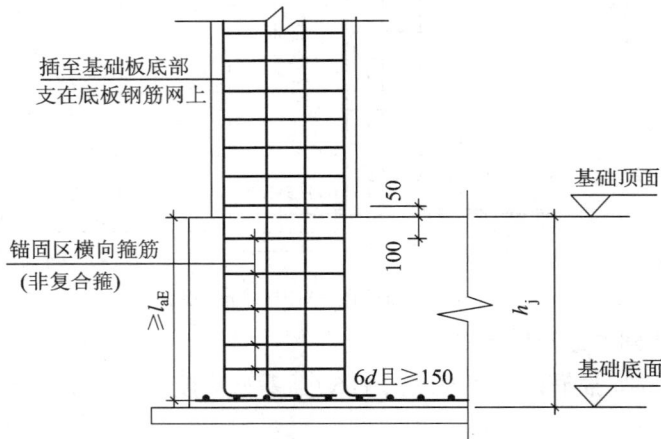

图 3-8　柱插筋在基础中锚固构造三

4. 柱插筋在基础中锚固构造四

柱子在基础端部，插筋保护层厚度不大于 $5d$ 且基础高度 $h_j \leqslant l_{aE}$，如图 3-9 所示。钢筋构造要点：

(1) 柱插筋插至基础板底部支在底板钢筋网上，在基础内的竖直段长度不小于 $0.6l_{abE}$ 且不小于 $20d$。

(2) 插筋底部弯折 $15d$，弯折方向相同并朝向基础内部。

(3) 插筋保护层厚度不大于 $5d$ 的部位应设置锚固区横向箍筋，锚固区横向箍筋应满足直径不小于 $d/4$(d 为插筋最大直径)、间距不大于 $5d$(d 为插筋最小直径)且不大于 100 mm 的要求。

在上述四种柱插筋构造中，**独立基础和桩基承台的柱插筋以及条形基础、筏形基础的中柱的插筋应选用前两种构造，而后两种构造适用于端部无悬挑的条形基础和筏形基础的边、角柱插筋。**

需要注意的是，**在查表确定 l_{abE} 时，当柱与基础混凝土强度等级不同时，应按基础混凝土强度等级考虑。**

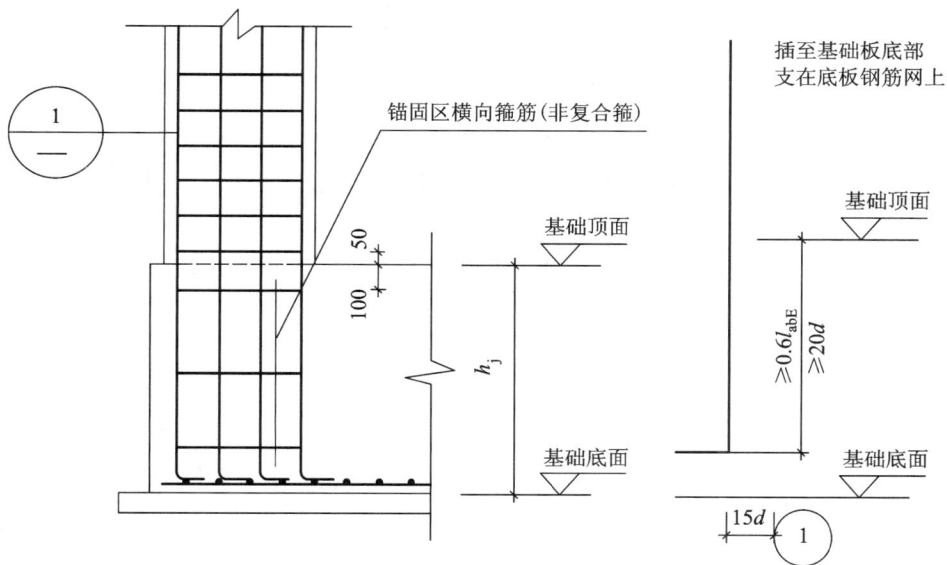

图 3-9　柱插筋在基础中锚固构造四

上述各图中，h_j 表示基础底面至基础顶面的高度，对于带基础梁的基础表示基础梁顶面至基础梁底面的高度，当柱两侧基础梁标高不同时取较低标高。

当柱为轴心受压或小偏心受压，基础高度或基础顶面至中间层钢筋网片顶面距离不小于 1200 mm 时，或当柱为大偏心受压，基础高度或基础顶面至中间层钢筋网片顶面距离不小于 1400 mm 时，可仅将柱四角纵筋伸至底板钢筋网片上或者筏形基础中间层钢筋网片上(伸至钢筋网片上的柱纵筋间距不应大于 1000 mm)，其余纵筋锚固在基础顶面下 l_{aE} 即可。

3.2.4　地下室框架柱钢筋构造

一般情况下，有地下室时，嵌固部位位于地下室顶板；无地下室时，嵌固部位位于基础顶面。

地下室 KZ 钢筋构造

对于嵌固部位不在基础顶面(可在地下室顶面，如图 3-10 所示，或地下室中间楼层)的情况，地下室部分(基础顶面至嵌固部位)的柱，其钢筋连接构造及柱箍筋加密区范围如图 3-11 所示(由于**实际工程中，柱子纵筋一般采用焊接或机械连接**，故此处绑扎连接构造省略)。当嵌固部位在基础底面时，同普通框架柱。

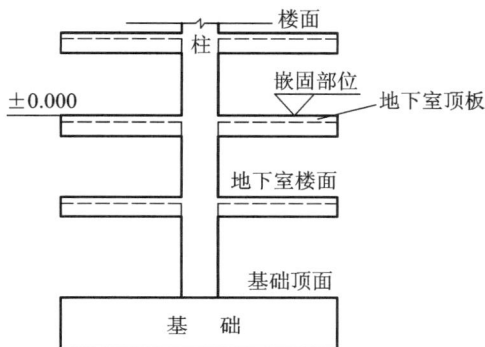

图 3-10　地下室框架柱嵌固在地下室顶板示意图

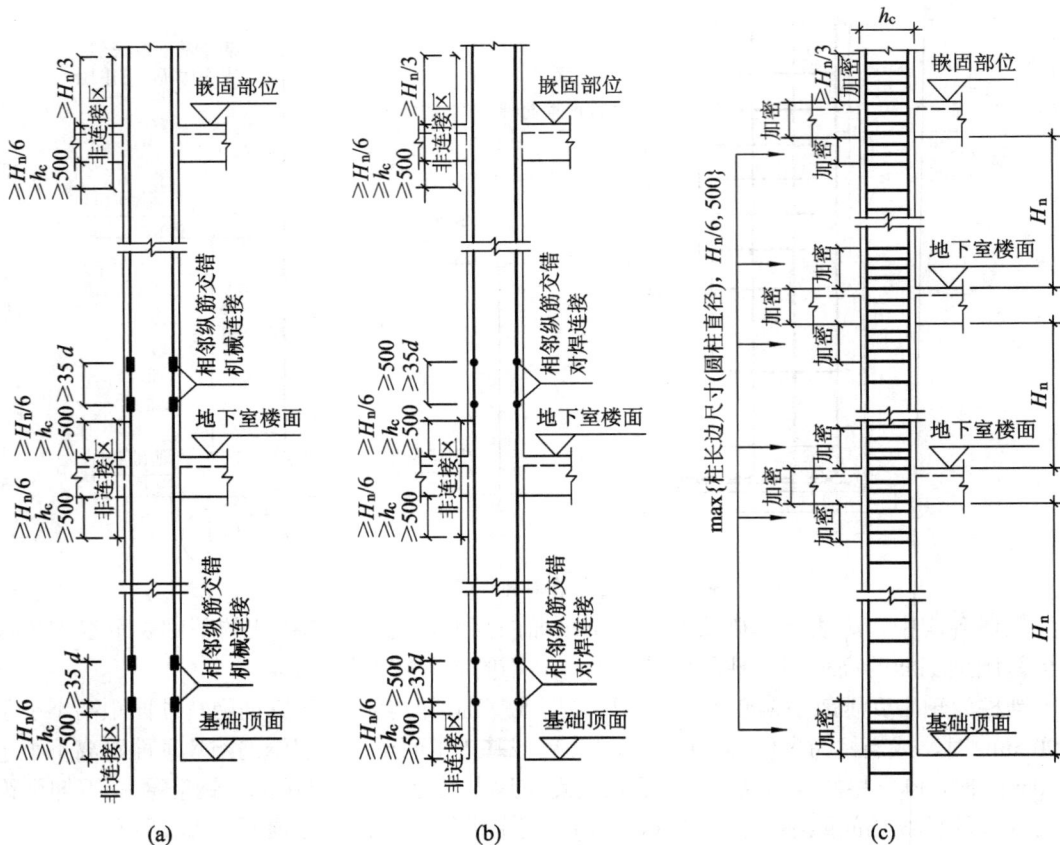

图 3-11 地下室框架柱的钢筋连接构造及柱箍筋加密区范围

(a) 机械连接；(b) 焊接连接；(c) 箍筋加密区范围

钢筋构造要点如下：

(1) 低位钢筋长度 = 本层层高 − 本层下端非连接区高度 + 伸入上层的非连接区高度。

(2) 高位钢筋长度 = 本层层高 − 本层下端非连接区高度 − 错开接头高度 + 伸入上层的非连接区高度 + 错开接头高度。

(3) 非连接区高度取值：

楼层中："单控"，即 $H_n/3$。"三控"，即 $\max(H_n/6, \ h_c, \ 500)$。其中：$H_n$ 表示所在楼层柱净高，h_c 表示柱截面长边尺寸(圆柱表示截面直径)。

紧邻嵌固部位上方柱的箍筋加密区为"单控"，其他部位为"三控"。

一般情况下，非连接区高度即箍筋加密区长度。

3.2.5 中间层框架柱钢筋构造

1. 楼层中框架柱钢筋的基本构造(无变截面、无变钢筋)

楼层中框架柱纵筋连接构造及柱箍筋加密区范围(无变截面、无变钢筋)如图 3-12 所示(由于实际工程中，柱子纵筋一般采用焊接或机械连接，故此处绑扎连接构造省略)。

中间层 KZ 钢筋构造

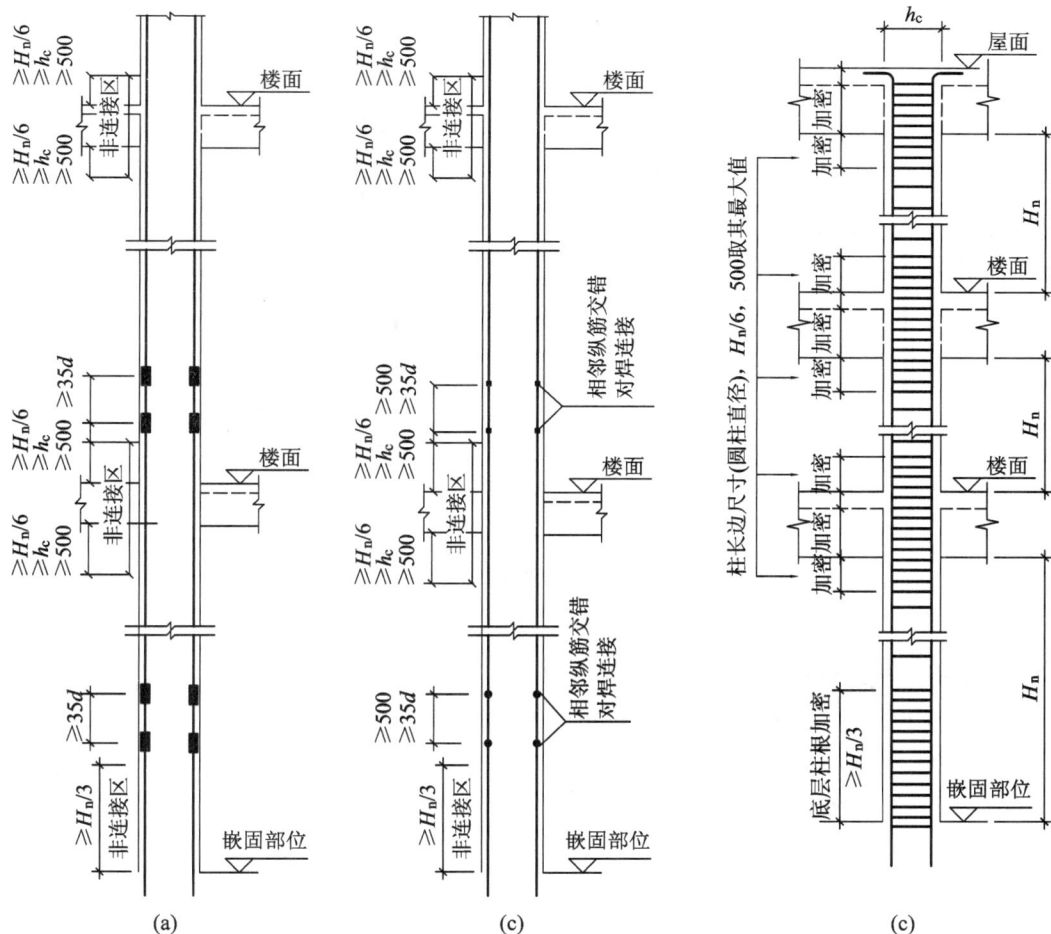

图 3-12　抗震框架柱纵筋连接的基本构造及柱箍筋加密区范围

(a) 机械搭接；(b) 焊接连接；(c) 箍筋加密区范围

现浇钢筋混凝土框架柱的连接方法应符合以下规定：

(1) 一、二级抗震等级及三级抗震等级的底层框架柱宜采用机械连接接头，也可采用绑扎或焊接接头。三级抗震等级的其他部位和四级抗震等级可采用绑扎搭接或焊接接头。

(2) 框支柱宜采用机械连接接头。

(3) 位于同一连接区段内，受拉钢筋接头面积的百分率不宜超过 50%。

(4) 当接头位置无法避开柱端箍筋加密区时，应采用满足等强度要求的机械连接接头，且钢筋接头面积的百分率不宜超过 50%。

2. 框架柱中间层变截面构造一$(\Delta/h_b > 1/6)$

框架柱中间层变截面构造一如图 3-13 所示，其钢筋构造要点如下：

(1) 下层柱纵筋伸入该层框架梁内不小于 $0.5l_{abE} + 12d$(因无法直锚，所以采用弯锚)。

(2) 上层柱纵筋深入下层 $1.2l_{aE}$(能直锚则直锚)。

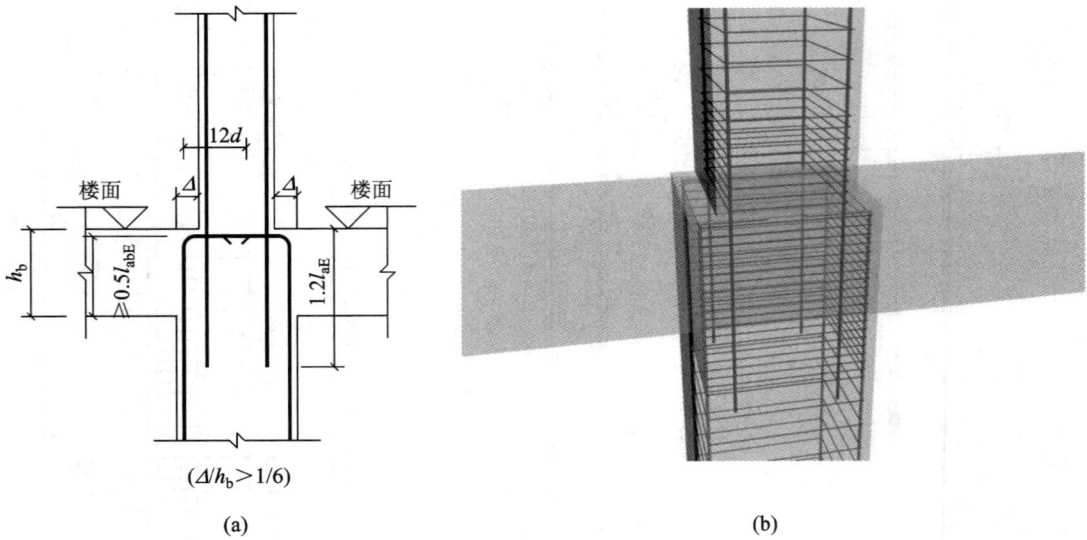

$(\Delta/h_b > 1/6)$

(a)

(b)

图 3-13 柱变截面位置纵向钢筋构造一

(a) 二维图；(b) 三维图

3. 框架柱中间层变截面构造二$(\Delta/h_b > 1/6)$

框架柱中间层变截面构造二如图 3-14 所示，其钢筋构造要点如下：

(1) 平齐一侧，按基本构造处理。

(2) 不平齐一侧，同图 3-13 的构造要点。

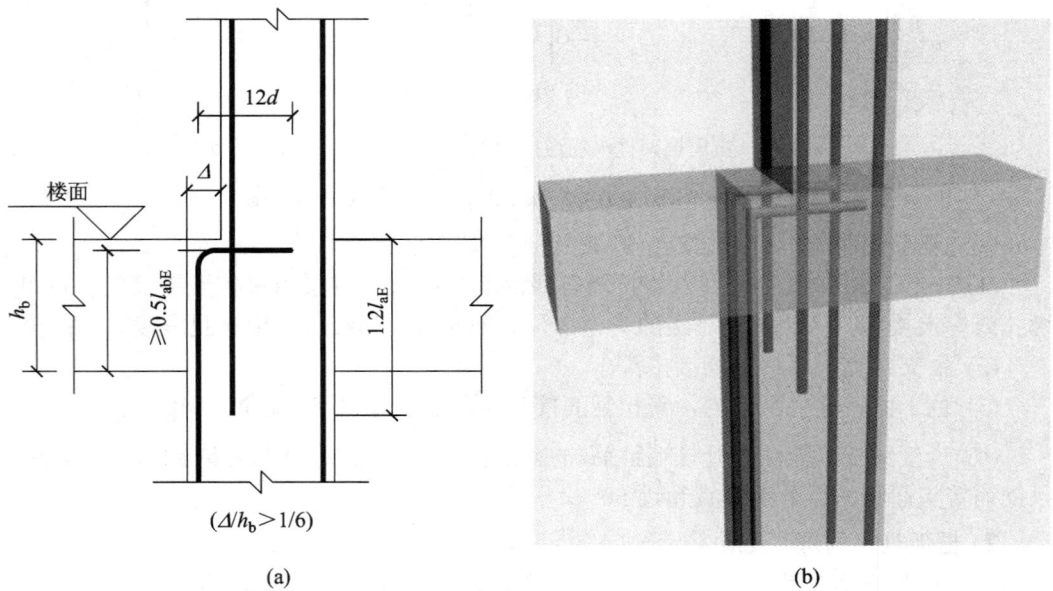

$(\Delta/h_b > 1/6)$

(a)

(b)

图 3-14 柱变截面位置纵向钢筋构造二

(a) 二维图；(b) 三维图

4. 框架柱中间层变截面构造三($\Delta/h_b \leqslant 1/6$)

框架柱中间层变截面构造三如图 3-15 所示，其钢筋构造要点如下：

(1) 平齐一侧，按基本构造处理。

(2) 不平齐一侧，下层柱纵筋斜弯连续伸入上层，且不断开。

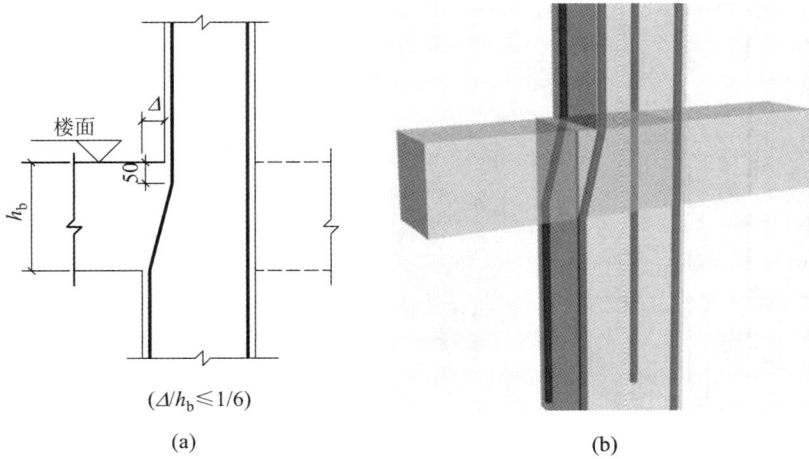

$(\Delta/h_b \leqslant 1/6)$

(a)   (b)

图 3-15　柱变截面位置纵向钢筋构造三

(a) 二维图；(b) 三维图

5. 框架柱中间层变截面构造四($\Delta/h_b \leqslant 1/6$)

框架柱中间层变截面构造四如图 3-16 所示，其钢筋构造要点如下：

下层柱纵筋斜弯连续伸入上层，且不断开。

以上四种框架柱中间层变截面构造可以概括为：**当钢筋弯折坡度不超过 1/6 时，直接弯折拉通；当钢筋弯折坡度超过 1/6 时，钢筋断开，并各自伸入节点锚固，能直锚就直锚**($1.2l_{aE}$)；**不能直锚则弯锚**($0.5l_{abE} + 12d$)。

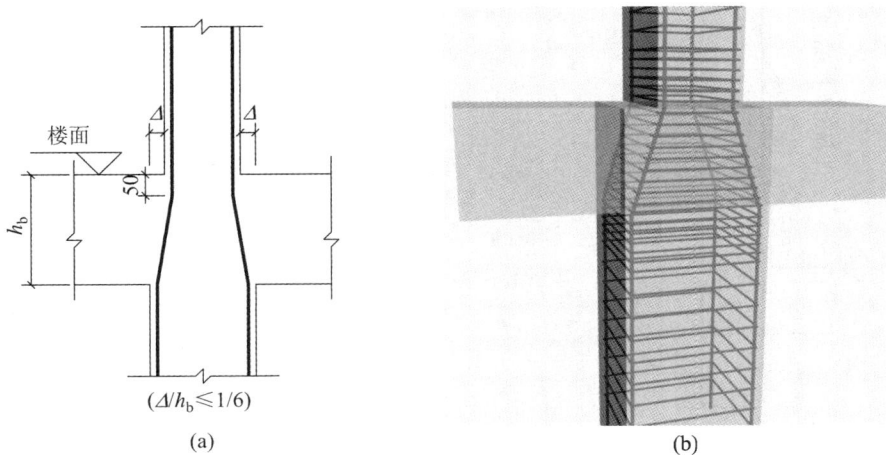

$(\Delta/h_b \leqslant 1/6)$

(a)   (b)

图 3-16　柱变截面位置纵向钢筋构造四

(a) 二维图；(b) 三维图

6. 上柱钢筋根数比下柱多

上柱钢筋根数比下柱多时，钢筋构造如图 3-17 所示，其钢筋构造要点为：上柱多出的钢筋伸入下层 $1.2l_{aE}$(注意起算位置)，其余钢筋构造符合如图 3-12 所示的钢筋连接基本构造要求。

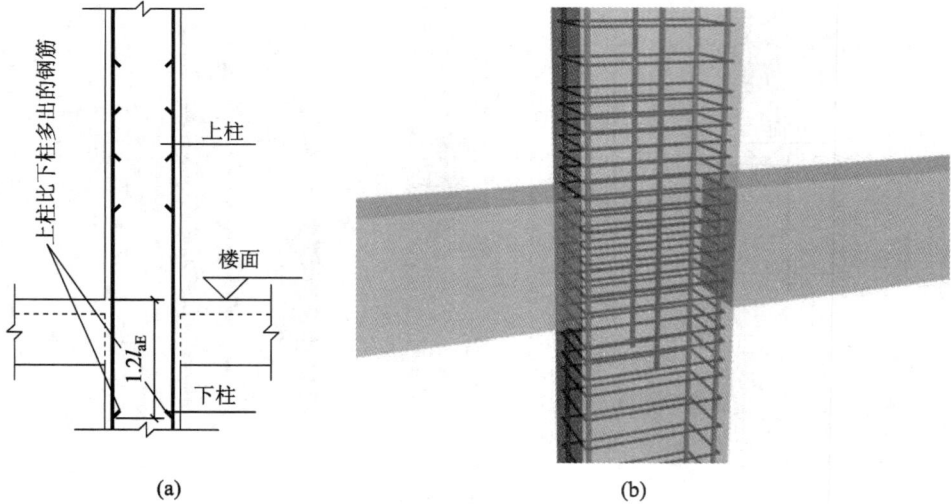

(a)   (b)

图 3-17 上柱钢筋根数比下柱多时钢筋构造

(a) 二维图；(b) 三维图

7. 下柱钢筋根数比上柱多

下柱钢筋根数比上柱多时，钢筋构造如图 3-18 所示，其钢筋构造要点为：下柱多出的钢筋伸入上层 $1.2l_{aE}$(注意起算位置)，其余钢筋构造符合如图 3-12 所示的钢筋连接基本构造要求。

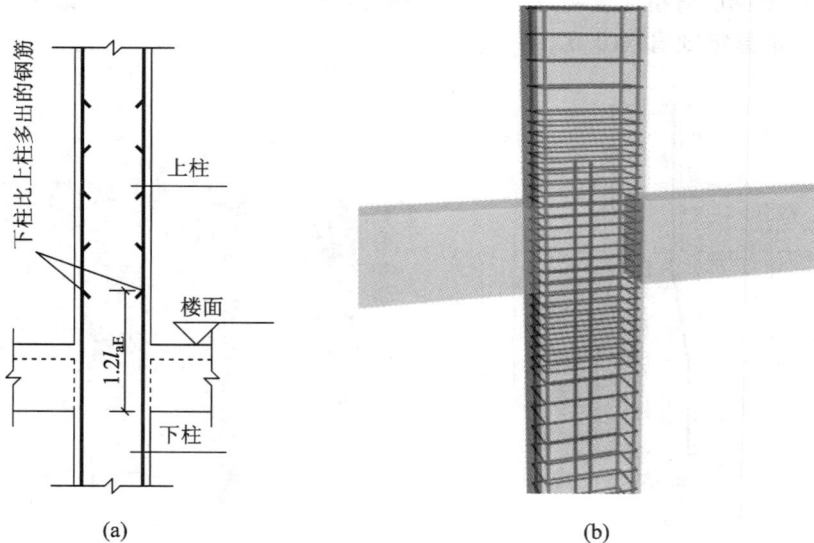

(a)   (b)

图 3-18 下柱钢筋根数比上柱多时钢筋构造

(a) 二维图；(b) 三维图

8. 上柱钢筋比下柱钢筋大

上柱钢筋比下柱钢筋大时，钢筋构造如图 3-19 所示，其钢筋构造要点如下：

(1) 上柱直径大的钢筋伸入下层柱内，在下层的上部非连接区以下位置连接。

(2) 下柱小直径钢筋由下层直接伸到本层上部，与上层伸下来的大直径的钢筋连接。即钢筋接头位置由上柱底部改为下柱顶部。

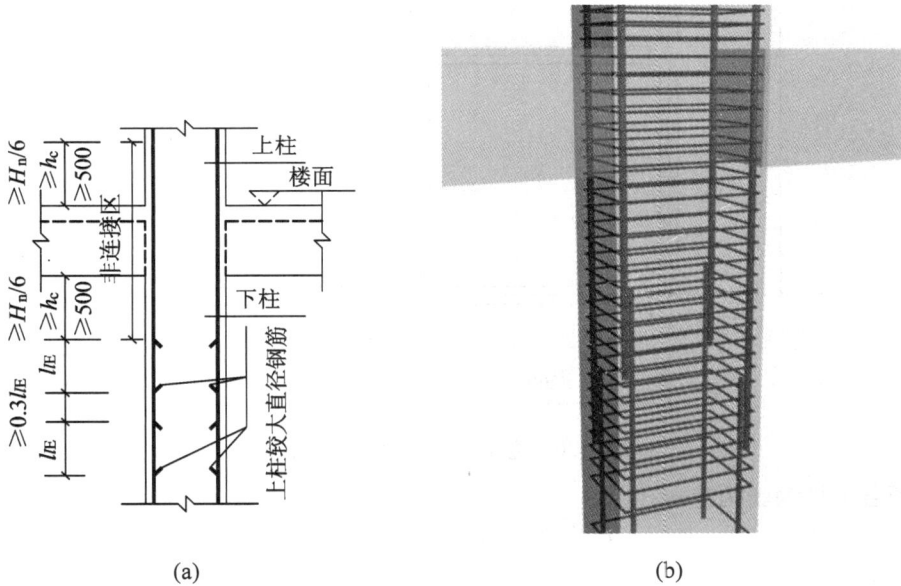

图 3-19　上柱钢筋比下柱钢筋大时钢筋构造

(a) 二维图；(b) 三维图

以上三种上下柱变钢筋的情况，其原则是柱端不少于设计要求的纵筋能充分发挥作用。如图 3-18 所示，下柱多出的钢筋自梁底向上锚固起来，才能使其在下柱顶端发挥作用，又如图 3-19 所示，若钢筋仍在上柱接头，则上柱底端钢筋少于设计要求，所以改为在下柱连接。

3.2.6　顶层柱钢筋构造

1. 顶层边柱、角柱与中柱

框架柱顶层钢筋构造要区分边柱、角柱和中柱，如图 3-20 所示。**框架柱与框架梁连接的边称内侧边，没有与框架梁连接的边称外侧边。**因此，对于边柱，一条边为外侧边，三条边为内侧边。对于角柱，两条边为外侧边，两条边为内侧边。而中柱没有外侧边。**外侧边上对应的钢筋为外侧钢筋，内侧边上对应的钢筋为内侧钢筋。**内外侧边相交处的角筋宜按外侧边钢筋考虑。

顶层柱钢筋构造

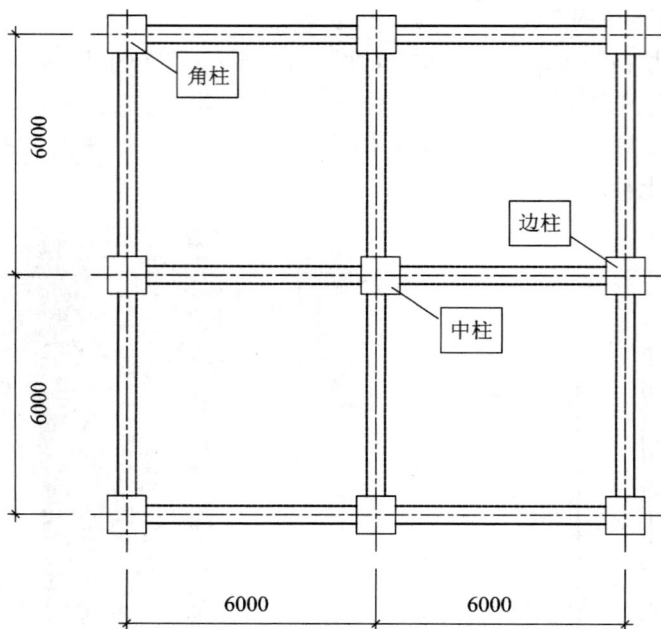

图 3-20　边柱、角柱与中柱示意

2. 顶层中柱钢筋构造一

顶层中柱钢筋构造一适用于柱顶现浇板厚度小于 100 mm 或预制板，如图 3-21 所示，其钢筋构造要点如下：

(1) 柱纵筋伸至柱顶，且梁内锚固竖直段不小于 $0.5l_{abE}$。

(2) 柱纵筋顶部内向弯折 12d(收敛锚固)。

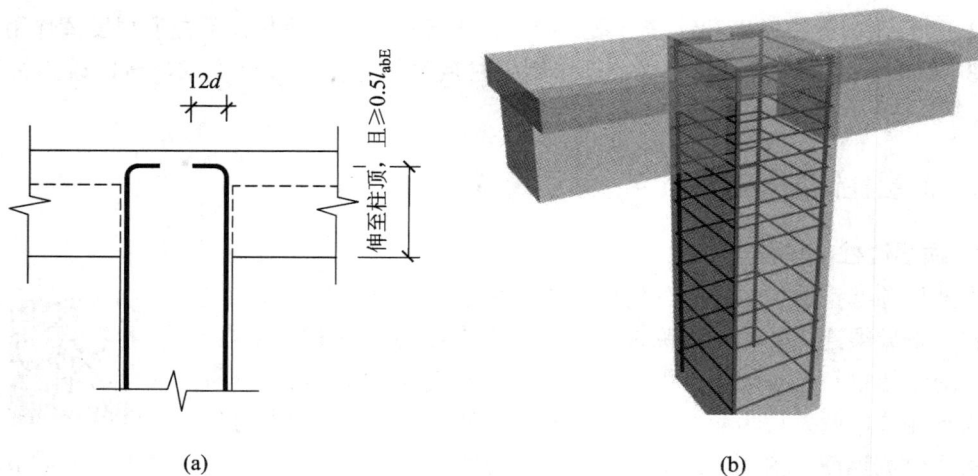

　　　　(a)　　　　　　　　　　　　　　　　　　　(b)

图 3-21　顶层中柱钢筋构造一

(a) 二维图；(b) 三维图

3. 顶层中柱钢筋构造二

顶层中柱钢筋构造二适用于柱顶有不小于 100 mm 厚的现浇板，如图 3-22 所示，其钢筋构造要点如下：

(1) 柱纵筋伸至柱顶，且梁内锚固竖直段不小于 $0.5l_{abE}$。

(2) 柱纵筋顶部外向弯折 $12d$(发散锚固)。

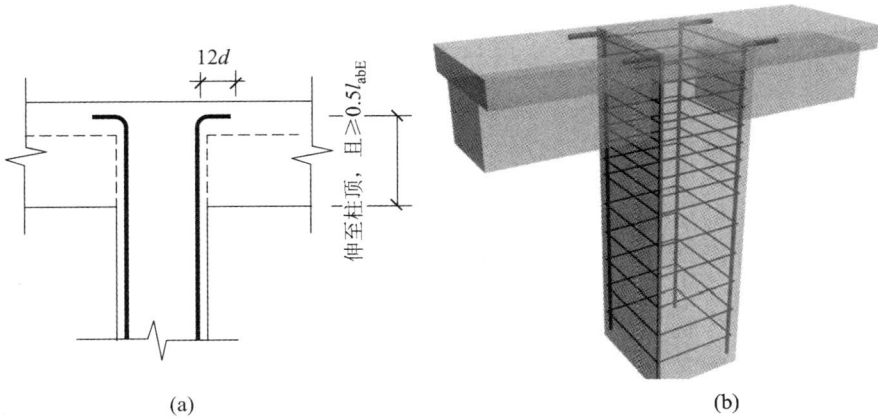

(a)   (b)

图 3-22 顶层中柱钢筋构造二

(a) 二维图；(b) 三维图

4. 顶层中柱钢筋构造三

顶层中柱钢筋构造三如图 3-23 所示，当柱顶能直锚时则直锚。钢筋构造要点为：柱纵筋伸至柱顶，且梁内锚固竖直段不小于 l_{aE}。

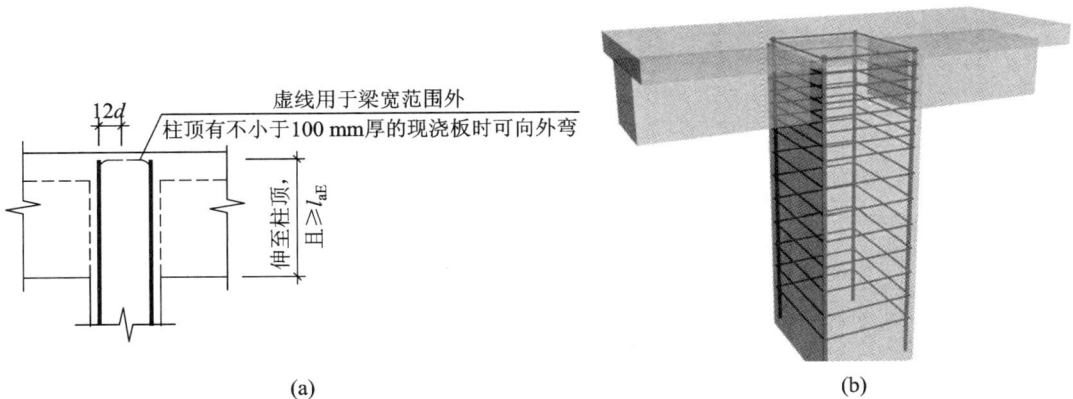

(a)   (b)

图 3-23 顶层中柱钢筋构造三

(a) 二维图；(b) 三维图

5. 顶层边柱、角柱钢筋构造

顶层边柱、角柱的钢筋构造一般有两种形式，即俗称的"柱包梁"(如图 3-24 所示)和"梁包柱"(如图 3-25 所示)。无论选用哪一种构造形式，都要注意与屋面框架梁钢筋构造匹配。

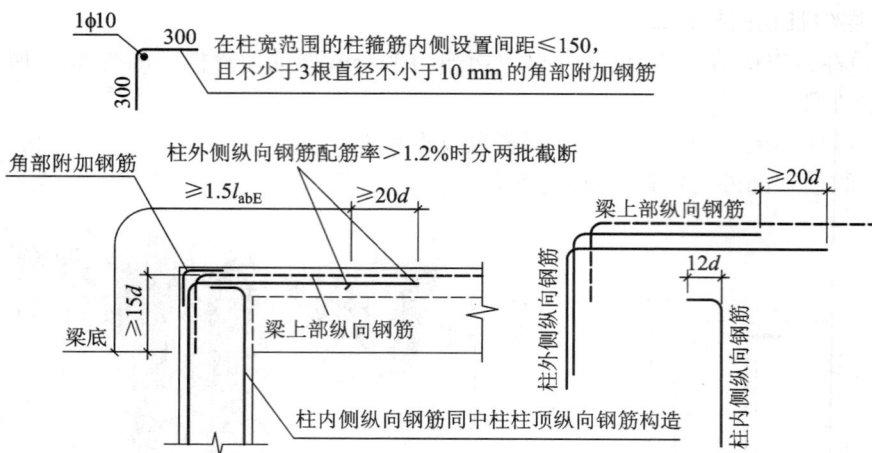

(a)

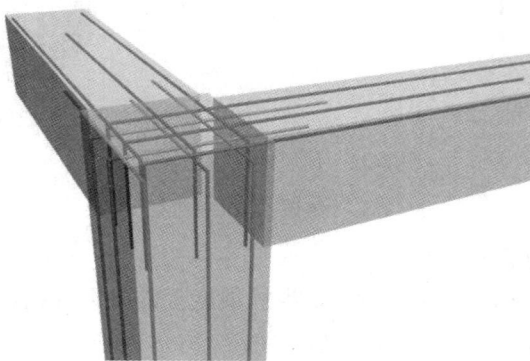

(b)

图 3-24　柱包梁

(a) 二维图；(b) 三维图

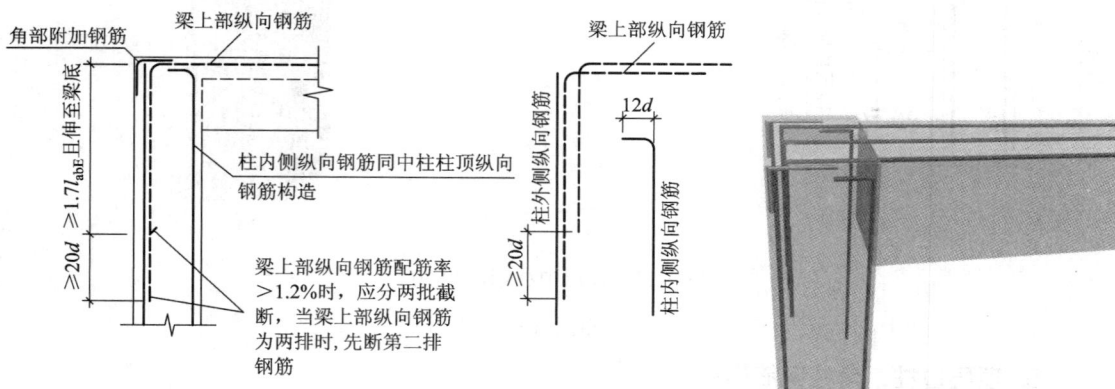

(a)　　　　　　　　　　　　　　　　　　　　　　(b)

图 3-25　梁包柱

(a) 二维图；(b) 三维图

(1) "柱包梁"钢筋构造要点：

① 柱外侧纵向钢筋直径不小于梁上部钢筋时，可弯入梁内与梁上部纵向钢筋搭接不小于 $1.5l_{abE}$。

② "柱外侧纵向钢筋配筋率"是指柱外侧钢筋截面面积 A_s/柱截面面积 $b \times h$。

③ 柱外侧纵筋全部伸入梁内，自梁底算起至少 $1.5l_{abE}$。

④ 柱外侧纵向钢筋配筋率大于 1.2% 时，分两批截断，两批截断点位置至少间隔 $20d$。

⑤ 在柱宽范围的柱箍筋，内侧设置间距≤150，但不少于 3Φ10 mm 的角部附加钢筋。

⑥ 柱内侧纵筋同中柱柱顶纵向钢筋构造。

(2) "梁包柱"钢筋构造要点：

① 柱外侧纵向钢筋伸至柱顶；梁上部纵筋伸至柱外侧钢筋的内侧向下弯折且当其配筋率大于 1.2% 时，应分两批截断。

② 在柱宽范围的柱箍筋，内侧设置间距≤150，但不少于 3 根直径不小于 10 mm 的角部附加钢筋。

③ 柱内侧纵筋同中柱柱顶纵向钢筋构造。

④ 梁上部纵向钢筋配筋率是指梁上部钢筋截面面积 A_s/梁截面有效面积 $b \times h_0$。

以上顶层柱钢筋构造，无论中柱、边柱、角柱，其钢筋构造做法可概括为：内侧边钢筋按中柱钢筋构造要求，外侧边钢筋按边柱(角柱)钢筋构造要求，即内侧边钢筋直锚或弯锚，外侧边钢筋"柱包梁"或"梁包柱"。

3.2.7 框架柱箍筋构造

柱箍筋加密区范围详见图 3-11 和图 3-12 所示。另外，**需要注意：**剪跨比不大于 2 的柱，或因设置填充墙等形成的柱净高与柱截面高度之比不大于 4 的柱(即短柱)，框支柱，一级和二级框架的角柱，都要全高加密；纵筋搭接接头范围内也需箍筋加密。

KZ 箍筋构造

箍筋长度及根数的计算在本书项目 2.2 中已详细讲解，此处不再重复。另外，需要注意的是，基础内箍筋根数要根据不同的柱插筋构造取值。

柱箍筋复合方式标注 $m \times n$ 说明：m 表示柱截面横向箍筋肢数；n 表示柱截面竖向箍筋肢数。图 3-26 所示为 $m = n$ 时的柱截面箍筋排布方案；当 $m \neq n$ 时，可根据图中所示排布规则确定柱截面横向及横向箍筋的具体排布方案。

柱纵向钢筋与复合箍筋排布应**遵循对称均匀原则**，箍筋转角处应有纵向钢筋。

柱复合箍筋应采用截面周边外封闭大箍加内封闭小箍的组合方式(**大箍套小箍**)，内部复合箍筋的相邻两肢形成一个内封闭小箍，当复合箍筋的肢数为单数时，设置一个单肢箍。沿外封闭箍筋周边箍筋局部重叠不宜多于两层。

柱封闭箍筋(外封闭大箍与内封闭小箍)弯钩位置应沿柱竖向按顺时针方向(或逆时针方向)顺序排布。

柱内部复合箍筋采用拉筋时，拉筋宜仅靠纵向钢筋并勾住外封闭箍筋。

确定箍筋肢数时要满足对柱纵筋"隔一拉一"以及箍筋肢距的要求。

框架柱箍筋加密区内的箍筋肢距：一级抗震等级，不宜大于 200 mm；二、三级抗震等级，不宜大于 250 mm 和 20 倍箍筋直径的较大值；四级抗震等级，不宜大于 300 mm。

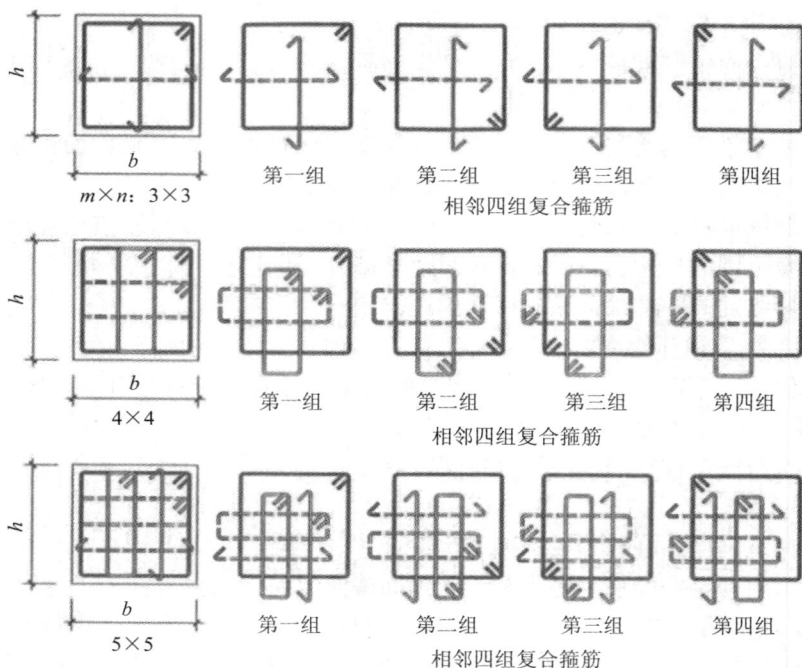

图 3-26　柱横截面复合箍筋排布构造详图

任务 3.3　柱钢筋计算实例

【例 3.2】　已知：环境类别为一类，梁、柱保护层厚度为 20 mm，基础保护层厚度为 40 mm，筏板基础纵横钢筋直径均为 22 mm，混凝土强度等级为 C30，抗震等级为二级，嵌固部位为地下室顶板，计算图示截面 KZ1 的纵筋及箍筋。柱平法施工图如图 3-27 所示，与其对应的传统结构施工图如图 3-28 所示。

项目三案例讲解视频

层号	顶标高	层高	梁高
3	10.800	3.600	700
2	7.200	3.600	700
1	3.600	3.600	700
−1	±0.000	4.200	700
筏板基础	−4.200	基础厚800	

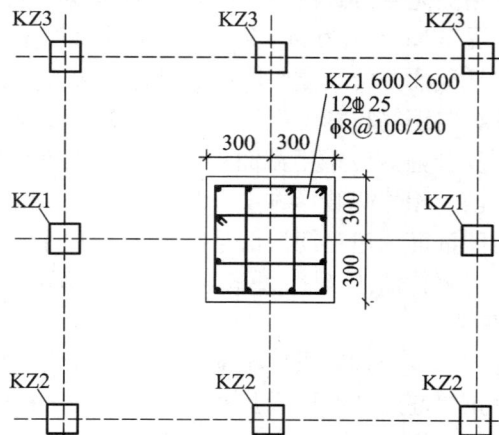

图 3-27　柱平法施工图

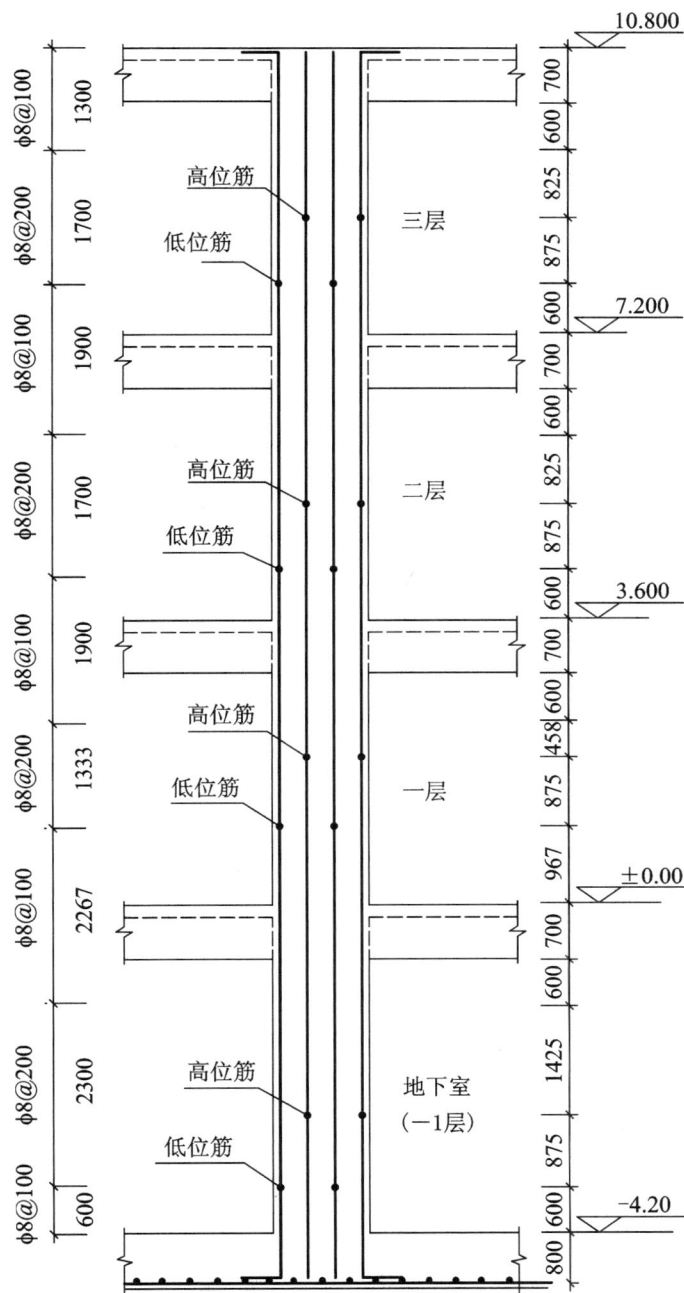

图 3-28 柱传统施工图

解 (1) 判断基础插筋构造形式并计算插筋长度。

查表 1-10，$l_{aE} = \zeta_a \cdot 40d = 0.7 \times 40 \times 25 = 700 < h_j = 800$ mm(中柱在基础内锚固区保护层厚度大于 $5d$，故 $\zeta_a = 0.7$)。其中，h_j 为基础底板厚度，应采用图 3-6 所示钢筋锚固构造做法。

基础内钢筋长度 $= 800 + \max\{6 \times 25, 150\} - 2 \times 22 - 40 = 866$ mm (其中 40 为基础保护层厚度)

$$基础内插筋(低位) = 866 + \max\left(\frac{H_n}{6}, h_c, 500\right) = 1466 \text{ mm}$$

$$基础内插筋(高位) = 866 + \max\left(\frac{H_n}{6}, h_c, 500\right) + \max(500, 35d)$$

$$= 866 + 600 + 875 = 2341 \text{ mm}$$

注：l_{aE} 为锚固长度。ζ_a 为受拉钢筋锚固长度修正系数，H_n 为所在楼层的柱净高，h_c 为柱截面长边尺寸。

(2) 计算 −1 层柱纵筋长度。

$$-1 层伸出地下室顶面的非连接区高度 = \frac{H_n}{3} = \frac{3600 - 700}{3} = 967 \text{ mm}$$

$$纵筋长度(低位) = 4200 - 600 + 967 = 4567 \text{ mm}$$

$$纵筋长度(高位) = 4200 - \max\left[\frac{4200 - 700}{6}, h_c, 500\right] - \max(35d, 500) + \frac{H_n}{3} + \max(35d, 500)$$

$$= 4200 - 600 - 875 + 967 + 875 = 4567 \text{ mm}$$

(3) 计算 1 层柱纵筋长度。

$$1 层伸入 2 层的非连接区高度 = \max\left(\frac{H_n}{6}, h_c, 500\right)$$

$$= \max\left\{\frac{3600 - 700}{6}, 600, 500\right\}$$

$$= 600 \text{ mm}$$

$$1 层纵筋长度(低位) = 3600 - 967 + 600 = 3233 \text{ mm}$$

$$1 层纵筋长度(高位) = 3600 - 967 - \max(500, 35d) + 600 + \max(500, 35d)$$

$$= 3600 - 967 + 600 = 3233 \text{ mm}$$

(4) 计算 2 层柱纵筋长度。

$$2 层伸入 3 层的非连接区高度 = \max\left(\frac{H_n}{6}, h_c, 500\right)$$

$$= \max\left\{\frac{3600 - 700}{6}, 600, 500\right\}$$

$$= 600 \text{ mm}$$

$$2 层纵筋长度(低位) = 3600 - 600 + 600 = 3600 \text{ mm}$$

$$2 层纵筋长度(高位) = 3600 - 600 - \max(500, 35d) + 600 + \max(500, 35d)$$

$$= 3600 \text{ mm}$$

(5) 计算 3 层柱纵筋长度。

$l_{aE} = 40 \times 25 = 1000 \text{ mm} > h_b = 700 \text{ mm}$ (h_b 为顶层梁截面高度)，故柱纵筋伸至顶部混凝土保护层位置弯折 $12d$。

$$3 层纵筋长度(低位) = 3600 - 600 - 20 + 12d = 3280 \text{ mm} (20 为柱顶部保护层厚度)$$

$$3 层纵筋长度(高位) = 3600 - 600 - \max(500, 35d) - 20 + 12d = 2405 \text{ mm}$$

(6) 箍筋长度。

$$单根箍筋长度(中心线法) = [(b - 2c - d_{箍}) + (h - 2c - d_{箍}) + 11.9d_{箍}] \times 2$$

(b, h 为柱截面尺寸, c 为保护层厚度, $11.9d_{箍}$ 为每个箍筋弯钩长度)

外大箍筋长度 $= [(600 - 2 \times 20 - 8) + (600 - 2 \times 20 - 8) + 11.9 \times 8] \times 2 = 2399$ mm

里小箍筋长度 $= \left[\dfrac{600 - 20 \times 2 - 8}{3} + (600 - 20 \times 2 - 8) + 11.9 \times 8 \right] \times 2 = 1664$ mm

(7) 箍筋根数。

① 筏板基础内：2 根矩形封闭箍。

② −1 层底部加密区根数 $= \dfrac{600 - 50}{100} + 1 = 7$ 根

−1 层顶部至 1 层底部加密区根数 $= \dfrac{600 + 700 + 967}{100} + 1 = 24$ 根

−1 层中间非加密区根数 $= \dfrac{4200 - 600 - 700 - 600}{200} - 1 = 11$ 根

③ 1 层顶部至 2 层底部加密区根数 $= \dfrac{600 + 700 + 600}{100} + 1 = 20$ 根

1 层中间非加密区根数 $= \dfrac{3600 - 967 - 700 - 600}{200} - 1 = 6$ 根

④ 2 层顶部至 3 层底部加密区根数 $= \dfrac{600 + 700 + 600}{100} + 1 = 20$ 根

2 层中间非加密区根数 $= \dfrac{3600 - 600 - 700 - 600}{200} - 1 = 8$ 根

⑤ 3 层顶部加密区根数 $= \dfrac{600 + 700}{100} + 1 = 14$ 根

3 层中间非加密区根数 $= \dfrac{3600 - 600 - 700 - 600}{200} - 1 = 8$ 根

本 章 小 结

本章主要介绍了框架柱(KZ)的施工图制图规则和钢筋标准构造详图，主要包括以下内容：

(1) 柱平法施工图一般采用列表注写方式或截面注写方式。

(2) 框架柱(KZ)配筋构造要点是：

① 纵筋每层连接接头的基本要求，一是接头位置避开每层柱两端的非连接区，二是接头率不宜超过 50%。

② 顶层柱柱顶纵筋构造，首先区分内侧边筋和外侧边筋，内侧边筋伸至柱顶且不小于 l_{aE}，若不满足此要求则弯锚。外侧边筋"梁包柱"或"柱包梁"应注意与屋面框架梁配筋相匹配。

③ 箍筋加密区。应该注意，除柱两端外，节点范围内也需要加密。

④ 中间层变截面构造可以概括为：当钢筋弯折坡度不超过 1/6 时，直接弯折拉通；当

钢筋弯折坡度超过 1/6 时，钢筋断开，并各自伸入节点锚固。

⑤ 上下柱变钢筋的情况，其原则是柱端不少于设计要求的纵筋能充分发挥作用。

(3) 框架柱纵筋(顶层框架柱外侧边纵筋除外)采用弯锚时，平直段长度不小于 $0.5l_{abE}$，弯折 $12d$(而框架梁纵筋弯锚时，平直段长度不小于 $0.4l_{abE}$，弯折 $15d$)。注意两者的区别。

习　题

1．柱的类型有哪些？

2．柱平面施工图采用的表达式有哪两种？

3．柱列表注写时，柱表中包括哪些内容？

4．柱截面法注写时，截面一个边所注纵筋与梁端上部所注纵筋在计算钢筋根数时有何区别？

5．KZ 纵筋非连接区长度的规定是什么？

6．KZ 边柱、角柱与中柱柱顶纵筋构造有何异同？

7．简述 KZ 柱箍筋加密区的范围。

8．当柱纵筋采用搭接连接时，搭接区范围内箍筋构造是什么？

9．当柱变截面时，满足什么条件，纵筋可以通过变截面而不必弯折截断？

10．什么是刚性地面，柱在刚性地面处箍筋有哪些要求？

11．已知：环境类别为一类，梁、柱保护层厚度为 20 mm，基础保护层厚度为 40 mm，筏板基础纵横钢筋直径均为 20 mm，混凝土强度等级为 C30，抗震等级为二级，嵌固部位为地下室顶板，计算图示截面 KZ1 的纵筋及箍筋。柱平法施工图如图 3-29 所示。

层号	顶标高	层高	梁高
3	9.600	3.200	600
2	6.400	3.200	600
1	3.200	3.200	600
−1	±0.000	4.200	600
筏板基础	−4.200	基础厚700	

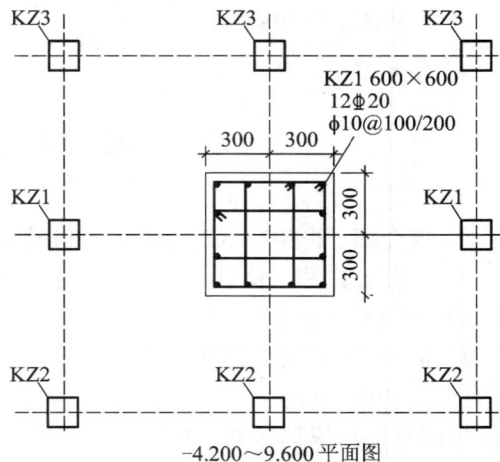

−4.200～9.600 平面图

图 3-29　柱平法施工图

项目4 板平法识图与钢筋算量

【学习目标】

知识目标：

(1) 熟悉板的平法识图。

(2) 熟悉板钢筋标准构造。

(3) 掌握板钢筋算量。

能力目标：

(1) 具备看懂板平法施工图的能力。

(2) 具备板钢筋算量的基本能力。

素质目标：

(1) 能够耐心细致地读懂板构件的相关图集和图纸。

(2) 能够通过查找、询问、自主学习等方式解决问题。

任务4.1 板平法识图

板的平法识图分为三个部分，即有梁楼盖平法识图、无梁楼盖平法识图和楼板相关构造平法识图。因为无梁楼盖板在实际工程中不常使用，所以本书不对无梁楼盖平法识图进行介绍。

4.1.1 有梁楼盖板平法识图

在实际工程中，板平法施工图如附图结施-08～结施-11。

常见钢筋混凝土现浇楼板配筋如图4-1所示。

图4-1 有梁楼盖现浇楼板配筋图

有梁楼盖板平法施工图是在楼面板和屋面板布置图上，采用平面注写的表达方式。板平面注写主要包括板块集中标注和板支座原位标注。

为方便设计表达和施工识图，规定结构平面的坐标方向如下：

(1) 当两向轴网正交布置时，图面从左至右为 x 向，从下至上为 y 向。

(2) 当轴网转折时，局部坐标方向顺轴网转折角度做相应转折。

(3) 当轴网向心布置时，切向为 x 向，径向为 y 向。此外，对于平面布置比较复杂的区域，如轴网转折交界区域、向心布置的核心区域等，其平面坐标方向应由设计者另行规定并在图上明确表示。

1. 板块集中标注

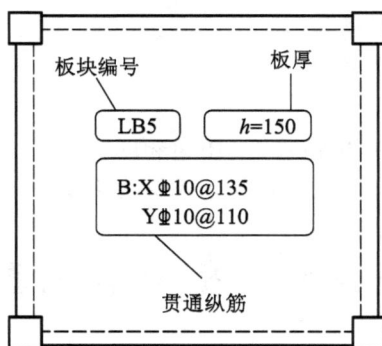

有梁楼盖的集中标注内容如图 4-2 所示。按"板块"进行划分，板块集中标注的内容有：板块编号、板厚、上部贯通纵筋、下部纵筋以及当板面标高不同时的标高高差。

板块集中标注

图 4-2　有梁楼盖板集中标注内容

(1) 板块编号。对于普通楼面，两向均以一跨为一板块；对于密肋楼盖，两向主梁(框架梁)均以一跨为一板块(非主梁密肋不计)。所有板块应逐一编号，相同编号的板块可择其一做集中标注，其他仅注写置于圆圈内的板编号，以及当板面标高不同时的标高高差。板块编号见表 4-1。

表 4-1　板　块　编　号

板类型	代　　号	序　　号
楼面板	LB	××
屋面板	WB	××
悬挑板	XB	××

(2) 板厚。板厚注写为 $h=\times\times\times$(为垂直于板面的厚度)，当悬挑板的端部改变截面厚度时，用斜线分隔根部与端部的高度值，注写为 $h=\times\times\times/\times\times\times$；当设计已在图注中统一注明板厚时，此项可不注。

(3) 纵筋。纵筋按板块的下部纵筋和上部纵筋分别注写(当板块上部不设贯通纵筋时则不注)，并以 B 代表下部纵筋，以 T 代表上部贯通纵筋，B&T 代表下部与上部；x 向贯通纵筋以 X 打头，y 向纵筋以 Y 打头，两向纵筋配置相同时则以 X&Y 打头。当为单向板时，分布筋可不必注写，而在图中统一注明。

当在某些板内(例如在悬挑板 XB 的下部)配置有构造钢筋时，则 x 向以 Xc，y 向以 Yc 打头注写。

当 y 向采用放射配筋时(切向为 x 向，径向为 y 向)，设计者应注明配筋间距的定位尺寸。

当纵筋采用两种规格钢筋"隔一布一"方式时，表达为 xx/yy@×××，表示直径为 xx 的钢筋和直径为 yy 的钢筋二者之间间距为×××，直径 xx 的钢筋和直径 yy 的钢筋的间距均为×××的 2 倍。

(4) 板面标高高差。板面标高高差是指相对于结构层楼面标高的高差，应将其注写在括号内，且有高差则注，无高差不注。

【例 4.1】　有一楼面板注写为：LB5　h = 110
　　　　　　　　B：X Φ 12@120；Y Φ 10@110

表示 5 号楼面板，板厚 110 mm，板下部配置的纵筋 X 向为 Φ 12@120，Y 向为 Φ 10@110；板上部未设置贯通纵筋。

【例 4.2】　有一楼面板注写为：LB5　h = 110
　　　　　　　　B：X Φ 10/12@100；Y Φ 10@110

表示 5 号楼面板，板厚 110 mm，板下部配置的纵筋 x 向为 Φ 10、Φ 12 隔一布一，交替布置，Φ 10 与 Φ 12 之间距为 100 mm；y 向为 Φ 10@110；板上部未设置贯通纵筋。

【例 4.3】　有一楼面板注写为：XB2　h = 150/100
　　　　　　　　B：Xc& Yc Φ 8@200

表示 2 号悬挑板，板根部厚 150 mm，端部厚 100 mm，板下部配置构造钢筋双向均为 Φ 8@200(上部受力钢筋见板支座原位标注)。

同一编号板块的类型、板厚和贯通纵筋均应相同，但板面标高、跨度、平面形状以及板支座上部非贯通纵筋可以不同，如同一编号板块的平面形状可为矩形、多边形及其他形状等。施工预算时，应根据其实际平面形状，分别计算各块板的混凝土与钢材用量。

2. 板支座原位标注

板支座原位标注的内容包括板支座上部非贯通纵筋和悬挑板上部受力钢筋。

板支座原位标注的钢筋，应在配置相同跨的第一跨表达(当在梁悬挑部位单独配置时则在原位表达)。在配置相同跨的第一跨(或梁悬挑部位)，垂直于板支座(梁或墙)绘制一段适宜长度的中粗实线(当该筋通长设置在悬挑板或短板上部时，实线段应画至对边或贯通短跨)，以该线段代表支座上部非贯通纵筋，并在线段上方注写钢筋编号(如①、②等)、配筋值、横向连续布置的跨数(注写在括号内，当为一跨时可不注)，以及是否横向布置到梁的悬挑端。

板支座原位标注

【例 4.4】　(××)为横向布置的跨数，(××A)为横向布置的跨数及一端的悬挑梁部位，(××B)为横向布置的跨数及两端的悬挑梁部位。

板支座上部非贯通筋**自支座边线**向跨内的伸出长度，注写在线段的下方位置。当中间支座上部非贯通纵筋向支座两侧对称伸出时，可仅在支座一侧线段下方标注伸出长度，另一侧不注，如图 4-3 所示。当向支座两侧非对称伸出时，应分别在支座两侧线段下方注写伸出长度，如图 4-4 所示。

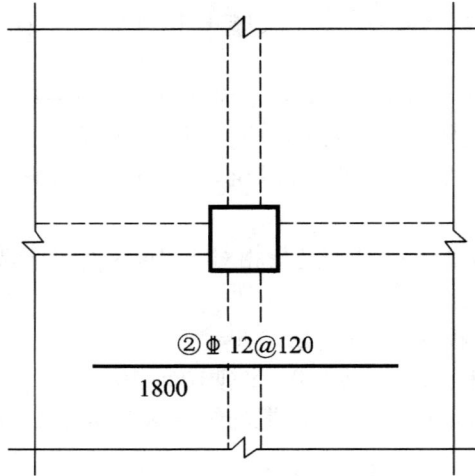

图 4-3　板支座上部非贯通筋对称伸出

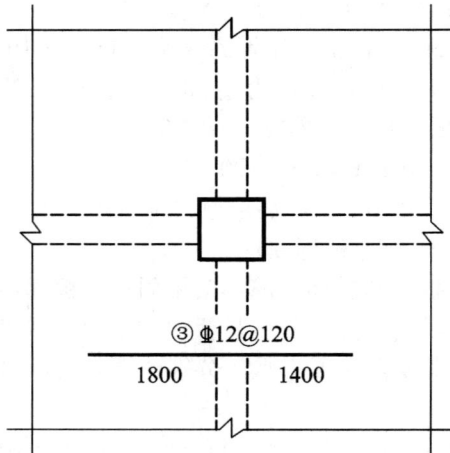

图 4-4　板支座上部非贯通筋非对称伸出

对线段画至对边贯通全跨或贯通全悬挑长度的上部通长纵筋，贯通全跨或伸出至全悬挑一侧的长度值不注，只注明非贯通筋另一侧的伸出长度值，如图 4-5 所示。

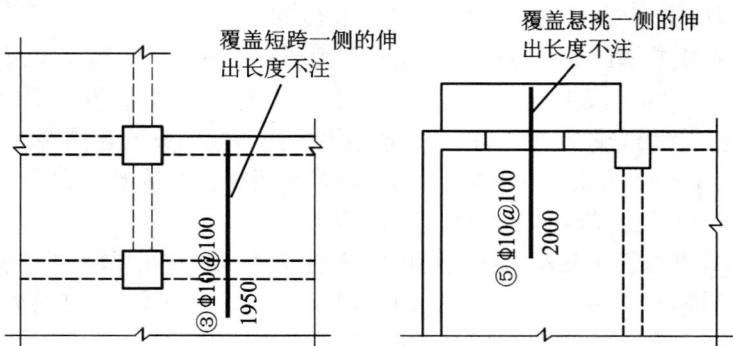

图 4-5　板支座上部非贯通筋贯通全跨或伸出至悬挑端

关于悬挑板的注写方式如图 4-6 所示。**当悬挑板端部厚度不小于 150 mm 时，施工应按图集"无支承板端部封边构造"的标准构造详图执行**，当设计采用与本标准构造详图不同的做法时，应另行注明。

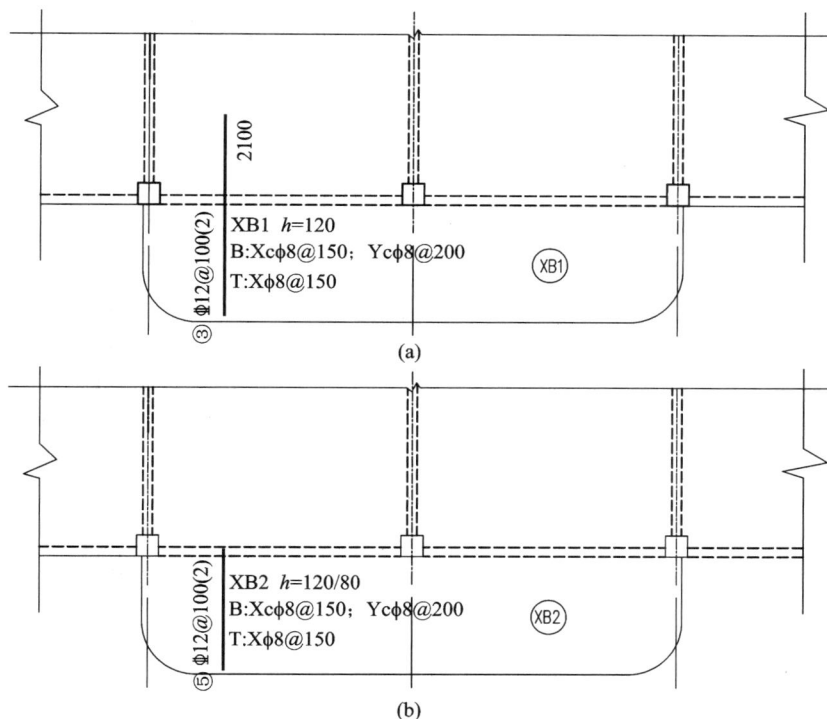

图 4-6　悬挑板支座非贯通筋

在板平面布置图中，不同部位的板支座上部非贯通纵筋及悬挑板上部受力钢筋，可以在一个部位注写，对其他相同者则仅需在代表钢筋的线段上注写编号及横向连续布置的跨数即可。

此外，与板支座上部非贯通纵筋垂直且绑扎在一起的构造或分布钢筋，应由设计者在图中注明。

当板的上部已配置有贯通纵筋，但需增配板支座上部非贯通纵筋时，应结合已配置的同向贯通纵筋的直径与间距采取"隔一布一"方式配置。"隔一布一"方式，即非贯通纵筋的标注间距与贯通纵筋相同，两者组合后的实际间距为各自标注间距的1/2。

【例 4.5】　板上部已配置贯通纵筋 Φ12@250，该跨同向配置的上部支座非贯通纵筋为⑤Φ12@250，表示在该支座上部设置的纵筋实际为 Φ12@125，其中 1/2 为贯通纵筋，1/2 为⑤号非贯通纵筋(伸出长度值略)。

【例 4.6】　板上部已配置贯通纵筋 Φ10@250，该跨配置的上部同向支座非贯通纵筋为③Φ12@250，表示该跨实际设置的上部纵筋为 Φ10 和 Φ12 间隔布置，二者之间间距为 125 mm。

采用平面注写方式表达的楼面板平法施工图如图 4-7 所示。

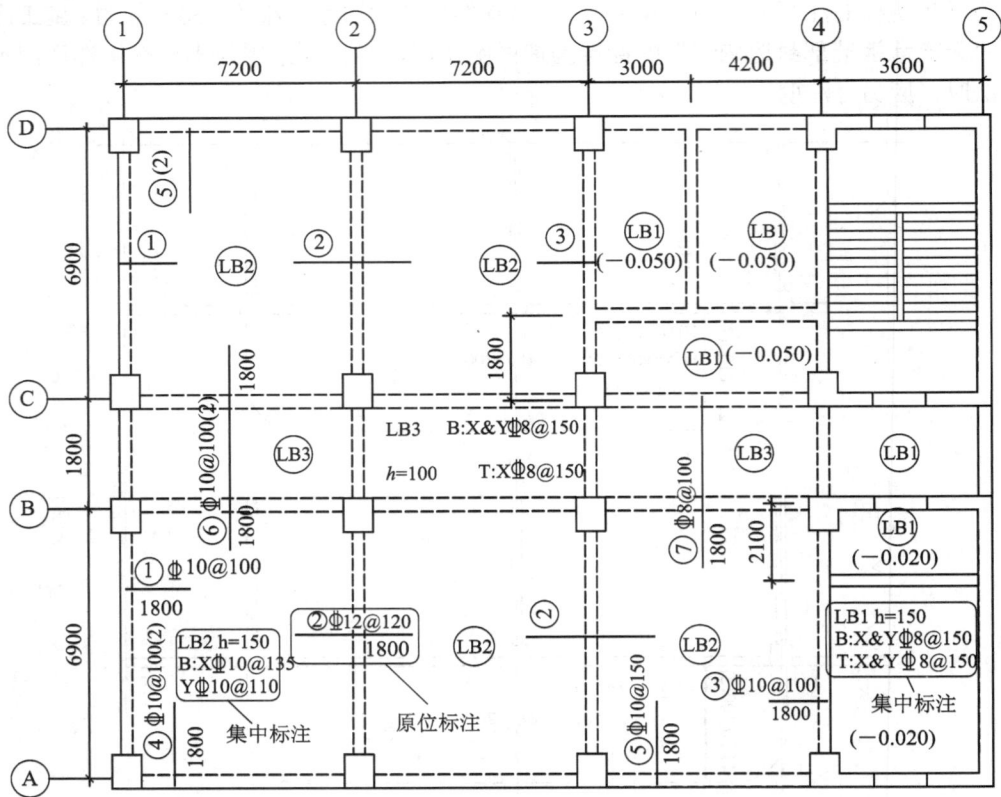

(a)

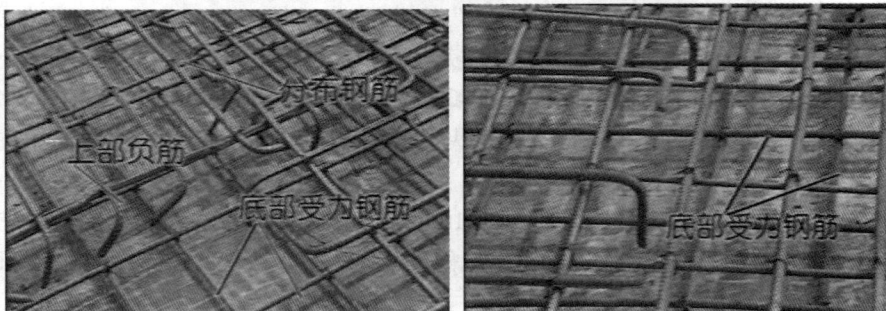

(b)

图 4-7　板平面表达及板筋示意图

(a) 板平面表达方式示例；(b) 现浇楼盖板筋示例

4.1.2 楼板相关构造制图规则

楼板相关构造的平法施工图设计是在板平法施工图上采用直接引注方式表达。楼板相关构造类型与编号见表 4-2。

表 4-2 楼板相关构造类型与编号

构造类型	代号	序号	说　　明
纵筋加强带	JQD	××	以单向加强纵筋取代原位置配筋
后浇带	HJD	××	有不同的留筋方式
柱帽	ZMX	××	适用于无梁楼盖
局部升降板	SJB	××	板厚及配筋与所在板相同；构造升降高度≤300
板加腋	JY	××	腋高与腋宽可选注
板开洞	BD	××	最大边长或直径＜1000；加强筋长度有全跨贯通和自洞边锚固两种
板翻边	FB	××	翻边高度≤300
角部加强筋	Crs	××	以上部双向非贯通加强钢筋取代原位置的非贯通配筋
悬挑板阴角放附加筋	Cis	××	板悬挑阴角上部斜向附加钢筋
悬挑板阳角放射筋	Ces	××	板悬挑阳角上部放射筋
抗冲切箍筋	Rh	××	通常用于无柱帽无梁楼盖的柱顶
抗冲切弯起筋	Rb	××	通常用于无柱帽无梁楼盖的柱顶

任务 4.2　板钢筋标准构造及计算原理

板构件分"有梁板"和"无梁板"，本书主要讲解有梁板板构件中的主要钢筋构造。

4.2.1 现浇有梁楼盖中楼板的受力特点

受力特点及钢筋骨架

在现浇有梁楼盖中，楼板是支承于梁上的连续构件，其计算简图及弯矩图如图 4-8 所示。板跨中受正弯矩作用，故**下部应配受力筋**，**一般在平法表达集中标注中显示**；而支座处是负弯矩，所以在支座处板上部应配负筋，一般在平法表达原位标注中显示。当板中负筋沿全跨贯通时，则在集中标注中显示。

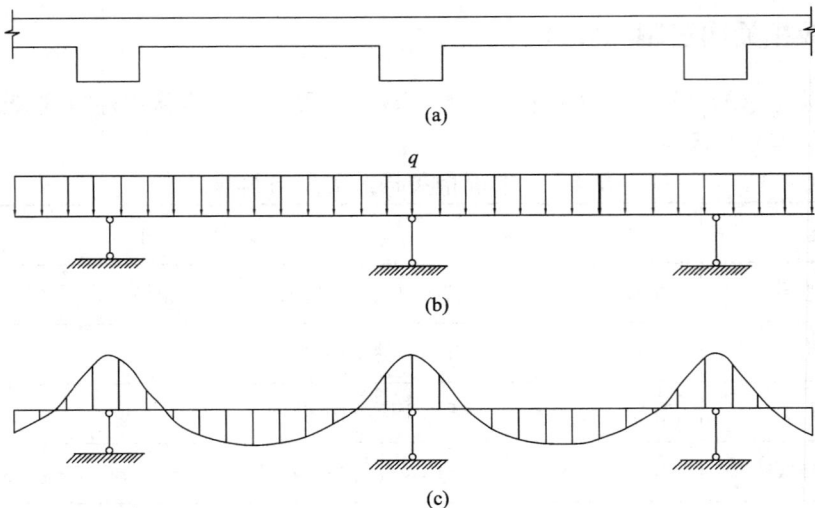

图 4-8　板计算简图及弯矩示意图

(a) 板剖面图; (b) 板计算图; (c) 板弯矩图

4.2.2　肋梁楼盖中板的分类及钢筋排布规则

有梁楼盖中的肋梁楼盖在实际工程中应用广泛。肋梁楼盖由板、次梁、主梁三者整体相连而成。板的四周支承在次梁、主梁上。一般将四周支承在主梁、次梁上的板称为一个区格。每一区格板上的荷载通过板的受弯作用传到四边支承的构件上。当板的长边 l_2 与短边 l_1 之比超过一定数值时,经力学分析可知,在荷载作用下板短跨方向的弯距远远大于板长跨方向的弯距,可以认为板仅在短跨方向有弯距存在并产生挠度,这类板称为**单向板,板中的受力钢筋应沿短跨方向布置。**当板的长边 l_2 与短边 l_1 之比较小时,板的短、长跨方向上都有一定数值的弯矩存在,沿长边方向的弯距不能忽略。这种板称为双向板,**双向板沿板的长、短边两个方向都需布置受力钢筋。**《混凝土结构设计规范(2015 年版)》GB50010—2010 规定,四边支承的板应按下列规定计算。

(1) 当长边与短边长度之比不大于 2.0 时,应按双向板计算;

(2) 当长边与短边长度之比大于 2.0,但小于 3.0 时,宜按双向板计算。

(3) 当长边与短边长度之比不小于 3.0 时,宜按沿短边方向受力的单向板计算,并应沿长边方向布置构造钢筋。

项目四扩展阅读

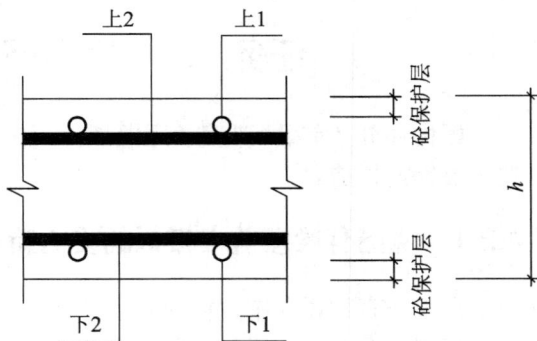

图 4-9　板厚范围上下部各层钢筋定位排序

1. 板厚范围上、下部各层钢筋定位顺序

如图 4-9 所示,上部钢筋依次从上往下排命名为上 1、上 2;下部钢筋依次从下往上排命名为下 1、下 2。**上部受力钢筋和下部受力钢筋的布筋范围均不宜超过板厚的 1/3。**

2. 板下部钢筋排布构造

双向板下部双向交叉钢筋上、下位置关系应按具体设计说明排布，当设计未说明时，**短跨方向钢筋应置于长跨方向钢筋之下**，如图 4-10 所示。单向板短跨方向的受力筋位于长跨方向的分布筋之下，如图 4-11 所示。**板钢筋距支座边的起步距为 1/2 板筋间距。**

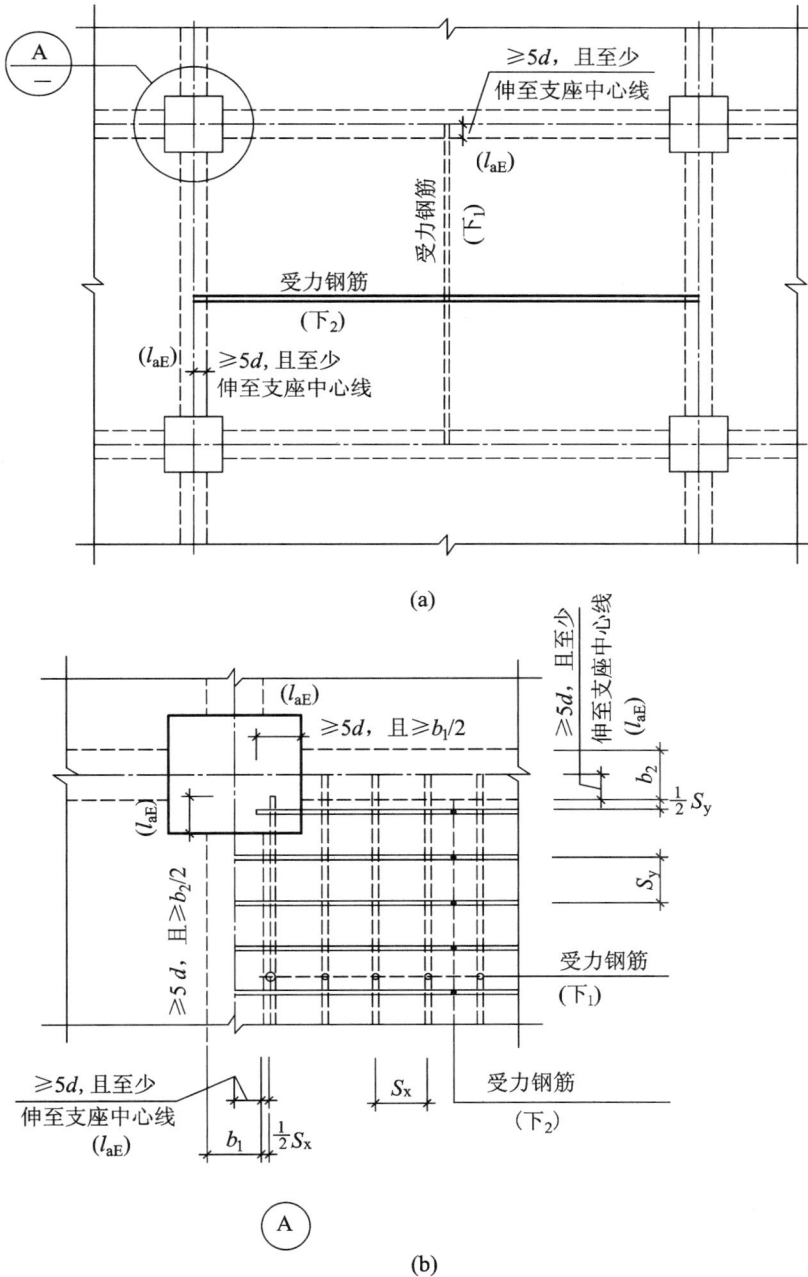

(a)

(b)

图 4-10 双向板下部钢筋排布构造

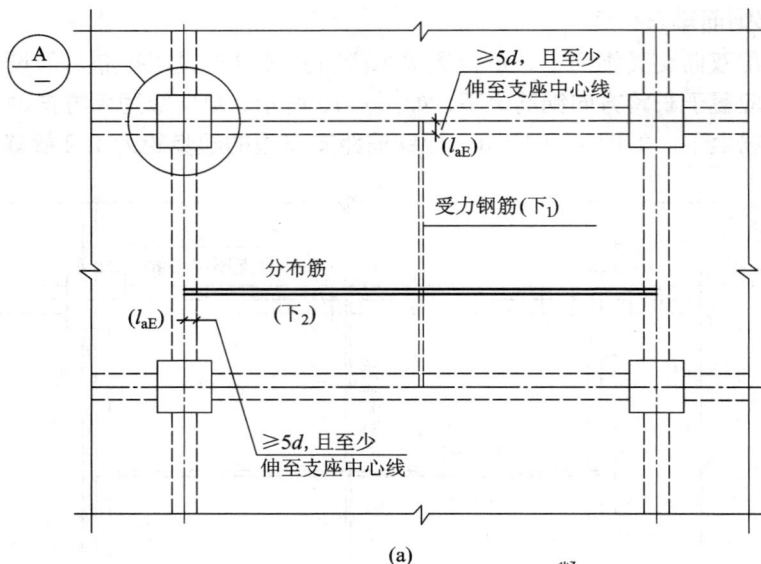

(a)

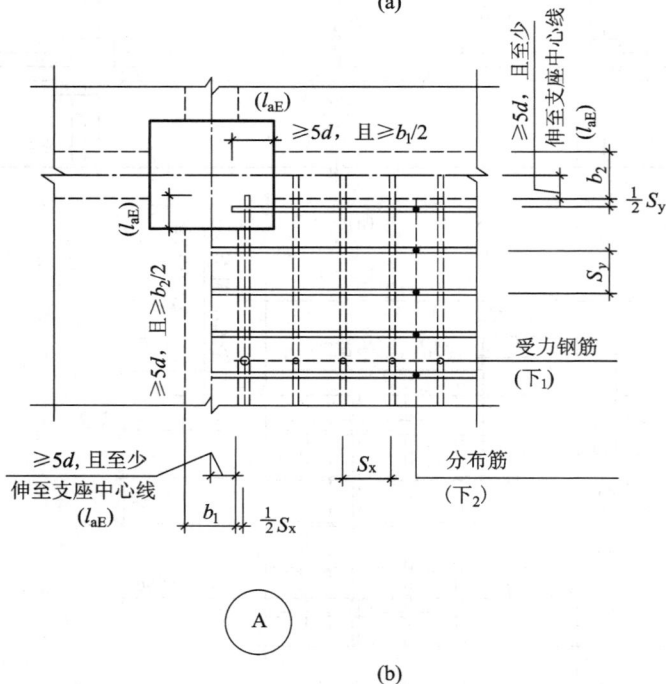

(b)

图 4-11 单向板下部钢筋排布构造

如图 4-10、图 4-11 所示，括号内的锚固长度适用以下情形：

(1) 在梁板式转换层的板中，受力钢筋伸入支座的锚固长度应为 l_{aE}。

(2) 当连续板内温度，收缩应力较大时，板下部钢筋伸入支座锚固长度应按受拉要求 l_{aE} 锚固。

3. 板上部钢筋排布构造

板上部受力筋可贯通布置，也可非贯通布置(支座负筋)，应按图纸注明尺寸截断，如图 4-12 所示。

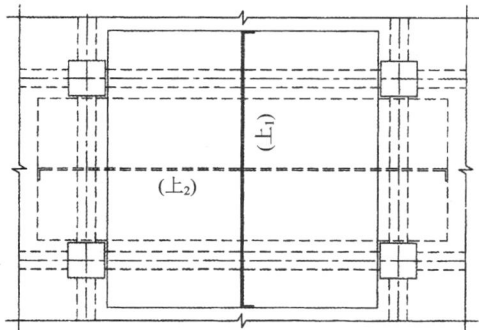

板上部钢筋双向贯通排布构造

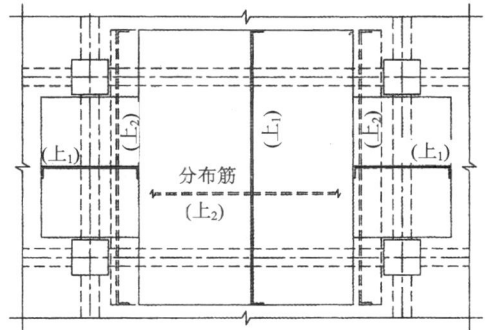

板上部钢筋单向贯通排布构造

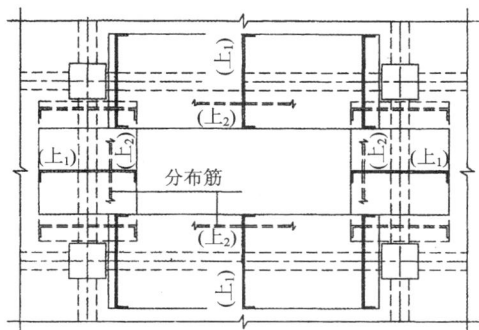

板上部钢筋非贯通排布构造

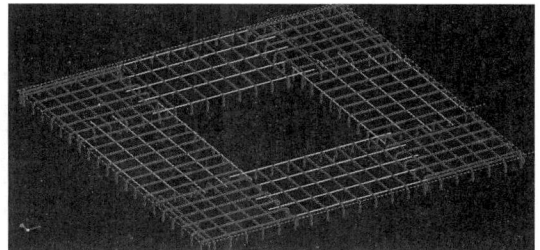

板上部钢筋非贯通排布三维图

(图中白色钢筋为分布筋)

图 4-12　板上部钢筋排布构造

4.2.3　板构件钢筋构造知识体系

板构件钢筋构造知识体系见表 4-3。

表 4-3　板构件钢筋构造知识体系

钢筋种类	钢筋构造情况	钢筋种类	钢筋构造情况
板底筋	端部及中间支座锚固	支座负筋及分布筋	端支座负筋
	悬挑板		中间支座负筋
	板翻边		跨板支座负筋
	局部升降板	其他钢筋	板开洞
板顶筋	端部及中间支座锚固		悬挑阳角附加筋
	悬挑板		悬挑阴角附加筋
	板翻边		温度筋
	局部升降板		

4.2.4　板底筋钢筋构造

1. 端部钢筋锚固构造

板端部支座不同，钢筋构造亦有所差别，如图 4-13 所示。下部钢筋锚固长度为 $5d$ 且至少到支座中线。板钢筋距支座边的起步距为 1/2 板筋间距。

板底钢筋构造

· 83 ·

設計按鉸接時：$\geqslant 0.35l_{ab}$
充分利用鋼筋的抗拉強度時：$\geqslant 0.6l_{ab}$

外側梁角筋

$15d$

在梁角筋內側彎鉤

$\geqslant 5d$且至少到梁中線

(a) 普通樓屋面板

外側梁角筋 $\geqslant 0.6l_{abE}$

$15d$ $15d$

在梁角筋內側彎鉤 $\geqslant 0.6l_{abE}$

(b) 用於梁板式轉換層的樓面板

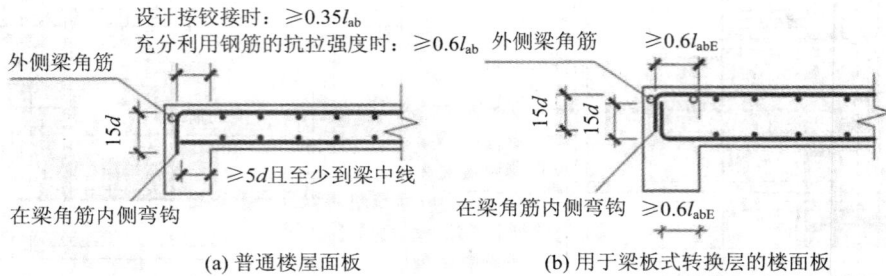

板在端部支座的錨固構造(一)

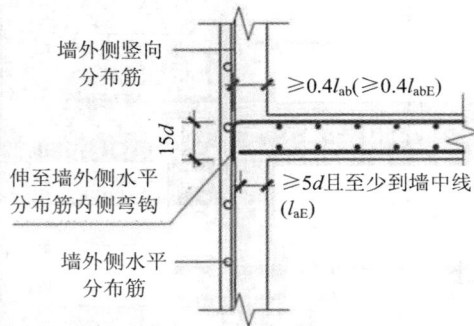

墙外側豎向分布筋

$\geqslant 0.4l_{ab}(\geqslant 0.4l_{abE})$

$15d$

伸至墙外側水平分布筋內側彎鉤

$\geqslant 5d$且至少到墙中線 (l_{aE})

墙外側水平分布筋

(1) 端部支座為剪力墙中間層

(括號內的數值用於梁板式轉換層的板。當板下部縱筋直錨長度不足時，可彎錨。)

伸至墙外側水平分布筋內側彎鉤 $\geqslant 0.35l_{ab}$

$15d$

$\geqslant 5d$且至少到墙中線

墙外側水平分布筋

(a) 板端按鉸接設計時

伸至墙外側水平分布筋內側彎鉤 $\geqslant 0.6l_{ab}$

$15d$

$\geqslant 5d$且至少到墙中線

墙外側水平分布筋

(b) 板端上部縱筋按充分利用鋼筋的抗拉強度時

l_l

$15d$

$\geqslant 5d$且至少到墙中線 且伸至板底

墙外側水平分布筋

(c) 搭接連接

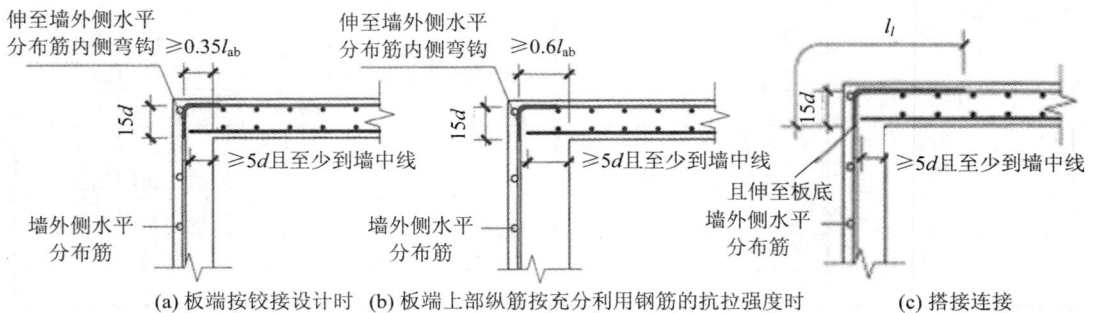

(2) 端部支座為剪力墙墙頂

板在端部支座的錨固構造(二)

圖 4-13 端部鋼筋錨固構造

如图 4-13 所示，因为在支座处正弯矩为零，所以**板下部钢筋在支座处不受力**，参照 l_{as} **锚固**。上部钢筋因为有负弯矩的作用，在支座处是受力的，所以参照受力筋锚固。

2. 中间支座锚固构造

中间支座锚固构造如图 4-14 所示，下部钢筋锚固长度为 $5d$ 且至少到支座中线。l_{aE} 用于梁板式转换层的板。**板下部纵筋可在中间支座锚固或贯穿中间支座**。板下部纵筋贯通中间支座时，可在板端 $l_{ni}/4$ 范围内连接。在此范围内，连接钢筋的面积百分率不应大于 50%，且相邻钢筋连接接头应在支座左右交错并间隔设置。悬臂板悬挑方向纵向钢筋不得设置连接接头。

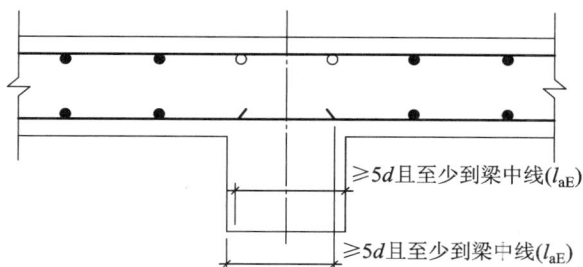

图 4-14　中间支座锚固构造

3. 悬挑(延伸悬挑和纯悬挑)板底部钢筋构造

悬挑板底部钢筋构造如图 4-15 所示，**悬挑板底部为非受力钢筋**，由构造筋或分布筋组成，其底部钢筋锚入支座不小于 $12d$ 且至少到支座中心线。

4.2.5　板顶筋钢筋构造

1. 端部钢筋锚固构造

板顶筋端部锚固构造视支座不同而不同，如图 4-13 所示，纵筋在端支座应伸至支座(梁、圈梁或剪力墙)外侧纵筋内侧后弯折，当直段长度不小于 l_a 或 l_{aE} 时可不弯折。

板顶筋钢筋构造

2. 板顶贯通筋中间连接

(1) 相邻跨净跨相等时，板顶贯通筋连接构造如图 4-16 所示。**板顶贯通筋的连接区域为跨中 $l_n/2$，l_n 为板的净跨度**。

(2) 通常情况下，当板的跨度相差不超过 10% 时，可按等跨板考虑；当跨度相差超过 10% 时，应按不等跨板考虑。板顶贯通筋若需连接应在跨中一定范围内连接。当为等跨板时，跨中连接区 $\geq l_n/2$；当为不等跨板时，跨中连接区为 $l_n/3$，l_n 为支座左右两跨之较大值。一般情况下，板筋采用绑扎连接，但对于转换层楼板宜采用机械连接或焊接。钢筋连接区段长度绑扎搭接 $\geq 1.3l_l$，绑扎搭接连接区段长度计算，取相邻各搭接钢筋搭接长度的较大值，当两根不同直径的钢筋搭接时，搭接长度按较小直径计算。现浇板纵向钢筋连接接头允许范围如图 4-17 所示。

(3) 不等跨板上部贯通纵筋连接构造如图 4-18 所示。当钢筋足够长时，宜遵循"**能通则通**"的原则，不能通则优先在相邻跨较大跨的跨中错开连接。

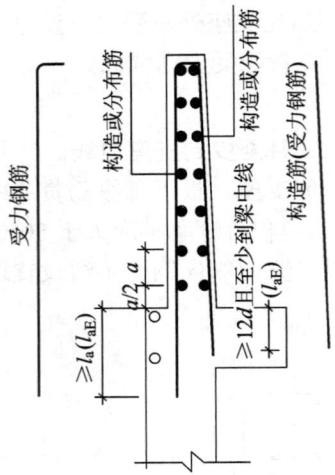

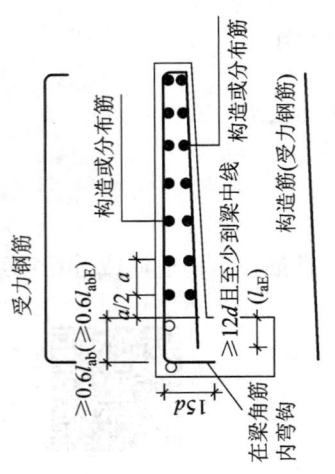

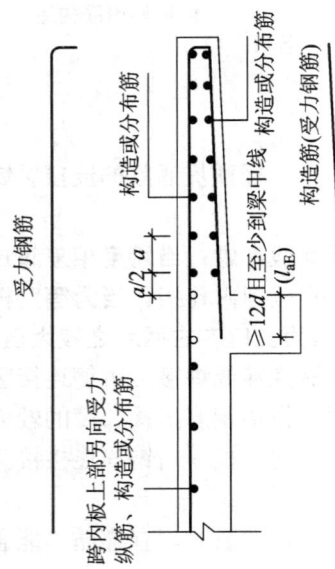

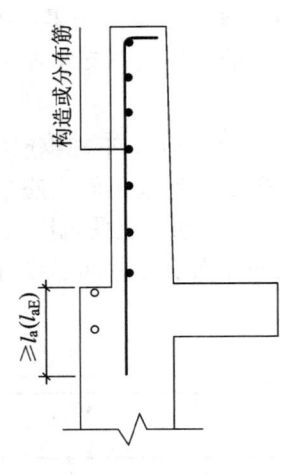

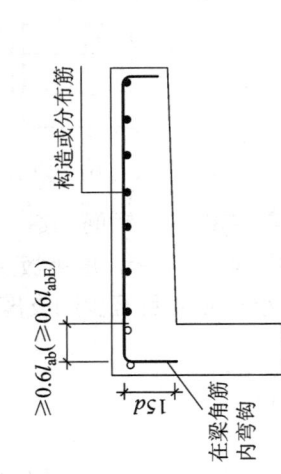

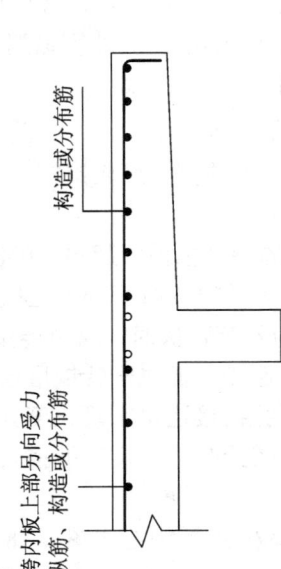

悬挑板XB钢筋构造

注：括号中数值用于需考虑竖向地震作用时（由设计明确）

图 4-15　悬挑板钢筋构造

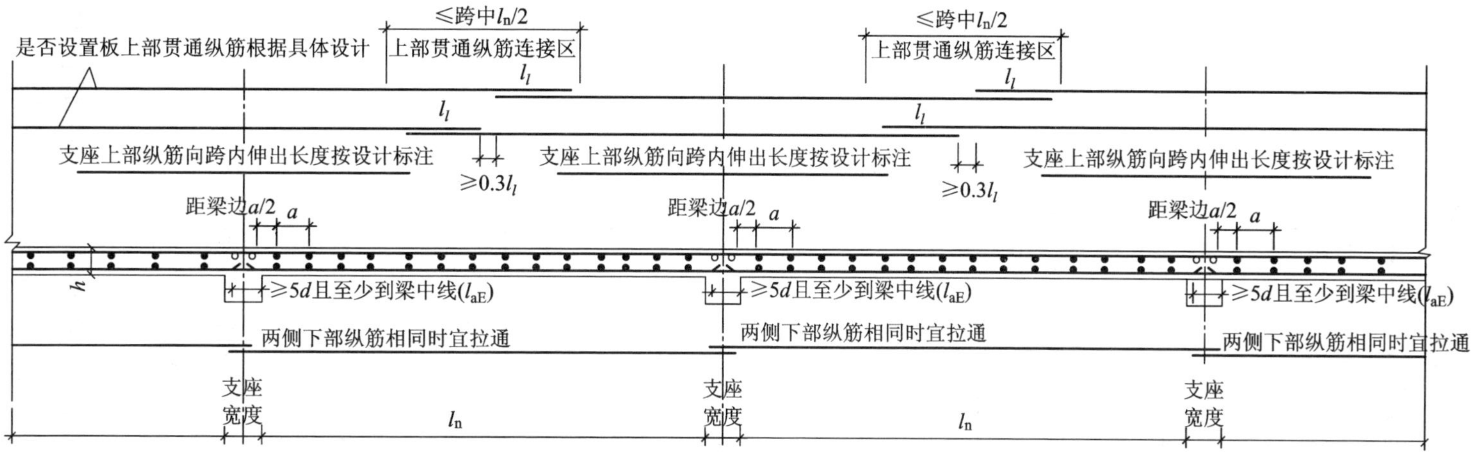

图 4-16 相邻等跨的板顶贯通筋通筋连接构造

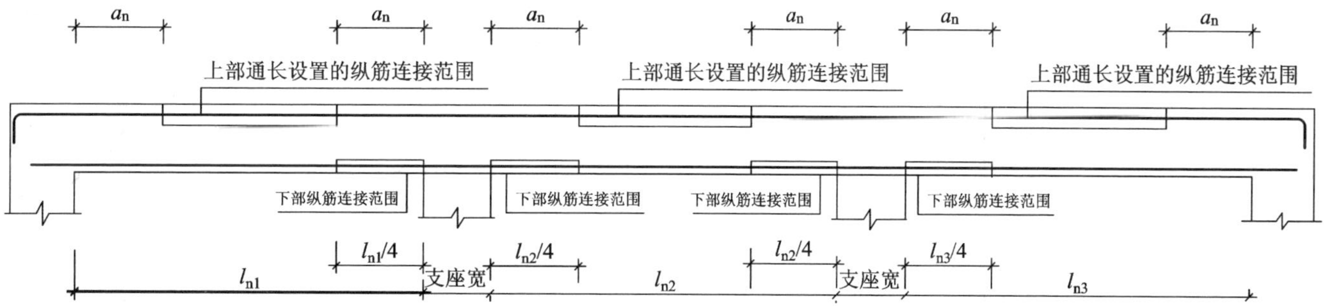

图 4-17 现浇板纵向钢筋连接接头允许范围示意图

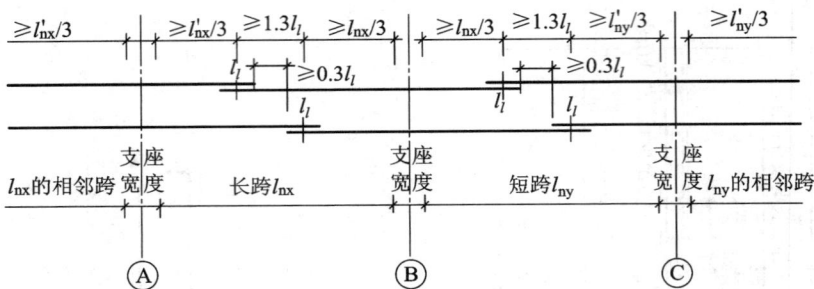

不等跨板上部贯通纵筋连接构造(一)

(当钢筋足够长时能通则通)

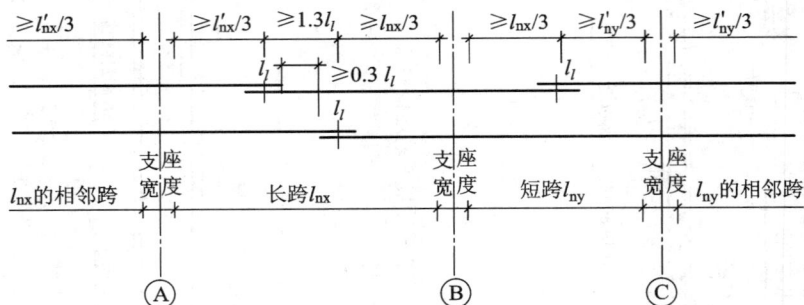

不等跨板上部贯通纵筋连接构造(二)

(当钢筋足够长时能通则通)

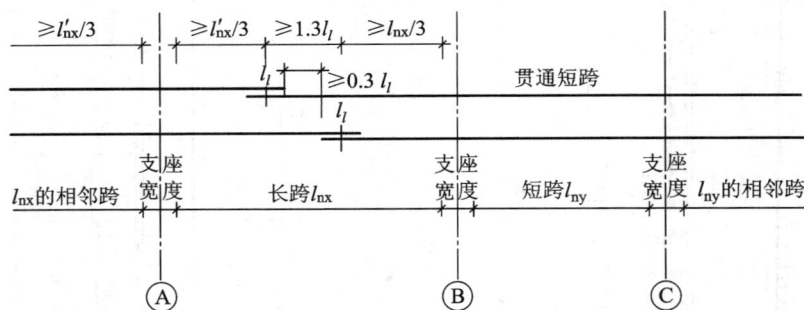

不等跨板上部贯通纵筋连接构造(三)

(当钢筋足够长时能通则通)

注:l'_{nx}是轴线A左右两跨的较大净跨度值;l'_{ny}是轴线C左右两跨的较大净度跨值。

图 4-18 不等跨板上部贯通纵筋连接构造

3. 悬挑(延伸悬挑和纯悬挑)板顶部筋构造

悬挑板顶部筋构造如图 4-15 所示,延伸悬挑板板顶受力筋宜由跨内板顶筋直接延伸到悬挑端,然后向下弯折至板底;纯悬挑板板顶受力筋在支座一端要满足锚固要求。

4.2.6　支座负筋及其分布筋构造

1. 中间支座负筋一般构造

中间支座负筋一般构造如图 4-19 所示，中间支座负筋的延伸长度是指自支座边线向跨内的长度，长度由设计指定。**向下弯折长度为板厚减两个保护层厚度，支座负筋的分布筋距支座边的起步距为 1/2 板筋间距，布置在支座负筋的范围内。**

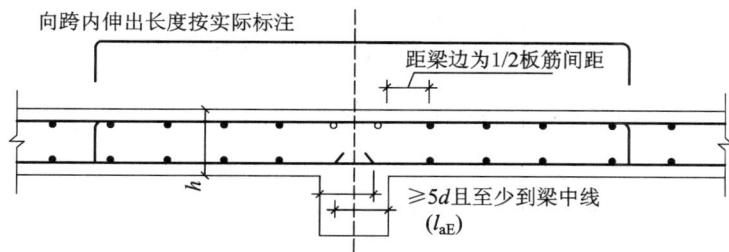

图 4-19　中间支座负筋一般构造

2. 转角处分布筋扣减

两向支座负筋在相交的转角处，已经形成交叉钢筋网，其**各自的分布筋在转角位置切断，与另一方向的支座负筋搭接，搭接长度一般取值 150 mm。**当板配置抗温度、收缩的钢筋时，分布筋及与受力钢筋搭接长度为 l_l，当板支座为混凝土剪力墙、梁、砌体墙圈梁时，角区上部钢筋排布构造如图 4-20～图 4-22 所示，L_1～L_8 为板上部钢筋自支座边缘向跨内的延伸长度，由具体工程设计确定。值得注意的是：分布筋往往在平法标注中不注明，而在结构说明中说明，所以在计算钢筋用量时，应特别注意不要漏算。

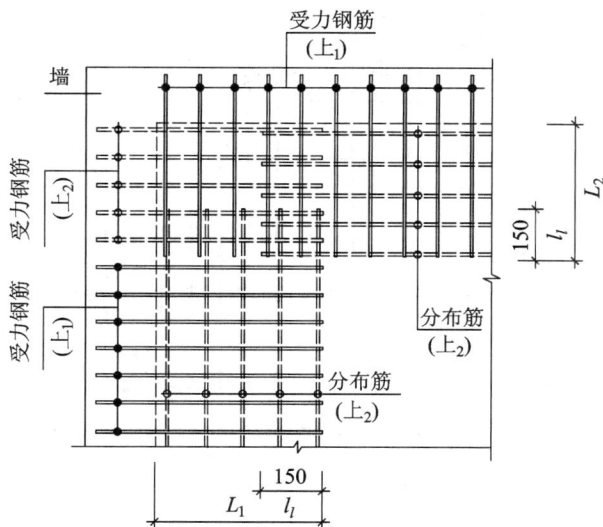

图 4-20　板 L 形角区上部钢筋排布构造

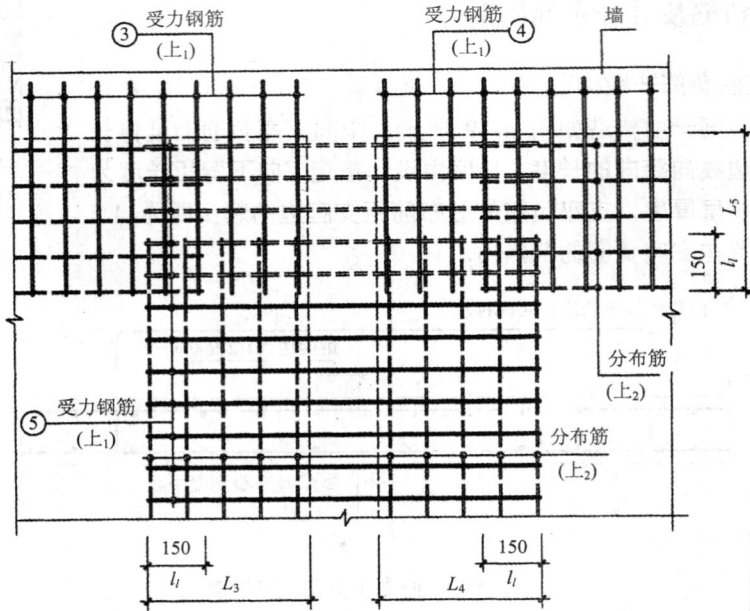

板 T 形角区上部钢筋排布构造

图 4-21　板 T 形角区上部钢筋排布构造

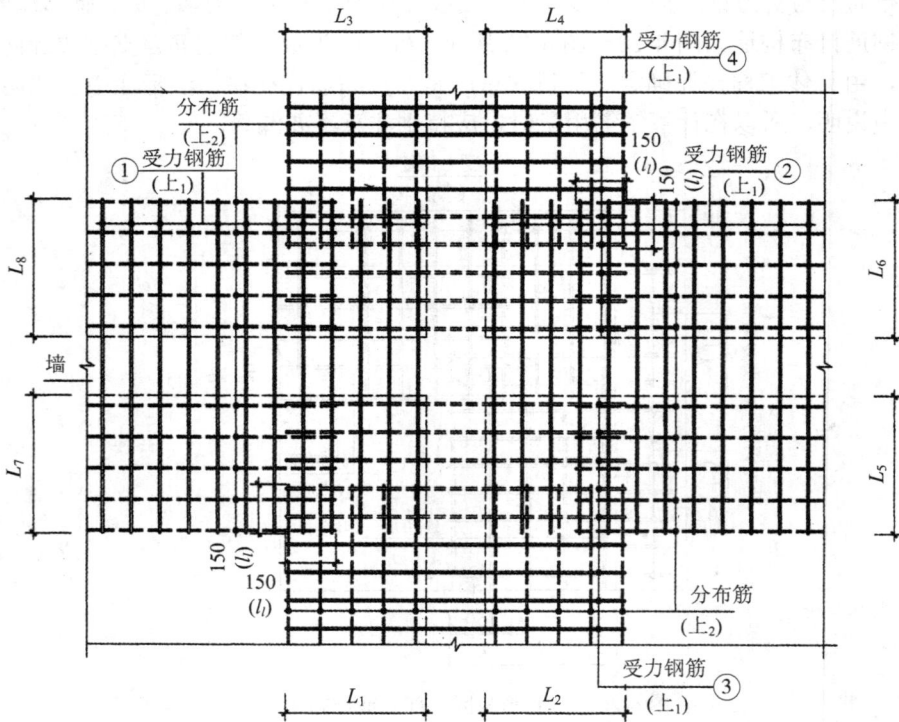

图 4-22　板十字形角区上部钢筋排布构造

4.2.7 楼板相关构造

1. 后浇带钢筋构造

后浇带，代号 HJD，用于现浇楼盖、筏形基础和条形基础。后浇带混凝土强度等级应提高一级，**宜采用补偿收缩混凝土**，设计应注明相关施工要求(如位置、后浇混凝土强度等级、膨胀剂掺量)。后浇带钢筋构造如图 4-23 所示，分为贯通和 100%搭接两种留筋方式。贯通留筋的后浇带宽度通常取大于或等于 800 mm；100%搭接留筋的后浇带宽度通常取 800 mm 与 (l_l + 60 mm 或 l_{lE} + 60 mm)的较大值，l_l、l_{lE} 分别为受拉钢筋搭接长度、受拉钢筋抗震搭接长度。

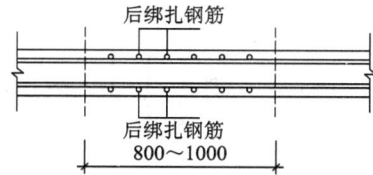

后浇带钢筋贯通时的排布构造

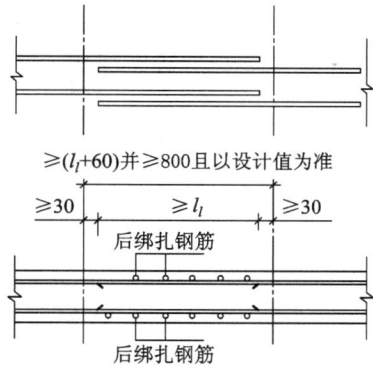

后浇带采用一批搭接时的钢筋排布构造
(当构件抗震等级为一级~四级时，图中 l_l 应改为 l_{lE})

图 4-23　板后浇带钢筋构造

2. 板翻边钢筋构造

如图 4-24 所示，板翻边可为上翻也可为下翻，翻边尺寸等在引注内容表达，翻边高度在标注构造详图中为小于或等于 300 mm。当翻边高度大于 300 mm 时，由设计者自行处理。**钢筋在阴角位置，应避免内折角(即钢筋在阴角部位不可直接转折)。**

3. 板开洞钢筋构造

现浇板开洞(BD)钢筋构造要点：**洞口直径或边长不宜大于 1000 mm，当洞口直径或边长大于 1000 mm 时，应在洞口四周布置梁。**当洞口直径或边长不大于 1000 mm 但大于300 mm 时，钢筋遇洞口断开，洞口每侧补强钢筋总面积不得小于同方向被切断纵向钢筋总面积的 50%，**其强度等级与被切断钢筋相同并布置在同一层面，且每边根数不少于两根，直径不小于 12 mm，两根钢筋之间的净距为 30 mm。洞口各侧补强钢筋距洞口边的起步尺寸为 50 mm，**如图 4-25 所示。洞边补强钢筋由遇洞口被切断的板上、下部钢筋的弯钩分别固定；若洞口位置未设置上部钢筋，则洞边补强钢筋由遇洞口被切断的板下部钢筋的弯钩固定，弯钩水平段的长度不小于 5d，如图 4-26 所示。

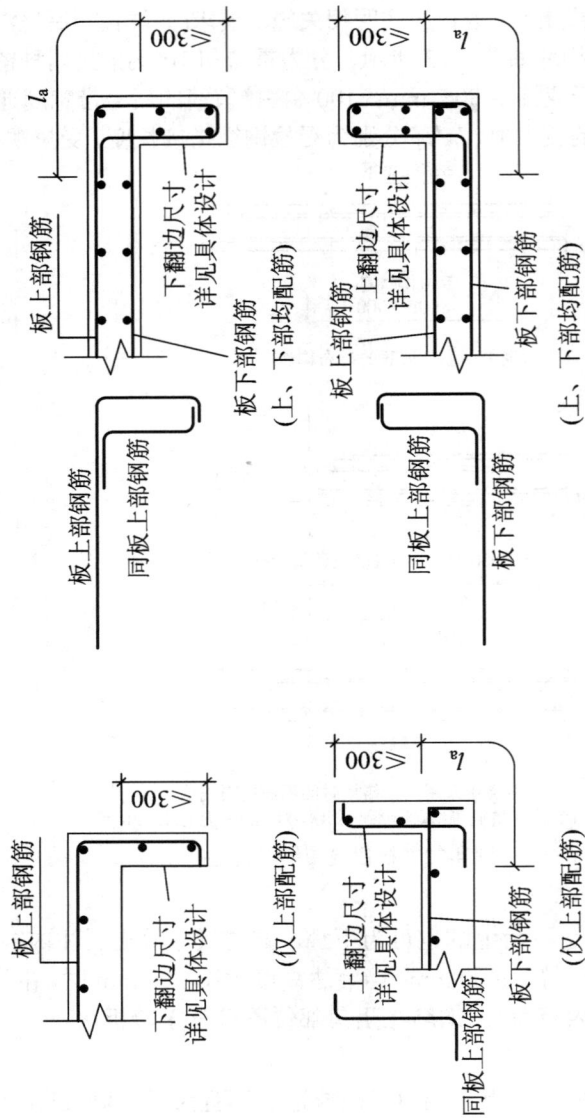

板翻边FB构造

(翻边长度大于300 mm时应由设计另行确定)

图4-24 板翻边钢筋构造

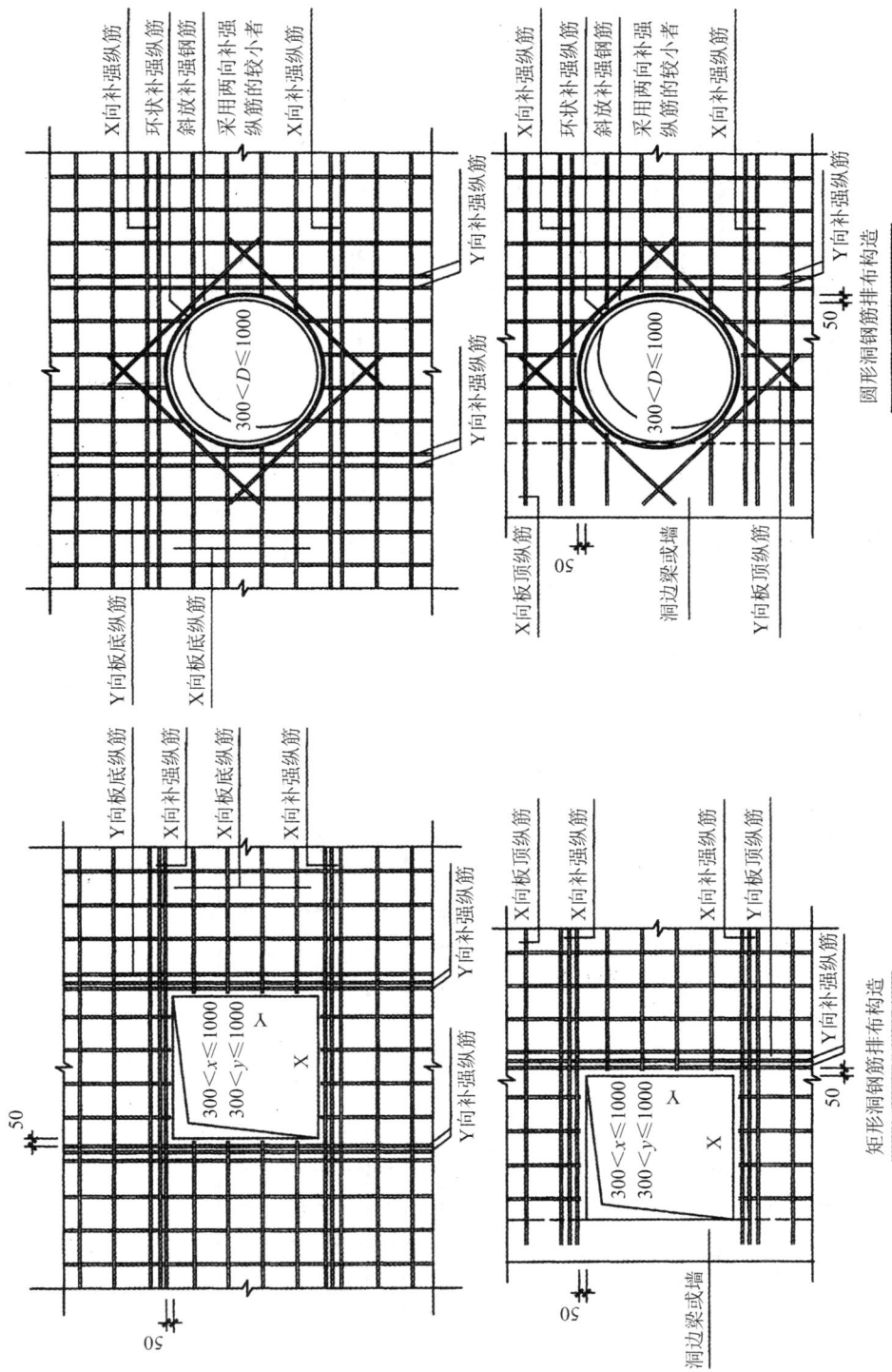

图 4-25 遇洞口切断钢筋构造

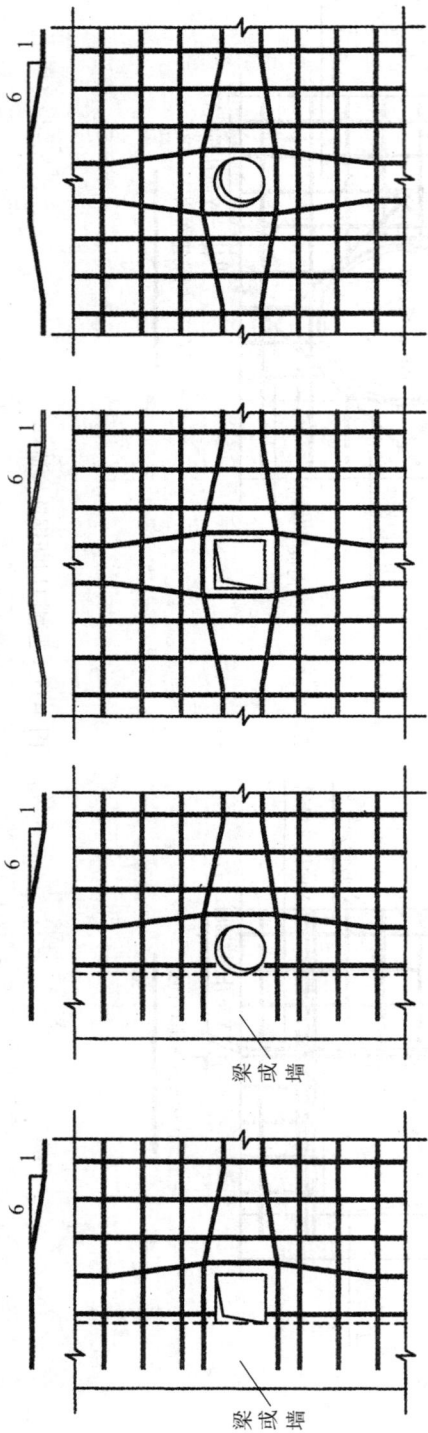

洞边补强钢筋由遇洞口被切断的板上、下部钢筋弯钩分别固定

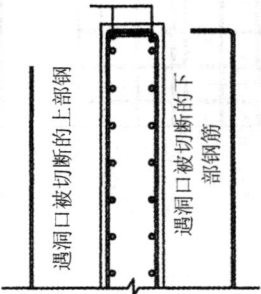

洞边补强钢筋由遇洞口被切断的板下部钢筋的弯钩固定补加一根分布筋伸出洞边150

洞口被切断的上部钢

遇洞口被切断的下部钢筋

板下部钢筋（洞口位置未设置上部钢筋）

洞边被切断钢筋弯钩固定补强钢筋构造

(b)

(b)

图 4-26　洞口小于 300 mm 的现浇板板钢筋排布构造

(a) 板边开洞；(b) 板中开洞；(c) 板角边开洞

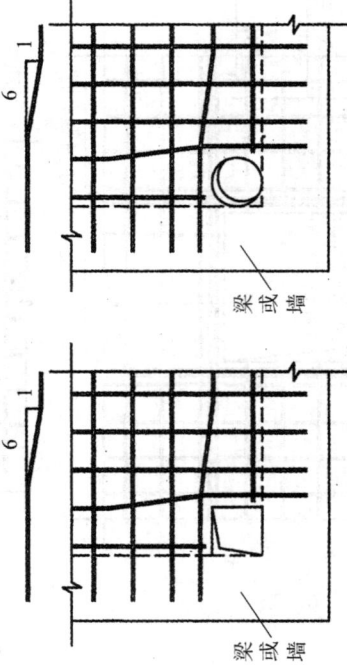

梁或墙

梁或墙

梁或墙

梁或墙

(a)

(c)

在板中开洞时，当洞口直径或边长不大于 300mm 时，**钢筋遇洞口不断开，并以不大于 1/6 的坡度绕过。**

x 向、y 向补强纵筋伸入支座的锚固方式同板中钢筋。当不伸入支座时，设计应标注，如图 4-27 所示。

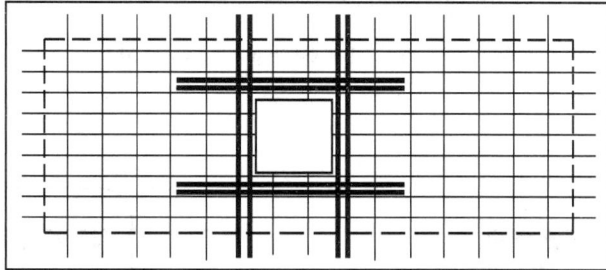

(a)

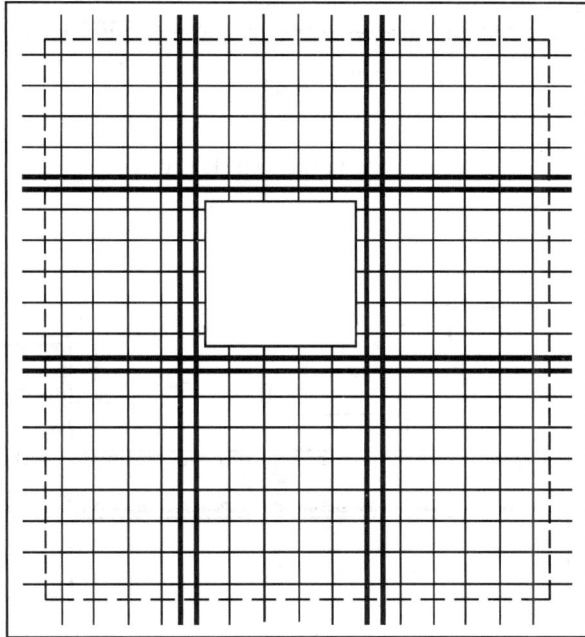

(b)

图 4-27　洞口补强钢筋做法

(a) 单向板洞口补强钢筋；(b) 双向板洞口补强钢筋

4. 局部升降板钢筋构造

局部升降板(SJB)配筋构造要点：钢筋布置应**避免"内折角"，即钢筋在阴角部位不可直接弯折。**如图 4-28 所示，对①号筋在 a、d 两处阴角部位转折属内折角，对②号筋在 b、c 两处阴角部位转折也属内折角。正确做法是：在阴角处钢筋断开，并各自延伸锚固长度 l_a，如图 4-29 所示。

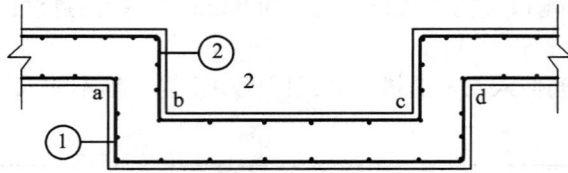

图 4-28 内折角示意(在 a、b、c、d 处)

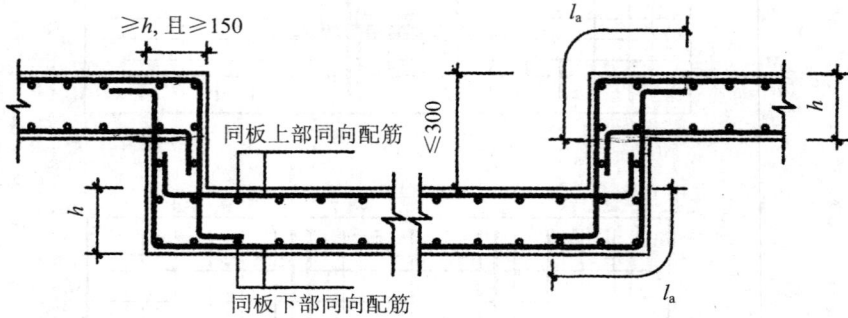

局部降板顶面凹出楼板底面

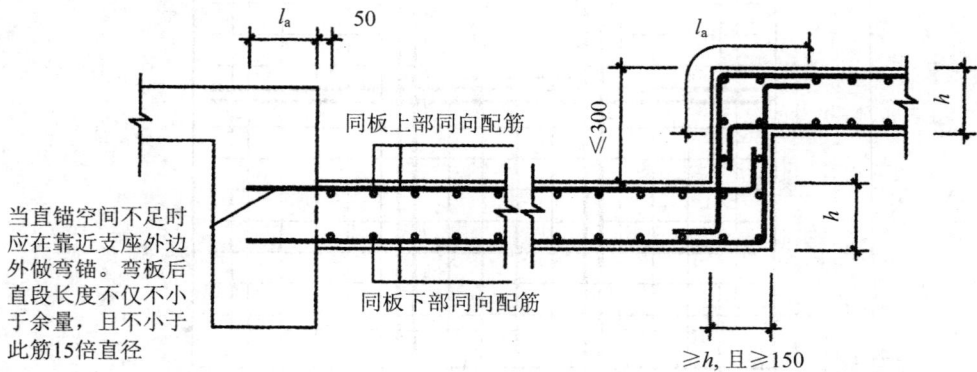

板边为梁局部降板顶面凹出楼板底面

图 4-29 局部升降板钢筋构造

5. 悬挑板阳角放射筋构造

悬挑板阳角部位需配放射筋,以抵抗负弯矩,如图 4-30 所示。

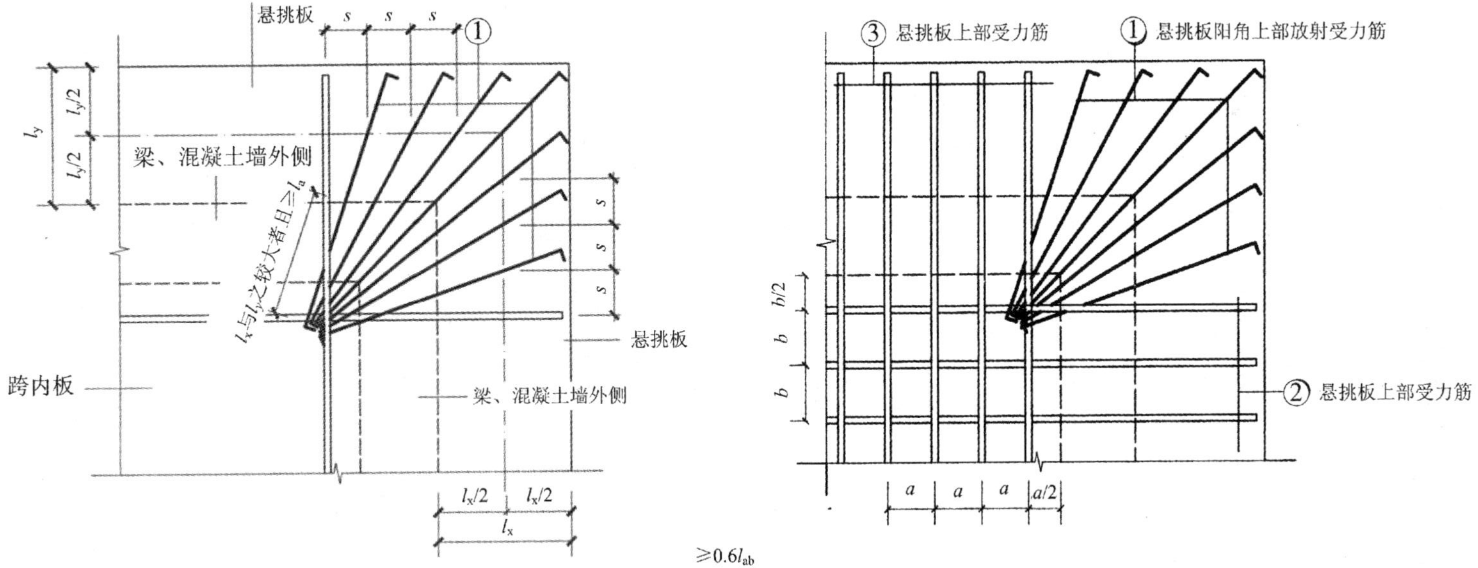

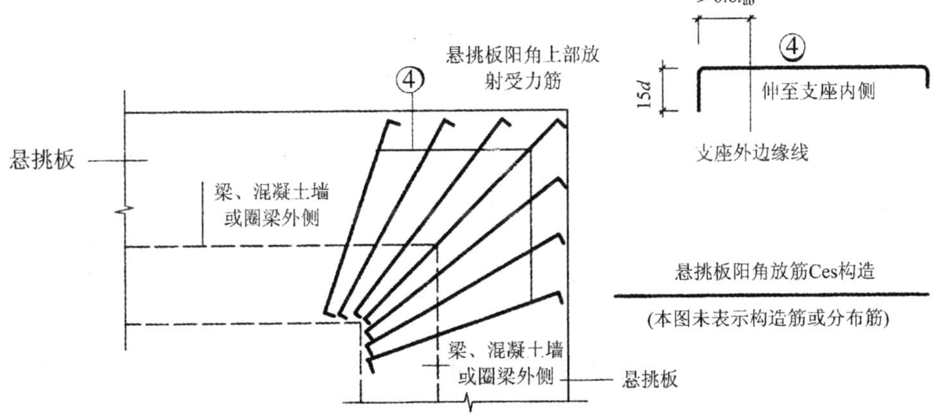

图 4-30 悬挑板阳角放射筋构造

注: 1. 悬挑板内, ①~③筋应位于同一层面. 2. 在支座和跨内, ①号筋应向下斜弯到②号与③号筋下面与两筋交叉并向跨内平伸.

悬挑板阳角筋CeS构造
(本图未示构造筋或分布筋)

任务 4.3 板钢筋计算实例

【例 4.7】 图 4-31 为板平法施工图。梁、板混凝土的强度等级为 C30，所在环境类别为一类，板保护层厚度为 15 mm，梁保护层厚度为 20 mm，所有梁宽 b 均为 300 mm，梁上部纵筋类别为 HRB400，直径 20 mm，梁中箍筋直径为 8 mm。未注明的板分布筋为 HRB400，直径为 8 mm，间距 250 mm。计算板中受力钢筋和分布钢筋的长度及根数。

项目四案例讲解视频

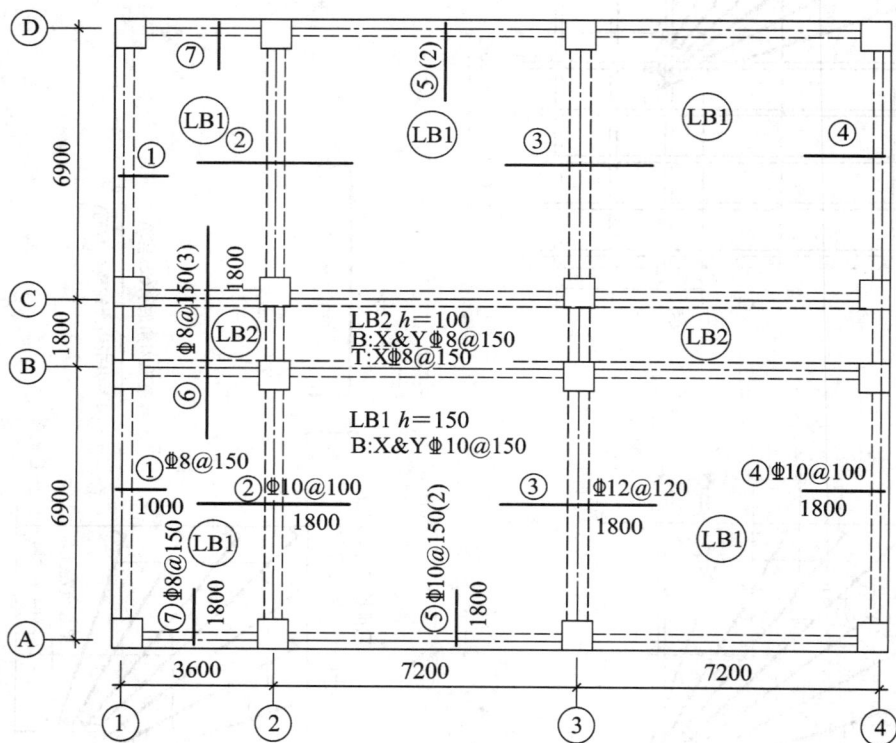

图 4-31 板平法施工图

解 计算板中的钢筋首先应弄清楚板中究竟包含哪些钢筋，不能漏算和多算。图 4-32 为与图 4-31 对应的用传统方法表示的板筋施工图，初学者可根据此图进行抽筋计算。为方便表示，特进行以下注释：

$d_{板}$——板筋直径；$d_{梁箍}$——梁箍筋直径；$d_{梁角}$——梁上部角筋直径；l_n——净跨；b——梁宽。

表 4-4 为板块划分详表，以方便理解和学习。**本例采用"板块法"逐一进行计算，不考虑钢筋接头。**

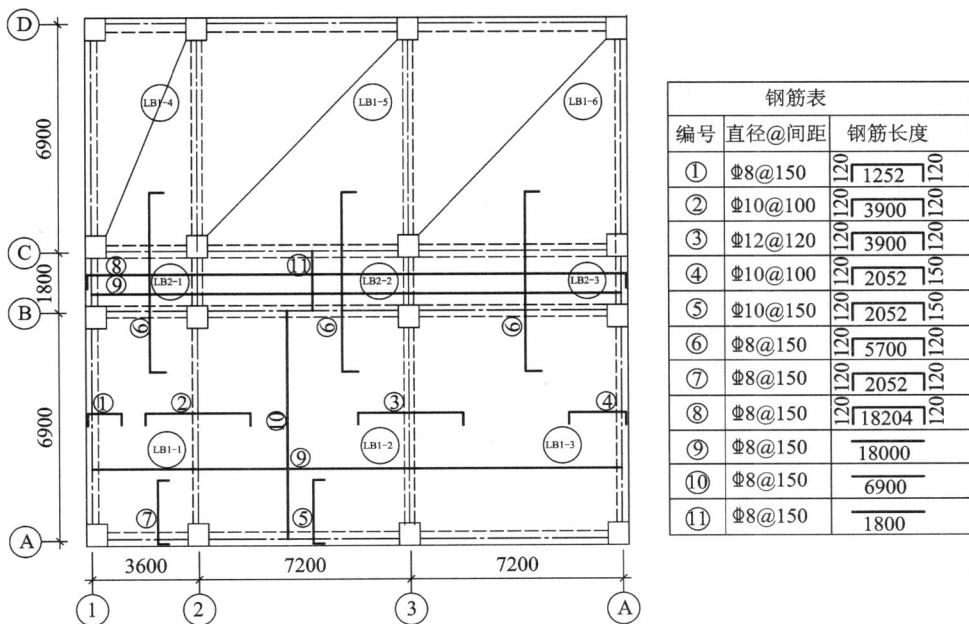

图 4-32　传统方法表示的板施工图

钢筋表		
编号	直径@间距	钢筋长度
①	Φ8@150	120⌐1252⌐120
②	Φ10@100	120⌐3900⌐120
③	Φ12@120	120⌐3900⌐120
④	Φ10@100	120⌐2052⌐150
⑤	Φ10@150	120⌐2052⌐150
⑥	Φ8@150	120⌐5700⌐120
⑦	Φ8@150	120⌐2052⌐120
⑧	Φ8@150	120⌐18204⌐120
⑨	Φ8@150	18000
⑩	Φ8@150	6900
⑪	Φ8@150	1800

表 4-4　板块划分详表

板块编号整理	位置说明	板块性质	板块编号整理	位置说明	板块性质
LB1-1	①～②轴/Ⓐ～Ⓑ轴板	双向板	LB1-6	③～④轴/Ⓒ～Ⓓ轴板	双向板
LB1-2	②～③轴/Ⓐ～Ⓑ轴板	双向板	LB2-1	①～②轴/Ⓑ～Ⓒ轴板	双向板
LB1-3	③～④轴/Ⓐ～Ⓑ轴板	双向板	LB2-2	②～③轴/Ⓑ～Ⓒ轴板	单向板
LB1-4	①～②轴/Ⓒ～Ⓓ轴板	双向板	LB2-3	③～④轴/Ⓑ～Ⓒ轴板	单向板
LB1-5	②～③轴/Ⓒ～Ⓓ轴板	双向板			

1. 板下部钢筋

(1) LB1-1、LB1-4 板底筋 X 方向单根钢筋长度(即⑨号钢筋在①～②轴线间的长度):

$$l_n + \max(5d_板, b/2) \times 2 = 3600 - 300 + 150 \times 2 = 3600 \text{ mm}$$

根数:　$\dfrac{6900 - 300 - 150}{150} + 1 = 44$ 根

(2) LB1-1，LB1-4 底筋 Y 方向单根钢筋长度(即⑩号钢筋长度):

$$l_n + \max(5d_板, b/2) \times 2 = 6900 - 300 + 150 \times 2 = 6900 \text{ mm}$$

根数:　$\dfrac{3600 - 300 - 150}{150} + 1 = 22$ 根

(3) LB1-2、LB1-3、LB1-5、LB1-6 板底筋 X 方向单根钢筋长度(即⑨号钢筋在②和③及③和④轴线间的长度):

$$l_n + \max(5d_{板}, b/2) \times 2 = 7200 - 300 + 150 \times 2 = 7200 \text{ mm}$$

根数： $\dfrac{6900 - 300 - 150}{150} + 1 = 44$ 根

(4) LB1-2，LB1-3，LB1-5，LB1-6 板底筋 Y 方向单根钢筋长度(即⑩号钢筋长度)：

$$l_n + \max(5d_{板}, b/2) \times 2 = 6900 - 300 + 150 \times 2 = 6900 \text{ mm}$$

根数： $\dfrac{7200 - 300 - 150}{150} + 1 = 46$ 根

(5) LB2-1 板底筋 X 方向单根钢筋长度(即⑨号钢筋在①～②轴线间的长度)：

$$l_n + \max(5d_{板}, b/2) \times 2 = 3600 - 300 + 150 \times 2 = 3600 \text{ mm}$$

根数： $\dfrac{1800 - 300 - 150}{150} + 1 = 10$ 根

(6) LB2-1 板底筋 Y 方向单根钢筋长度(即⑪号钢筋长度)：

$$l_n + \max(5d_{板}, b/2) \times 2 = 1800 - 300 + 150 \times 2 = 1800 \text{ mm}$$

根数： $\dfrac{3600 - 300 - 150}{150} + 1 = 22$ 根

(7) LB2-2、LB2-3 板底筋 X 方向单根钢筋长度(即⑨号钢筋在②和③及③和④轴线间的长度)：

$$l_n + \max(5d_{板}, b/2) \times 2 = 7200 - 300 + 150 \times 2 = 7200 \text{ mm}$$

根数： $\dfrac{1800 - 300 - 150}{150} + 1 = 10$ 根

(8) LB2-2、LB2-3 板底筋 Y 方向单根钢筋长度(即⑪号钢筋长度)：

$$l_n + \max(5d_{板}, b/2) \times 2 = 1800 - 300 + 150 \times 2 = 1800 \text{ mm}$$

根数： $\dfrac{7200 - 300 - 150}{150} + 1 = 46$ 根

2. 板上部钢筋

(1) LB2-1、LB2-2、LB2-3 板顶筋 X 方向单根钢筋长度(即⑧号钢筋长度)：

$$7200 \times 2 + 3600 + 300 - 20 \times 2 - d_{梁箍} \times 2 - d_{梁角} \times 2 + 2 \times 15 d_{板} = 18\,444 \text{ mm}$$

根数： $\dfrac{1800 - 300 - 150}{150} + 1 = 10$ 根

(2) ①号负筋：①轴/Ⓐ～Ⓑ轴，①轴/Ⓒ～Ⓓ轴。

支座负筋单根钢筋长度：

$$1000 + 300 - 20 - d_{梁箍} - d_{梁角} + 15d_{板} + 150 - 15 - 15 = 1492 \text{ mm}$$

(式中 $150 - 15 - 15$ 为负筋直弯长度，即板厚度减上下钢筋保护层)。

根数：$\dfrac{6900-300-150}{150}+1=44$ 根

支座负筋分布筋单根钢筋长度：

$$6900-(1800+150)\times2+2\times150=3300\ \text{mm}$$

(式中 150 为分布筋与板角部⑥及⑦号钢筋的搭接长度)。

根数：$\dfrac{1000-125}{250}+1=5$ 根

(3) ②号负筋：②轴/Ⓐ～Ⓑ轴，②轴/Ⓒ～Ⓓ轴。

支座负筋单根钢筋长度：

$$1800\times2+300+2\times(150-15-15)=4140\ \text{mm}$$

根数：$\dfrac{6900-300-100}{100}+1=66$ 根

支座负筋分布筋长度：$6900-(1800+150)\times2+2\times150=3300\ \text{mm}$

一侧根数：$\dfrac{1800-125}{250}+1=8$ 根

两侧根数：$2\times8=16$ 根

(4) ③号负筋：③轴/Ⓐ～Ⓑ轴，③轴/Ⓒ～Ⓓ轴。

支座负筋单根钢筋长度：

$$1800\times2+300+2\times(150-15-15)=4140\ \text{mm}$$

根数：$\dfrac{6900-300-120}{120}+1=55$ 根

支座负筋分布筋长度：$6900-(1800+150)\times2+2\times150=3300\ \text{mm}$

一侧根数：$\dfrac{1800-125}{250}+1=8$ 根

两侧根数：$2\times8=16$ 根

(5) ④号负筋：④轴/Ⓐ～Ⓑ轴，④轴/Ⓒ～Ⓓ轴。

支座负筋单根钢筋长度：

$$1800+300-20-d_{梁箍}-d_{梁角}+15d_{板}+150-15-15=2322\ \text{mm}$$

根数：$\dfrac{6900-300-100}{100}+1=66$ 根

支座负筋分布筋单根钢筋长度：

$$6900-(1800+150)\times2+2\times150=3300\ \text{mm}$$

根数：$\dfrac{1800-125}{250}+1=8$ 根

(6) ⑦号负筋：Ⓐ轴/①～②轴，Ⓓ轴/①～②轴。

支座负筋单根钢筋长度：

$$1800+300-20-d_{梁箍}-d_{梁角}+15d_{板}+150-15-15=2292\ \text{mm}$$

根数：$\dfrac{3600-300-150}{150}+1=22$ 根

支座负筋分布筋单根钢筋长度：

$$3600 - (1000 + 150) - (1800 + 150) + 2 \times 150 = 800 \text{ mm}$$

根数：$\dfrac{1800 - 125}{250} + 1 = 8$ 根

(7) ⑤号负筋：Ⓐ轴/②～③轴，Ⓐ轴/③～④轴，Ⓓ轴/②～③轴，Ⓓ轴/③～④轴。

支座负筋单根钢筋长度：

$$1800 + 300 - 20 - d_{梁箍} - d_{梁角} + 15d_{板} + 150 - 15 - 15 = 2322 \text{ mm}$$

根数：$\dfrac{7200 - 300 - 150}{150} + 1 = 46$ 根

支座负筋分布筋单根钢筋长度：

$$7200 - (1800 + 150) \times 2 + 2 \times 150 = 3600 \text{ mm}$$

根数：$\dfrac{1800 - 125}{250} + 1 = 8$ 根

(8) ⑥号负筋：Ⓑ轴/Ⓒ轴。

跨板支座负筋单根钢筋长度：

$$1800 + (1800 + 150) \times 2 + 2 \times (150 - 15 - 15) = 5940 \text{ mm}$$

根数：$\dfrac{3600 - 300 - 150}{150} + 1 + \left(\dfrac{7200 - 300 - 150}{150} + 1 \right) \times 2 = 114$ 根

支座负筋分布筋长度(①～②轴)：$3600 - (1000 + 150) - (1800 + 150) + 2 \times 150 = 800$ mm

支座负筋分布筋长度(②～③轴，③～④轴)：$7200 - (1800 + 150) \times 2 + 2 \times 150 = 3600$ mm

单板一侧根数：$\dfrac{1800 - 125}{250} + 1 = 8$ 根

本 章 小 结

本章主要介绍了有梁楼盖现浇板的平法识图及配筋构造要求，主要包括以下内容。

(1) 制图规则：采用平面注写的表达方式，包括板块集中标注和板支座原位标注。

(2) 现浇楼板(LB)配筋构造要点：一般为四边均有支承的连续板，通常板下部两向钢筋(一般属集中标注)在跨内贯通形成双向钢筋网片；上部钢筋(一般属原位标注)为支座负筋(俗称扣筋或爬筋)，与支座垂直布置，并按规定截断。这里应注意的是，除板角支座负筋交叉形成网片外，其他部位应设与支座负筋垂直的分布筋。在板内，钢筋都是成网片存在的。通常情况下，四边支承板，其钢筋骨架成"天井式"。

(3) 局部升降板(SJB)配筋构造要点：钢筋布置应避免"内折角"，即钢筋在阴角部位不可直接弯折。正确做法应为：在阴角处钢筋断开，并各自延伸锚固长度 l_a。

(4) 现浇板开洞(BD)钢筋构造要点：洞口直径或边长不应大于 1000 mm。当洞口直径或边长不大于 1000 mm，但大于 300 mm 时，钢筋遇洞口断开，补强钢筋与被切断钢筋强度相同、面积相等，并布置在同一层面，且每边根数不少于两根，洞口各侧补强钢筋距洞口边的起步尺寸为 50 mm。

在板中开洞时，当洞口直径或边长不大于 300 mm 时，钢筋遇洞口不断开，并以不大于 1/6 的坡度绕过。在支座边或支座交角处开洞时，当洞口直径或边长不大于 300 mm 时，能以不大于 1/6 的坡度绕过洞口的钢筋无需断开，不能以不大于 1/6 的坡度绕过洞口的钢筋宜绕入边支座。洞边补强钢筋由遇洞口被切断的板上、下部钢筋的弯钩分别固定；若洞口位置未设置上部钢筋，则洞边补强钢筋由遇洞口被切断的板下部钢筋的弯钩固定，弯钩水平段的长度不小于 $5d$。

(5) 悬排板阳角应布置放射钢筋，位置在板上部。

习　题

1. 有梁楼盖板块集中标注的内容有哪些？

2. "隔一布一"时，Φ10/12@150 表示什么意义？

3. 板支座上部非贯通筋什么情况下可仅在支座一侧线段下方标出伸出长度，另一侧不注？

4. 图 4-33 中，原位标注"⑥Φ10@150(3)和 1800"表示什么意义？

5. 板在端部支座的锚固构造有哪些？

6. 板上、下部的通长筋可分别在什么位置连接？

7. 板局部升降，钢筋在阴角部位转折时，应注意什么问题？

8. 什么情况下板中设有放射筋？

9. 圆形洞口与矩形洞口补强钢筋有何不同之处？

10. 图 4-33 为板平法施工图。梁、板混凝土的强度等级为 C30，所在环境类别为一类，板保护层厚度为 15 mm，梁保护层厚度为 20 mm，所有梁宽均为 300 mm，梁上部纵筋类别为 HRB400，直径 22 mm。未注明的板分布筋为 HPB300，直径为 10 mm，间距 250 mm。画出板的传统配筋图，并求①～⑥钢筋的长度及根数。

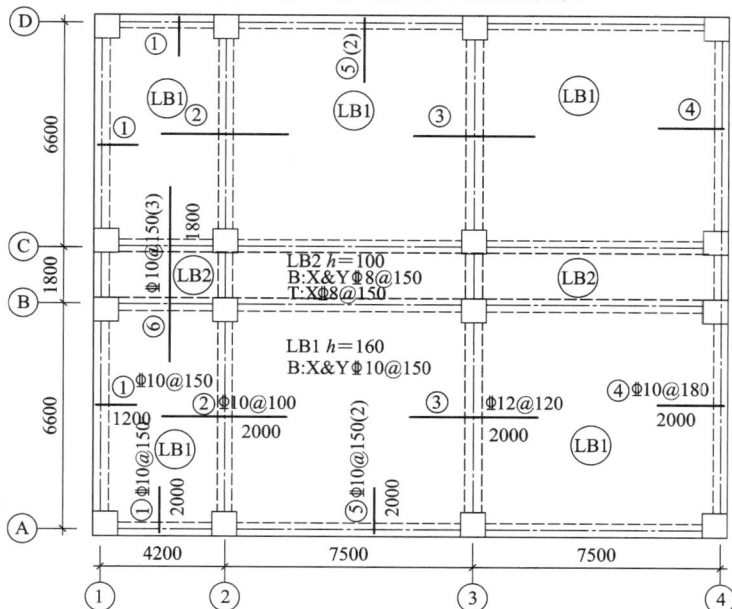

图 4-33　板平法施工图

项目 5 剪力墙平法识图与钢筋算量

【学习目标】

知识目标:
(1) 熟悉剪力墙的平法识图。
(2) 熟悉剪力墙钢筋构造的一般规则。
(3) 掌握剪力墙钢筋算量的基本知识。
(4) 掌握剪力墙钢筋算量的应用。

能力目标:
(1) 具备看懂剪力墙平法施工图的能力。
(2) 具备剪力墙钢筋算量的基本能力。

素质目标:
(1) 能够耐心细致地读懂剪力墙相关图集和图纸。
(2) 能够通过查找、询问和自主学习等方式解决问题。

任务 5.1 剪力墙平法识图

剪力墙平法施工图是在剪力墙平面布置图上，采用列表注写方式或截面注写方式，表达剪力墙的尺寸与配筋信息。

概述

5.1.1 列表注写方式

列表注写方式是分别在剪力墙柱表、剪力墙身表和剪力墙梁表中，对应于剪力墙平面布置图上的编号，用绘截面配筋图并注写几何尺寸与配筋具体数值的方式来表达剪力墙平法施工图(如图 5-7 所示)。

剪力墙不是一个单一的构件，而是**由剪力墙柱、剪力墙身和剪力墙梁**三类构件组成，如图 5-1 所示。

项目五扩展阅读

1. 剪力墙墙身列表注写方式

(1) 注写墙身编号。剪力墙墙身编号由墙身代号(Q)、序号以及墙身所配置的水平与竖向分布钢筋的排数组成，其中，排数注写在括号内，表达形式为：Q××(×排)。当墙身所设置的水平与竖向分布钢筋的排

墙身列表注写方式

数为 2 时可不注。现场施工两排钢筋剪力墙示意图如图 5-2 所示。

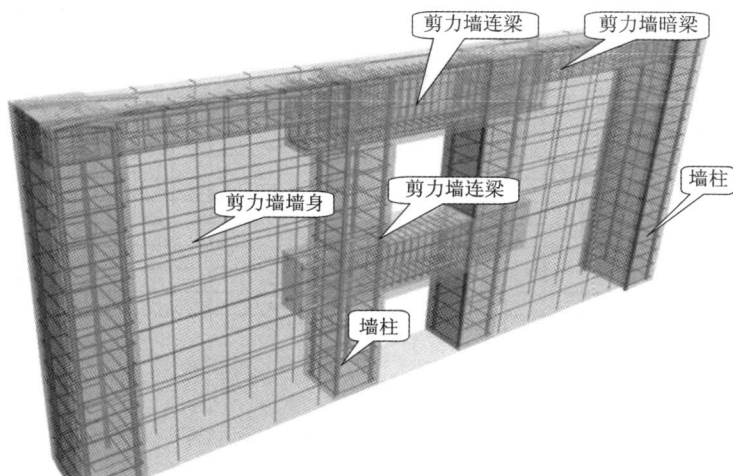

图 5-1 剪力墙(剪力墙墙身的拉筋从略)

图 5-2 两排钢筋剪力墙示意图

对于分布钢筋网的排数规定：当剪力墙厚度不大于 400 mm 时，应配置双排；当剪力墙厚度大于 400 mm，但不大于 700 mm 时，宜配置三排；当剪力墙厚度大于 700 mm 时，宜配置四排。当剪力墙配置的分布钢筋多于两排时，剪力墙拉结筋两端应同时钩住外排水平纵筋和竖向纵筋，还应与剪力墙内排水平纵筋和竖向纵筋绑扎在一起。

(2) 注写各段墙身起止标高：自墙身根部往上以变截面位置或截面未变，但配筋改变处为界分段注写。墙身根部标高一般指基础顶面标高(部分框支剪力墙结构则为框支梁的顶面标高)。

(3) 注写水平分布钢筋、竖向分布钢筋和拉结筋的具体数值。注写数值为一排水平分布钢筋和竖向分布钢筋的规格与间距，具体设置几排已经在墙身编号后面表述。当内外排竖向分布钢筋配筋不一致时，应单独注写内、外排钢筋的具体数值。

拉结筋应注明布置方式为"矩形"或"梅花"，如图 5-3 所示(图中(a)为竖向分布钢筋间距，(b)为水平分布钢筋间距)。

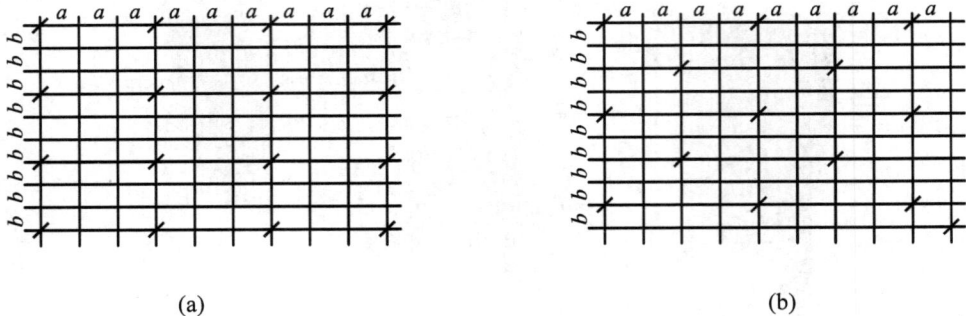

(a)   (b)

图 5-3 矩形拉筋与梅花拉筋示意图

(a) 拉结筋@3a3b 矩形(a≤200、b≤200)；

(b) 拉结筋@4a4b 梅花(a≤150、b≤150)

2. 剪力墙墙柱列表注写方式

墙柱编号由墙柱类型代号和序号组成，见表 5-1。

墙柱列表注写方式

表 5-1 墙 柱 编 号

墙 柱 类 型	代　号	序　号
约束边缘构件	YBZ	××
构造边缘构件	GBZ	××
非边缘暗柱	AZ	××
扶壁柱	FBZ	××

约束边缘构件包括约束边缘暗柱(如图 5-4(a)所示)、约束边缘端柱(如图 5-4(b)所示)、约束边缘翼墙(如图 5-4(c)所示)、约束边缘转角墙(如图 5-4(d)所示)。约束性墙柱布置在底部加强部位及其以上一层墙肢，底部加强部位由设计标注。

《高层建筑混凝土结构技术规程》(JGJ3-2010)指出，抗震设计时，剪力墙底部加强部位应符合以下规定：

(1) 底部加强部位的高度，应从地下室顶板算起。

(2) 底部加强部位的高度，可取底部两层和墙体总高度的 1/10 两者中的较大值，部分框支剪力墙宜取至转换层以上两层，且不宜小于房屋高度的 1/10。

(3) 当结构计算嵌固端位于地下一层底板或以下时，则底部加强部位宜延伸到计算嵌固端。

另外，《高层建筑混凝土结构技术规程》(JGJ3-2010)还规定，剪力墙两端和洞口两侧应设置边缘构件：

(1) 一、二、三级剪力墙底层墙肢底截面的轴压比大于表 5-2 的规定值时，以及部分框支剪力墙结构的剪力墙，应在底部加强部位及相邻的上一层设置约束边缘构件。

表 5-2 剪力墙可不设约束边缘构件的最大轴压比

等级或烈度	一级(9 度)	一级(6、7、8 度)	二、三级
轴压比	0.1	0.2	0.3

注：轴压比，指剪力墙考虑地震组合的轴压力设计值，与墙全截面面积和混凝土轴心抗压强度设计值乘积的比值。

(2) 除(1)所列范围外，剪力墙应设置构造边缘构件。

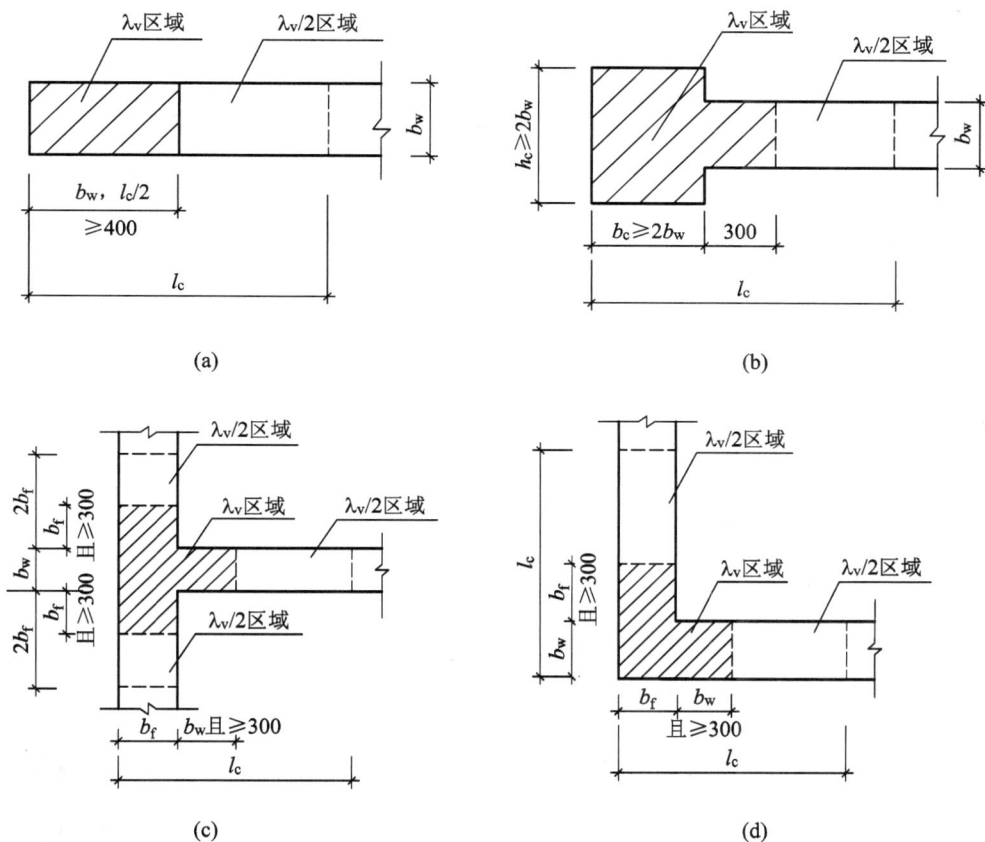

图 5-4 约束边缘构件

(a) 约束边缘暗柱；(b) 约束边缘端柱；(c) 约束边缘翼墙；(d) 约束边缘转角墙

构造边缘构件包括构造边缘暗柱(如图 5-5(a)所示)、构造边缘端柱(如图 5-5(b)所示)、构造边缘翼墙(如图 5-5(c)所示)、构造边缘转角墙(如图 5-4(d)所示)。

在剪力墙柱表中表达的内容，规定如下：

(1) 注写墙柱编号。墙柱编号由墙柱类型代号和序号组成 (见表 5-1)，绘制该墙柱的截面配筋图，标注墙柱几何尺寸。

① 约束边缘构件(如图 5-4 所示)和构造边缘构件(如图 5-5 所示)需注明阴影部分尺寸。

② 约束边缘构件应注明沿墙肢长度 l_c。

③ 扶壁柱及非边缘暗柱需标注几何尺寸。

(2) 注写各段墙柱的起止标高，自墙柱根部往上以变截面位置或截面未变，但配筋改变处为界分段注写。墙柱根部标高一般指基础顶面标高(部分框支剪力墙结构则为框支梁顶面标高)。

(3) 注写各段墙柱的纵向钢筋和箍筋，注写值应与在表中绘制的截面配筋图相对应。纵向钢筋注总配筋值，墙柱箍筋的注写方式与柱箍筋相同。约束边缘构件除注写阴影部位的箍筋外，尚需在剪力墙平面布置图中注写非阴影区内布置的拉筋(或箍筋)，与阴影区箍筋直径相同时，也可不注。

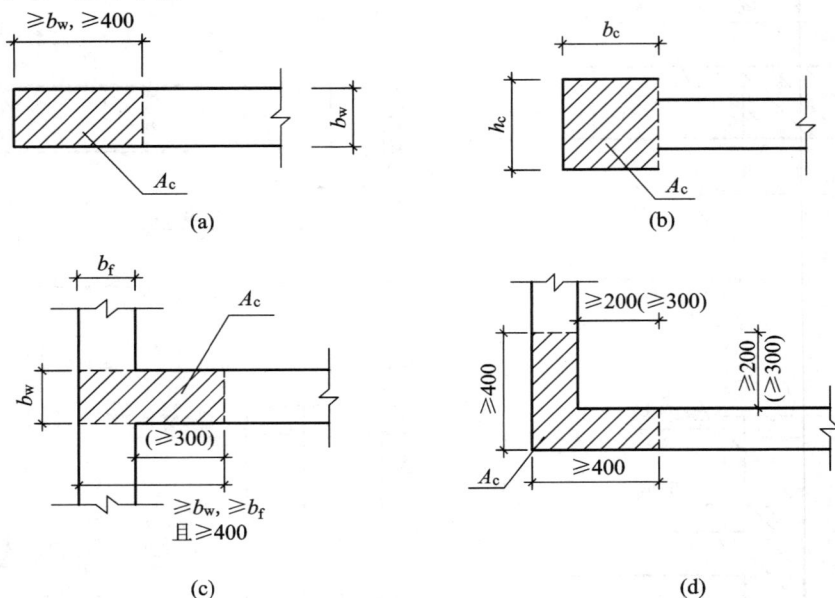

(a)   (b)

(c)   (d)

图 5-5 构造边缘构件(高层建筑尚需满足括号内数值)

(a) 构造边缘暗柱；(b) 构造边缘端柱；(c) 构造边缘翼墙；(d) 构造边缘转角墙

3. 剪力墙墙梁列表注写方式

墙梁编号由墙梁类型代号和序号组成，见表 5-3。

在剪力墙梁表中表达的内容，规定如下：

(1) 注写墙梁编号。墙梁编号由墙梁类型代号和序号组成，表达形式应符合表 5-3 的规定。

墙梁列表注写方式

表 5-3 墙 梁 编 号

墙梁类型	代号	序号
连梁	LL	××
连梁(跨高比不小于 5)	LLk	××
连梁(对角暗撑配筋)	LL(JC)	××
连梁(对角斜筋配筋)	LL(JX)	××
连梁(集中对角斜筋配筋)	LL(DX)	××
暗梁	AL	××
边框梁	BKL	××

(2) 注写墙梁所在楼层号。

(3) 注写墙梁顶面标高高差，该高差是指相对于墙梁所在结构层楼面标高的高差值。高于者为正值，低于者为负值，当无高差时不注。

(4) 注写墙梁截面尺寸 $b \times h$，上部纵筋，下部纵筋和箍筋的具体数值。

(5) 当连梁设有对角暗撑时[代号为 LL(JC)××],注写暗撑的截面尺寸(箍筋外皮尺寸)；注写一根暗撑的全部纵筋，并标注"×2"表明有两根暗撑相互交叉；注写暗撑箍筋的具体数值。

(6) 当连梁设有交叉斜筋时[代号为 LL(JX)××]，注写连梁一侧对角斜筋的配筋值，并标注"×2"表明对称设置；注写对角斜筋在连梁端部设置的拉筋根数、规格及直径，并标注"×4"表示四个角都设置；注写连梁一侧折线筋配筋值，并标注"×2"表明对称设置。

(7) 当连梁设有集中对角斜筋时 [代号为 LL(DX)××]，注写一条对角线上的对角斜筋，并标注"×2"表明对称设置。

(8) 跨高比不小于 5 的连梁，按框架梁设计时(代号为 LLK××)，采用平面注写方式，注写规则同框架梁，可采用适当比例单独绘制，也可与剪力墙平法施工图合并绘制。

(9) 当设置双连梁、多连梁时，应分别表达在剪力墙平法施工图上。

4. 剪力墙列表注写方式识图

剪力墙列表注写方式识图方法，就是把剪力墙平面图与墙身表、墙柱表、墙梁表对照阅读，如图 5-6 所示。剪力墙列表注写方式实例如图 5-7 所示。

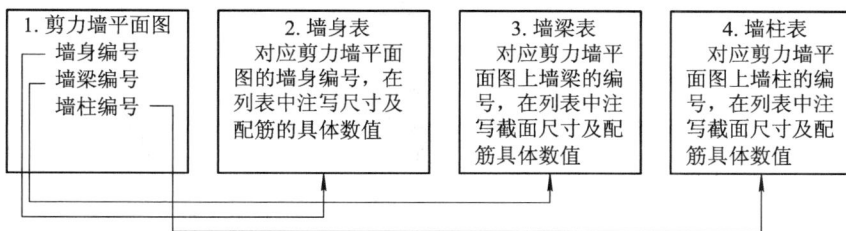

图 5-6　剪力墙列表注写方式识图方法

5.1.2　截面注写方式

截面注写方式是在分标准层绘制的剪力墙平面布置图上，以直接在墙柱、墙身、墙梁上注写截面尺寸和配筋具体数值的方式来表达剪力墙平法施工图，如图 5-8 所示。

截面注写方式

选用适当比例原位放大绘制剪力墙平面布置图，其中对墙柱绘制配筋截面图；对所有墙柱、墙身、墙梁分别按规定进行编号，并分别在相同编号的墙柱、墙身、墙梁中选择一根墙柱、一道墙身、一根墙梁进行注写，其注写方式规定如下：

(1) 从相同编号的墙柱中选择一个截面，原位绘制墙柱截面配筋图，注明几何尺寸，并在各配筋图上继其编号后标注全部纵筋及箍筋的具体数值。对于约束边缘构件，除需注明阴影部分具体尺寸外，尚需注明其沿墙肢长度 l_c，同时在配筋图中需注明其非阴影区内布置的拉筋或箍筋直径，与阴影区箍筋直径相同时，可不注。

剪力墙梁表

编号	所在楼层号	梁顶相对标高高差	梁截面 b×h	上部纵筋	下部纵筋	侧面纵筋	墙梁箍筋
LL1	2~9	0.800	300×2000	4Φ25	4Φ25	同墙体水平分布筋	Φ10@100(2)
	10~16	0.800	250×2000	4Φ22	4Φ22		Φ10@100(2)
	屋面1		250×1200	4Φ20	4Φ20		Φ10@100(2)
LL2	3	−1.200	300×2520	4Φ25	4Φ25	22Φ12	Φ10@150(2)
	4	−0.900	300×2070	4Φ25	4Φ25	18Φ12	Φ10@150(2)
	5~9	−0.900	300×1770	4Φ25	4Φ25	16Φ12	Φ10@150(2)
	10~屋面1	−0.900	250×1770	3Φ22	3Φ22	16Φ12	Φ10@150(2)
LL3	2		300×2070	4Φ25	4Φ25	18Φ12	Φ10@100(2)
	3		300×1770	4Φ25	4Φ25	16Φ12	Φ10@100(2)
	4~9		300×1170	4Φ25	4Φ25	10Φ12	Φ10@100(2)
	10~屋面1		250×1170	3Φ22	3Φ22	10Φ12	Φ10@100(2)
LL4	2		250×2070	3Φ20	3Φ20	18Φ12	Φ10@125(2)
	3		250×1770	3Φ20	3Φ20	16Φ12	Φ10@125(2)
	4~屋面1		250×1170	3Φ20	3Φ20	10Φ12	Φ10@125(2)
AL1	2~9		300×600	3Φ20	3Φ20	同墙体水平分布筋	Φ8@150(2)
	10~16		250×500	3Φ18	3Φ18		Φ8@150(2)
BKL1	屋面1		500×750	4Φ22	4Φ22	4Φ16	Φ10@150(2)

注: 当剪力墙墙厚度发生变化时, 连梁LL宽度随墙厚变化。

剪力墙身表

编号	标高	墙厚	水平分布筋	垂直分布筋	拉筋(矩形)
Q1	−0.030~30.270	300	Φ12@200	Φ12@200	Φ6@600@600
	30.270~59.070	250	Φ10@200	Φ10@200	Φ6@600@600
Q2	−0.030~30.270	250	Φ10@200	Φ10@200	Φ6@600@600
	30.270~59.070	200	Φ10@200	Φ10@200	Φ6@600@600

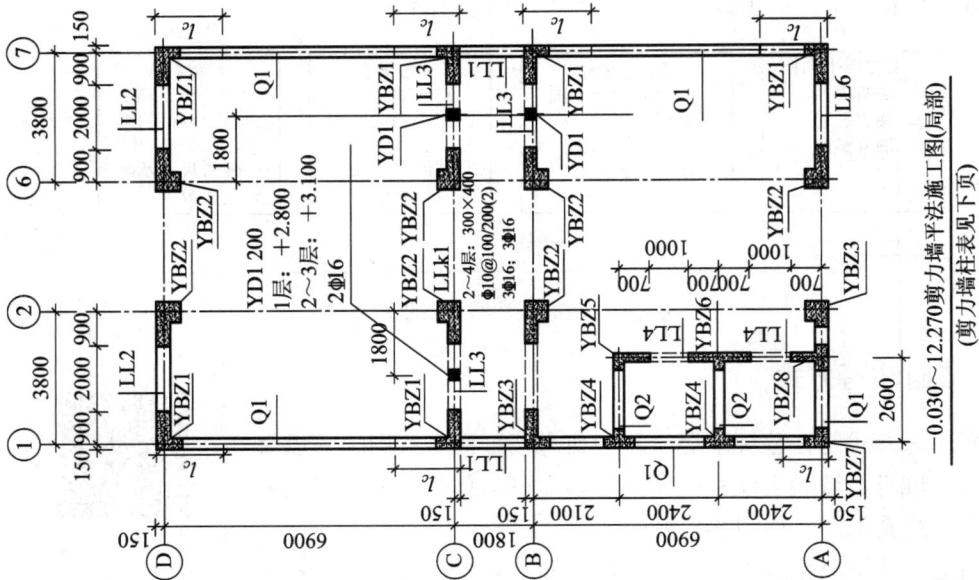

屋面2	65.670	—
塔层2	62.370	3.30
屋面1(塔层1)	59.070	3.30
16	55.470	3.60
15	51.870	3.60
14	48.270	3.60
13	44.670	3.60
12	41.070	3.60
11	37.470	3.60
10	33.870	3.60
9	30.270	3.60
8	26.670	3.60
7	23.070	3.60
6	19.470	3.60
5	15.870	3.60
4	12.270	3.60
3	8.670	3.60
2	4.470	4.20
1	−0.030	4.50
−1	−4.530	4.50
−2	−9.030	4.50
层号	标高(m)	层高(m)

结构层楼面标高
结构层高

注: 上部结构嵌固部位: −0.030 m。

−0.030~12.270剪力墙平法施工图(局部)
(剪力墙柱表见下页)

(a)

剪力墙柱表

截面	编号	标高	纵筋	箍筋
(1050, 300)	YBZ1	−0.030~12.270	24Φ20	Φ10@100
(1200, 600, 300)	YBZ2	−0.030~12.270	22Φ20	Φ10@100
(900, 600, 300)	YBZ3	−0.030~12.270	18Φ22	Φ10@100
(300 250 300, 300 300)	YBZ4	−0.030~12.270	20Φ20	Φ10@100
(550, 250)	YBZ5	−0.030~12.270	20Φ20	Φ10@100
(1400, 250 300)	YBZ6	−0.030~12.270	23Φ20	Φ10@100
(600, 300)	YBZ7	−0.030~12.270	16Φ20	Φ10@100

层号	标高(m)	层高(m)
屋面2	65.670	
塔层2	62.370	3.30
屋面1(塔层1)	59.070	3.30
16	55.470	3.60
15	51.870	3.60
14	48.270	3.60
13	44.670	3.60
12	41.070	3.60
11	37.470	3.60
10	33.870	3.60
9	30.270	3.60
8	26.670	3.60
7	23.070	3.60
6	19.470	3.60
5	15.870	3.60
4	12.270	3.60
3	8.670	3.60
2	4.470	4.20
1	−0.030	4.50
−1	−4.530	4.50
−2	−9.030	4.50

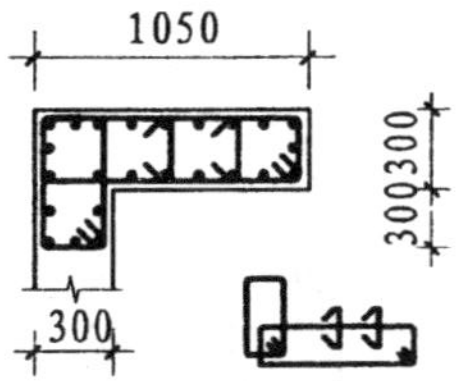

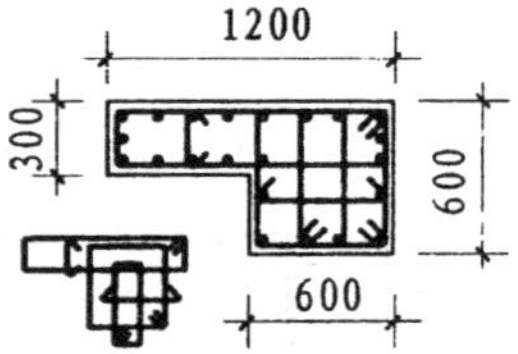

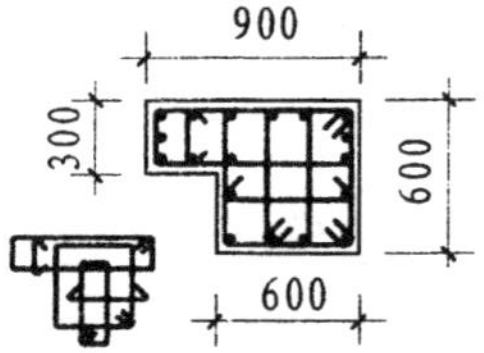

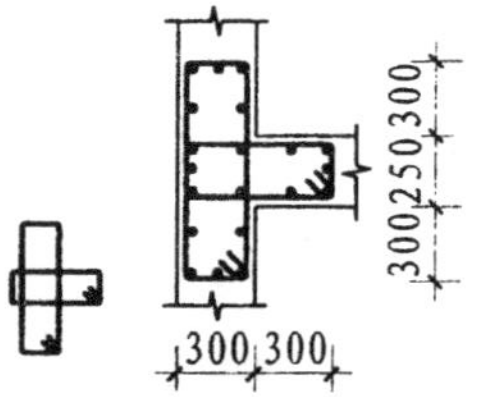

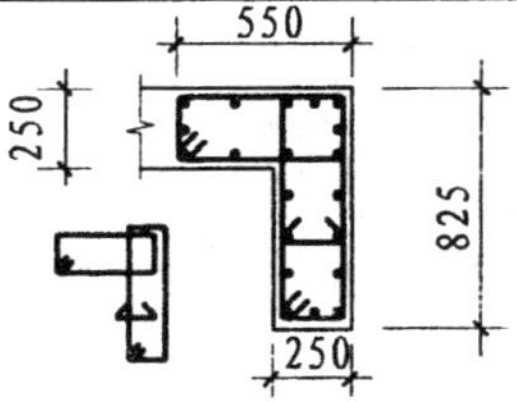

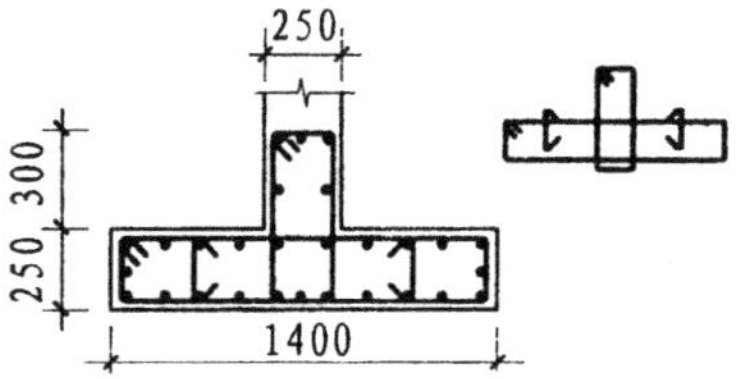

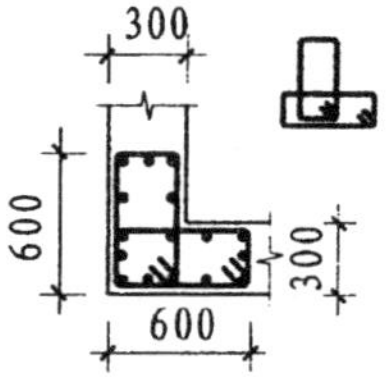

结构层楼面标高
结构层高

上部结构嵌固部位:
−0.030

−0.030~12.270剪力墙平法施工图(部分剪力墙柱表)

(b)

图 5-7 剪力墙平法施工图及剪力墙平法施工图

(a) 剪力墙平法施工图注写平法表注写平法施工图、剪力墙身表; (b) 部分剪力墙柱表

· 111 ·

图 5-8 剪力墙截面注写平法施工图

12.270~30.270 剪力墙平法施工图

LL1
300×2000Φ10@100(2)
4Φ25; 4Φ25(0.800)

Q1
墙厚：300
水平：Φ12@200
竖向：Φ12@200
拉筋：Φ6@600@600(梅花)

Q2
墙厚：250
水平：Φ10@200
竖向：Φ10@200
拉筋：Φ6@600@600(梅花)
N10Φ12

GBZ1、GBZ2、GBZ3、GBZ4、GBZ5、GBZ6、GBZ7、GBZ8

GBZ1 24Φ18 Φ10@150
GBZ1 24Φ18 Φ10@150
GBZ2 22Φ20 Φ10@100/150
GBZ3 12Φ22 Φ10@100/150
GBZ4 8Φ22 Φ10@150
GBZ5 20Φ18 Φ10@150
GBZ6 26Φ18 Φ10@150
GBZ7 16Φ20 Φ10@150
GBZ8 17Φ20 Φ10@150

LL2
LL3 5~9层：300×1170
4Φ25; 4Φ25
N16Φ12

YD1
YD1 200 4~8层：+3.100 2Φ16

LLk1 5~9层：300×400 Φ10@100/200(2) 3Φ16; 3Φ16

LL4 5~9层：250×1170 4Φ20; 4Φ20(2) N10Φ12

LL6 5~9层：300×2070 6Φ22 4/2; 6Φ22(2)(0.800) N18Φ12

LL3 5~9层：300×1770 4Φ25; 4Φ25 N16Φ12(-0.900)

结构层楼面标高 结构层高		
屋面2 塔层2	65.670	3.30
屋面1(塔层1)	62.370	3.30
16	59.070	3.60
15	55.470	3.60
14	51.870	3.60
13	48.270	3.60
12	44.670	3.60
11	41.070	3.60
10	37.470	3.60
9	33.870	3.60
8	30.270	3.60
7	26.670	3.60
6	23.070	3.60
5	19.470	3.60
4	15.870	3.60
3	12.270	3.60
2	8.670	4.20
1	4.470	4.50
-1	-0.030	4.50
-2	-4.530	4.50
	-9.030	4.50
层号	标高(m)	层高(m)

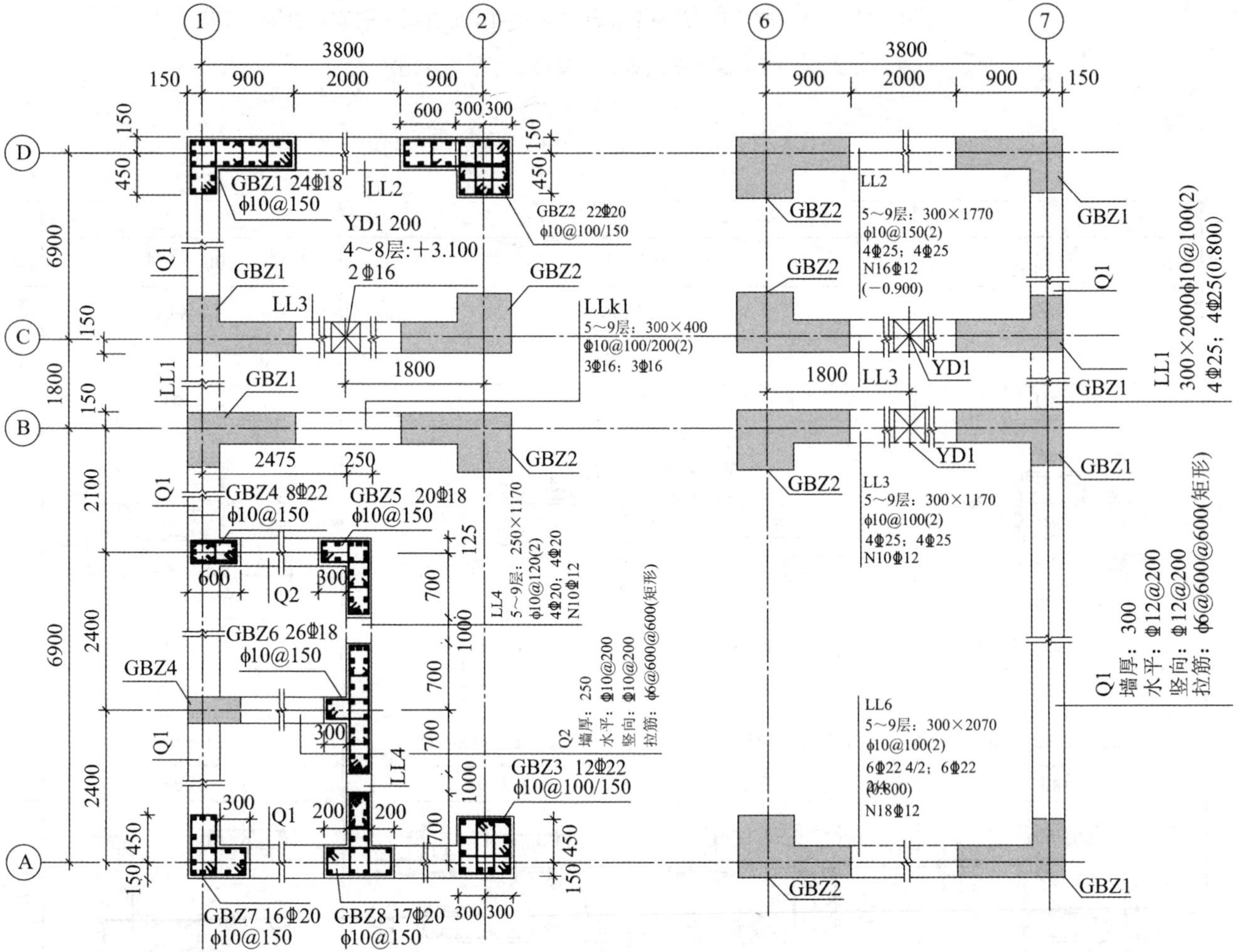

底部加强部位

注：上部结构嵌固部位：-0.030 m。

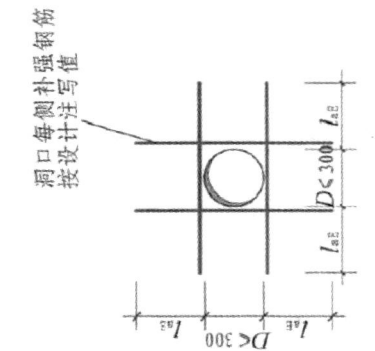

剪力墙圆形洞口直径
不大于300时补强钢筋构造

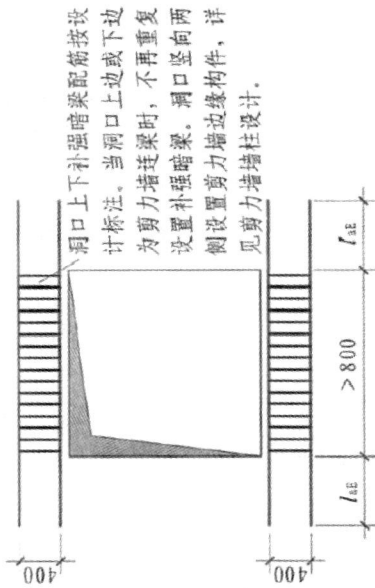

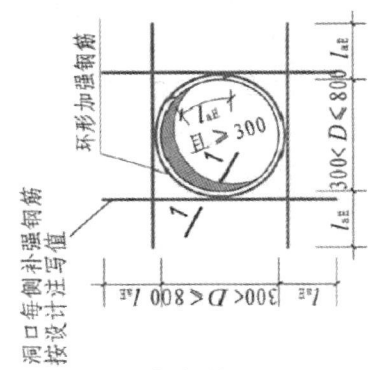

洞口每侧补强钢筋
按设计注写值

$D \leq 300$

剪力墙圆形洞口直径大于300
但不大于800时补强钢筋构造

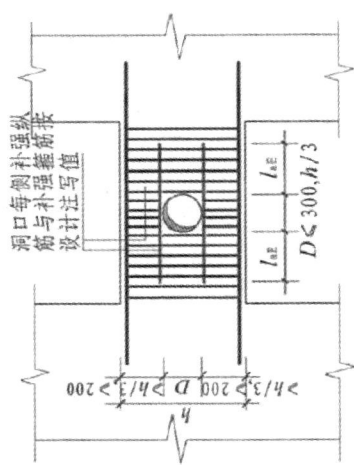

环形加强钢筋

洞口每侧补强钢筋
按设计注写值

$300 < D \leq 800$

剪力墙洞口补强构造

墙体分布钢筋

1-1

环形加强钢筋

矩形洞宽和洞高均大于800时洞口补强暗梁构造

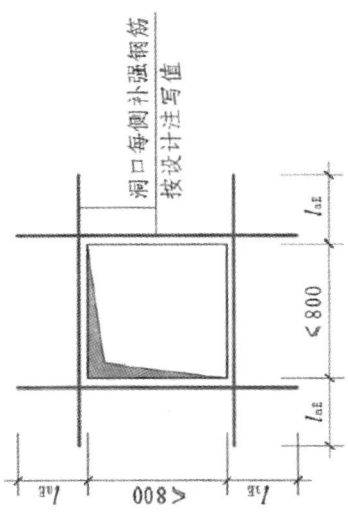

洞口上下补强暗梁配筋按设
计标注。当洞口上边或下边
为剪力墙连梁时，不再重复
设置补强暗梁。洞口竖向墙
侧设置剪力墙边缘构件，详
见剪力墙剪力墙边缘构件设计。

> 800

剪力墙圆形洞洞直径
大于800时补强钢筋构造

墙体分布钢筋
延伸至洞口边弯折

环形加强钢筋

洞口上下补强暗梁配筋按设
计标注。当洞口上边或下边
为剪力墙连梁时，不再重复
设置补强暗梁。洞口竖向
侧设置剪力墙边缘构件，详
见剪力墙剪力墙边缘构件设计。

> 800

矩形洞宽和洞高均不大于800时洞口补强钢筋构造

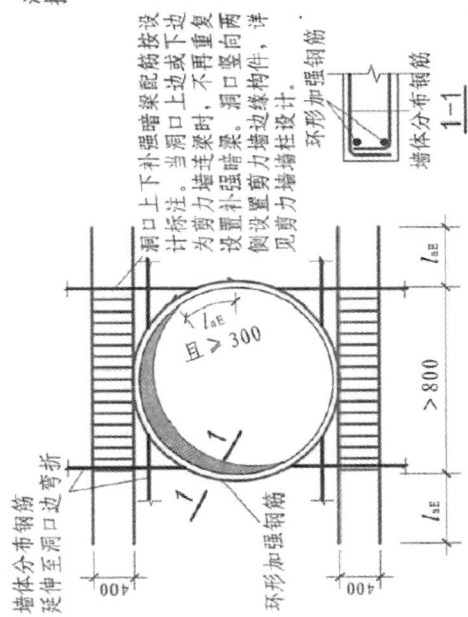

洞口每侧补强钢筋
按设计注写值

≤ 800

连梁中部圆形洞口补强钢筋构造
（圆形洞口预埋套管）

洞口每侧补强纵
筋与补强箍筋按
设计注写值

$D \leq 300, h/3$

图 5-9　剪力墙洞口补强构造

(2) 从相同编号的墙身中选择一道墙身，按顺序引注的内容为：墙身编号(应包括注写在括号内墙身所配置的水平与竖向分布钢筋的排数)、墙厚尺寸，水平分布钢筋、竖向分布钢筋和拉筋的具体数值。

(3) 从相同编号的墙梁中选择一根墙梁，按顺序引注的内容为：注写墙梁编号、墙梁截面尺寸 $b \times h$、墙梁箍筋、上部纵筋、下部纵筋和墙梁顶面标高高差的具体数值。当连梁设有对角暗撑、交叉斜筋或集中对角斜筋时，应按规定注写。

当墙身水平分布钢筋不能满足连梁的侧面纵向构造钢筋的要求时，应补充注明梁侧面纵筋的具体数值；注写时，以大写字母"N"打头，接续注写梁侧面纵筋的总根数与直径，其在支座内的锚固要求同连梁中受力钢筋。

【例 5.1】 N6Φ10，表示连梁两个侧面共配置 6 根直径为 10 mm 的纵向构造钢筋，采用 HRB400 钢筋，每侧各配置 3 根。

5.1.3 剪力墙洞口的表示方法

无论采用列表注写方式还是截面注写方式，剪力墙上的洞口均可在剪力墙平面布置图上原位表达。

剪力墙洞口
表示方法

(1) 在剪力墙平面布置图上绘制洞口示意，并标注洞口中心的平面定位尺寸。

(2) 在洞口中心位置引注：① 洞口编号，② 洞口几何尺寸，③ 洞口所在层及洞口中心相对标高，④ 洞口**每边**补强钢筋，共四项内容。具体规定如下。

① 洞口编号：矩形洞口为 JDxx (xx 为序号)，圆形洞口为 YDxx (xx 为序号)。

② 洞口几何尺寸：矩形洞口为洞宽×洞高($b \times h$)，圆形洞口为洞口直径 D。

③ 洞口所在层及洞口中心相对标高，相对标高系相对于本结构层楼(地)面标高的洞口中心高度，应为正值。

④ 洞口每边补强钢筋，分以下几种不同情况(洞口补强标准构造如图 5-9 所示)。

Ⅰ.当矩形洞口的洞宽、洞高均不大于 800 mm 时，此项注写为洞口每边补强钢筋的具体数值。当洞宽、洞高方向补强钢筋不一致时，分别注写洞宽方向和洞高方向补强钢筋，以"/"分隔。

【例 5.2】 JD2 400×300 2～5 层：+1.000 3Φ14，表示 2～5 层设置 2 号矩形洞口，洞宽 400 mm、洞高 300 mm，洞口中心距结构层楼面 1000 mm，洞口每边补强钢筋为 3Φ14。

【例 5.3】 JD4 800×300 6 层：+2.500 3Φ18/3Φ14，表示 2 层设置 4 号矩形洞口，洞宽 800 mm、洞高 300 mm，洞口中心距 6 层楼面 2500 mm，沿洞宽方向每边补强钢筋为 3Φ18，沿洞高方向每边补强钢筋为 3Φ14。

Ⅱ.当矩形或圆形洞口的洞宽或直径大于 800 mm 时，在洞口的上、下需设置补强暗梁，此项注写为洞口上、下每边暗梁的纵筋与箍筋的具体数值(在标准构造详图中，**补强暗梁梁高一律定为 400 mm**，施工时按标准构造详图取值，设计时不注。当设计者采用与该构造详图不同的做法时，应另行注明)，圆形洞口时尚需注明环向加强钢筋的具体数值；**当洞口上、下边为剪力墙连梁时，此项免注**；洞口竖向两侧设置边缘构件时，亦不在此项表达(当洞口两侧不设置边缘构件时，设计者应给出具体做法)。

【例 5.4】　JD5　1000×900　3 层：+1.40　6 Φ 20　Φ8@150(2)，表示 3 层设置 5 号矩形洞口，洞宽 1000 mm、洞高 900 mm，洞口中心距 3 层楼面 1400 mm；洞口上下设补强暗梁；暗梁纵筋为 6 Φ 20，上、下排对称布置；箍筋为 Φ8@150，双肢箍。

【例 5.5】　YD5　1000　2～6 层：+1.800　6 Φ 20　Φ8@150(2)　2 Φ 16，表示 2～6 层设置 5 号圆形洞口，直径 1000mm，洞口中心距结构层楼面 1800mm；洞口上下设补强暗梁；暗梁纵筋为 6 Φ 20，上、下排对称布置；箍筋为 Φ8@150，双肢箍；环向加强钢筋 2 Φ 16。

Ⅲ. 当圆形洞口设置在连梁中部 1/3 范围(且圆洞直径不应大于 1/3 梁高)时，需注写在圆洞上下水平设置的每边补强纵筋与箍筋。

Ⅳ. 当圆形洞口设置在墙身或暗梁、边框梁位置，且洞口直径不大于 300 mm 时，此项注写为洞口上下左右每边布置的补强纵筋的具体数值。

Ⅴ. 当圆形洞口直径大于 300 mm，但不大于 800 mm 时，此项注写为洞口上下左右每边布置的补强纵筋的具体数值，以及纵向加强钢筋的具体数值(参照图 5-9)。

【例 5.6】　YD5　600　5 层：+1.800　2 Φ 20　2 Φ 16，表示 5 层设置 5 号圆形洞口，直径 600 mm，洞口中心距 5 层楼面 1800 mm，洞口上下左右每边补强钢筋为 2 Φ 20，环向加强钢筋 2 Φ 16。

地下室外墙表示方法

5.1.4　地下室外墙的表示方法

本节地下室外墙的表示方法，仅适用于起挡土作用的地下室外围护墙。地下室外墙中墙柱、连梁及洞口等的表示方法同地上剪力墙。

地下室外墙编号由墙身代号、序号组成，表达为：DWQxx。

地下室外墙平法注写方式，包括集中标注墙体编号、厚度、贯通钢筋、拉结筋等和原位标注附加非贯通钢筋等两部分内容。当仅设置贯通筋，未设置附加非贯通筋时，则仅做集中标注。

1. 地下室外墙的集中标注

地下室外墙的集中标注规定如下：

(1) 注写地下室外墙编号，包括代号、序号、墙身长度(注为 xx～xx 轴)。

(2) 注写地下室外墙厚度 b_w=xxx。

(3) 注写地下室外墙的外侧、内侧贯通钢筋和拉结筋。

① 以 OS 代表外墙外侧贯通钢筋。其中，外侧水平贯通钢筋以 H 打头注写，外侧竖向贯通钢筋以 V 打头注写。

② 以 IS 代表外墙内侧贯通钢筋。其中，内侧水平贯通钢筋以 H 打头注写，内侧竖向贯通钢筋以 V 打头注写。

③ 以 tb 打头注写拉结筋直径、钢筋种类及间距，并注明"矩形"或"梅花"。

【例 5.7】　DWQ2(①～⑥)，b_w=300

　　　　　　OS：H Φ 18@200，V Φ 20@200

　　　　　　IS：H Φ 16@200，V Φ 18@200

　　　　　　tb　Φ 6@400@400 矩形

表示 2 号外墙，长度范围为①～⑥轴之间，墙厚为 300 mm；外侧水平贯通钢筋为

$\oplus$ 18@200，竖向贯通钢筋为 $\oplus$ 20@200；内侧水平贯通钢筋为 $\oplus$ 16@200，竖向贯通钢筋为 $\oplus$ 18@200；拉结筋为 $\oplus$ 6 矩形布置，水平间距为 400 mm，竖向间距为 400 mm。

2. 地下室外墙的原位标注

地下室外墙的原位标注主要表示在外墙外侧配置的水平非贯通钢筋或竖向非贯通钢筋。

当配置水平非贯通钢筋时，在地下室墙体平面图上原位标注。在地下室外墙外侧绘制粗实线段代表水平非贯通钢筋，在其上注写钢筋编号并以 H 打头注写钢筋种类、直径、分布间距，以及自支座中线向两边跨内的伸出长度值。当自支座中线向两侧对称伸出时，可仅在单侧标注跨内伸出长度，另一侧不注，此种情况下非贯通钢筋总长度为标注长度的 2 倍。边支座处非贯通钢筋的伸出长度值从支座外边缘算起。

地下室外墙外侧非贯通钢筋通常采用"隔一布一"方式与集中标注的贯通钢筋间隔布置，其标注间距应与贯通钢筋相同，两者组合后的实际分布间距为各自标注间距的 1/2。

任务 5.2 剪力墙钢筋标准构造及计算原理

5.2.1 剪力墙受力特点简述

剪力墙结构(考虑抗震时又称抗震墙)，就是整个建筑物都采用剪力墙结构，包括墙身、墙柱(暗柱和端柱)、墙梁(连梁、暗梁、边框梁)。剪力墙主要承受水平地震力，同时还要受到楼层传来的竖向力作用。水平截面上一般有弯矩、剪力、轴力三种内力，剪力墙竖向钢筋由弯矩和轴力确定，水平钢筋则由剪力确定。在弯矩和轴力共同作用下，剪力墙水平截面正应力分布如图 5-10 所示。

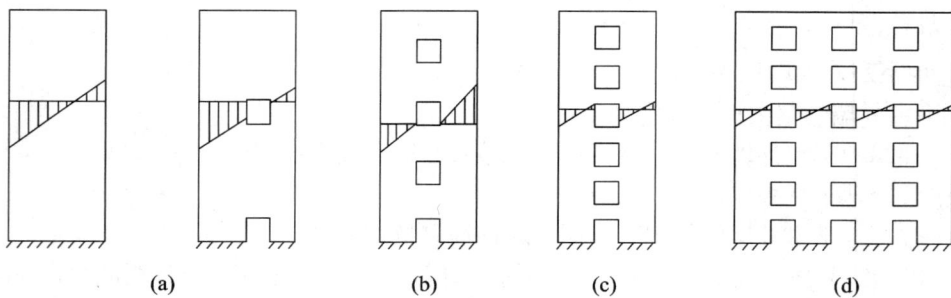

图 5-10 抗震墙计算类型图

(a) 整体墙；(b) 小开口整体墙；(c) 双肢墙；(d) 多肢墙

从图 5-10 可以看出，剪力墙墙肢两侧或洞口两侧受力较大。所以在实际工程中，常在**墙肢两侧或洞口两侧**设置边缘构件，纵筋集中配置并设箍筋。边缘构件能显著地提高墙体延性，同时还能防止剪力墙发生水平剪切滑移，提高抗剪能力。

5.2.2 剪力墙构件钢筋构造知识体系

22G101-1 中的**剪力墙结构**包含"一墙、二柱、三梁"，即一种墙身、两种墙柱(暗柱和端柱)、三种墙梁(连梁、暗梁、边框梁)。计算剪力墙钢筋时，需要考虑如图 5-11 所示的几个方面。

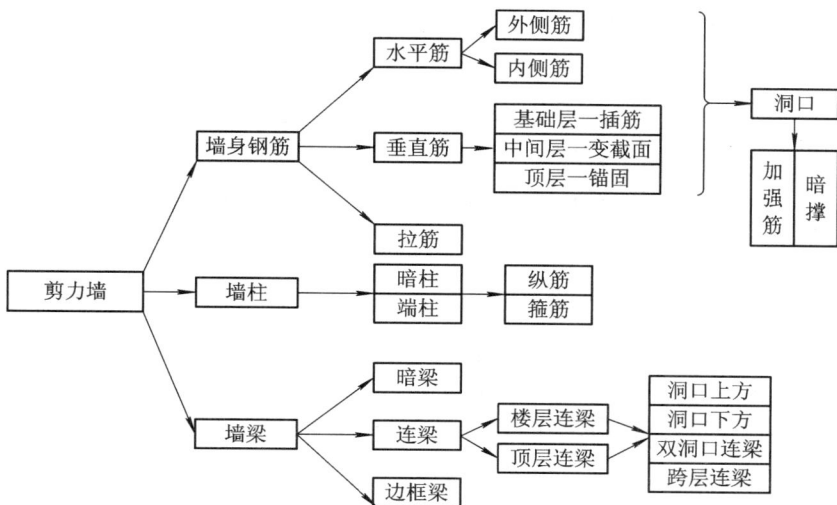

图 5-11　剪力墙钢筋分解示意图

5.2.3　墙身钢筋构造

剪力墙墙身构件的钢筋种类见表 5-4。

表 5-4　剪力墙身钢筋种类

钢筋构造情况	墙身水平钢筋构造
	墙插筋在基础中的构造
	墙身竖向钢筋构造
	墙身拉筋构造
	剪力墙洞口补强构造

1. 墙身水平钢筋构造

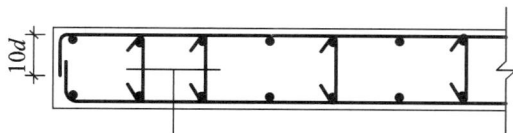

1) 端部无边缘构件

端部无边缘构件墙身水平筋构造如图 5-12 所示。实际工程中，**剪力墙墙肢的端部一般都设置边缘构件**(暗柱或端柱)，墙肢端部无边缘构件的情况较少。

墙身水平钢筋构造

每道水平分布钢筋均设双列拉筋

图 5-12　端部无边缘构件墙身水平筋构造

2) 端部有边缘构件

(1) 端部有暗柱。**暗柱不是墙身的支座而是墙边缘竖向加强带,墙身水平筋与暗柱不存在锚固和搭接。墙身水平筋需紧贴暗柱角筋内侧弯折 10d**,如图 5-13 所示。

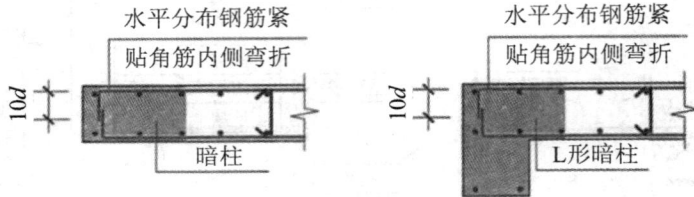

图 5-13 端部有暗柱剪力墙

(2) 端部有暗柱转角墙。墙身水平筋在转角墙处有三种构造。前两种构造是外侧水平筋在转角墙处连续通过转弯,而第三种构造是外侧水平筋在转角处搭接。内侧水平钢筋应避免内折角,都是伸至端头墙竖筋内侧弯钩 15d,**水平钢筋沿高度每隔一根错开搭接,连接区域宜在暗柱范围外**,如图 5-14 所示。拉筋应与剪力墙每排的竖向筋和水平筋绑扎。剪力墙钢筋配置若多于两排,中间排水平筋端部构造同内侧钢筋。

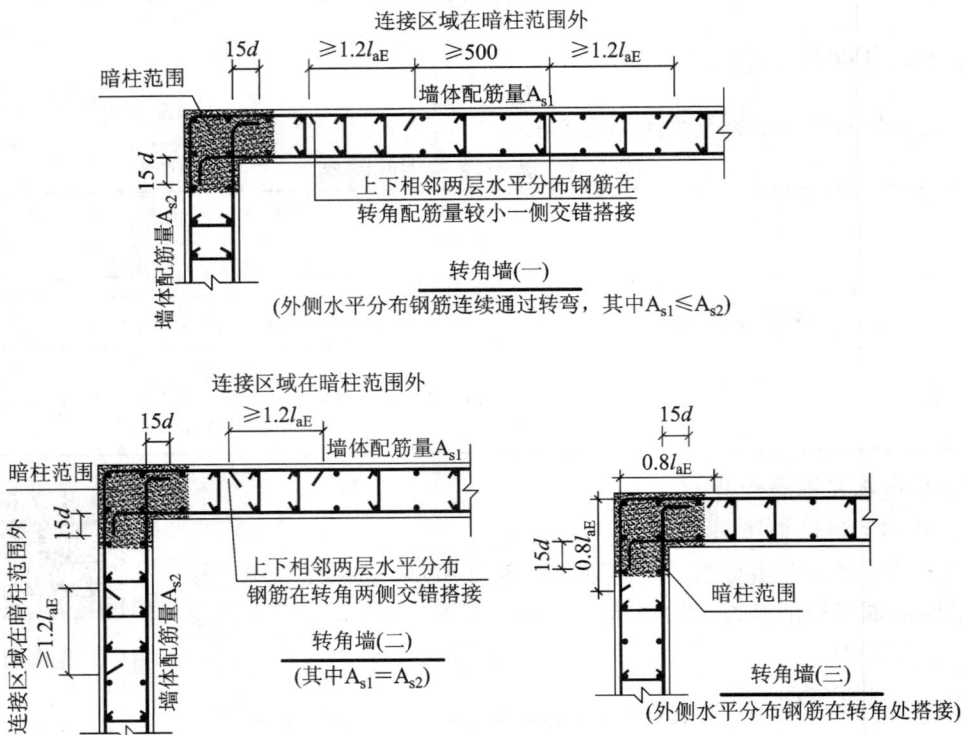

图 5-14 端部有暗柱转角墙

(3) 端部有暗柱翼墙。翼墙暗柱处,沿翼墙方向水平筋连续贯通,垂直翼墙方向水平筋伸至翼墙竖筋内侧弯钩 15d(避免内折角),如图 5-15 所示。

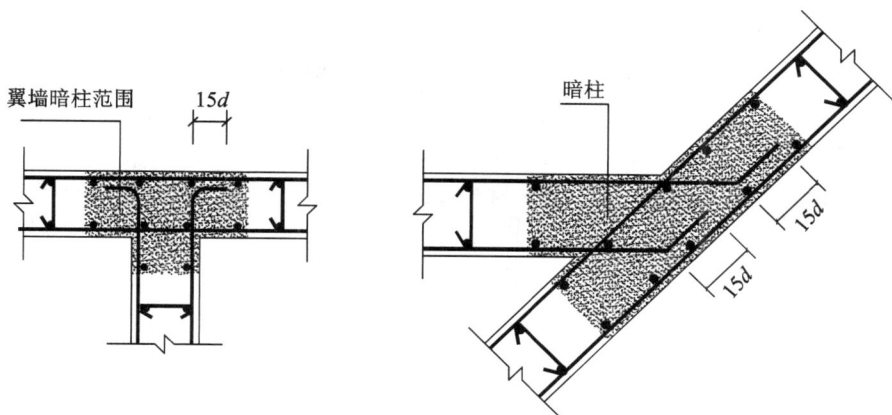

图 5-15 端部有暗柱翼墙

(4) 端部有端柱转角墙。**端柱可视为墙身的支座**，墙身水平筋伸入端柱内满足直锚时，直锚 l_{aE}，同时必须伸至端柱对边竖向钢筋内侧位置。当直锚不满足时，墙身水平筋伸至端柱对边竖向钢筋内侧弯折 $15d$，水平筋伸入端柱不小于 $0.6l_{abE}$，而与端柱外侧平齐的墙体外侧水平分布钢筋应伸至端柱对边紧贴角筋弯折 $15d$，如图 5-16 所示。

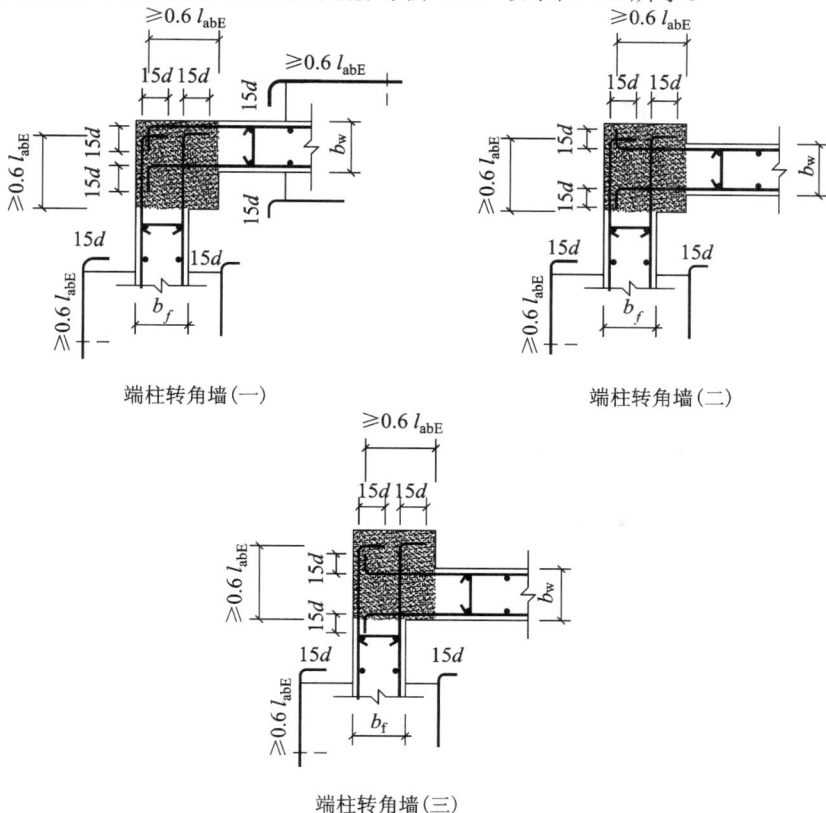

端柱转角墙(一)

端柱转角墙(二)

端柱转角墙(三)

图 5-16 端部有端柱转角墙

(5) 端部有端柱翼墙。端柱翼墙处，与端柱外侧齐平的墙体外侧水平分布钢筋应伸至端柱对边紧贴角筋弯折 $15d$，其余沿翼墙方向水平筋连续贯通，垂直翼墙方向水平筋伸至

翼墙竖筋内侧弯钩 $15d$，如图 5-17 所示。

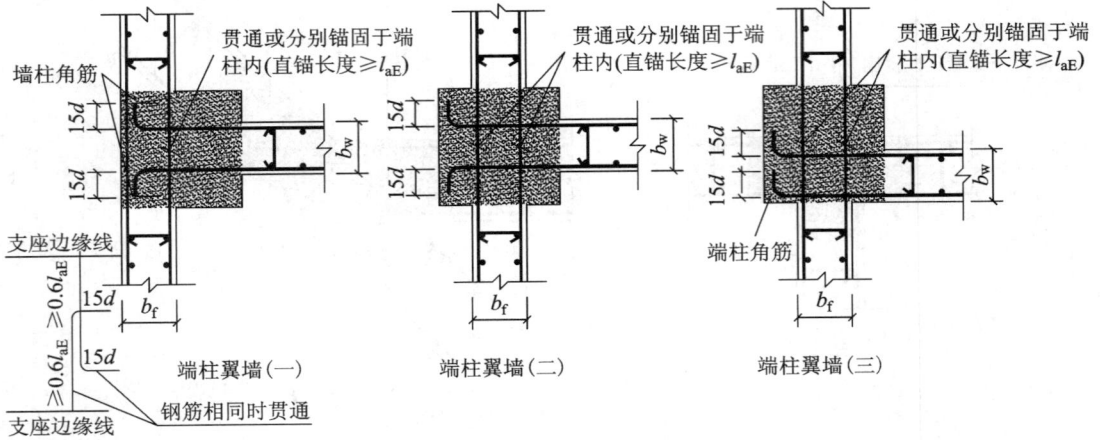

图 5-17　端部有端柱翼墙

(6) 端部有端柱端部墙。墙身水平筋伸入端柱内满足直锚时，直锚 l_{aE}；当直锚不满足时，墙身水平筋伸至端柱对边竖向钢筋内侧弯折 $15d$。而墙体与端柱外侧平齐时，其外侧水平分布钢筋应伸至端柱对边紧贴角筋弯折 $15d$，如图 5-18 所示。

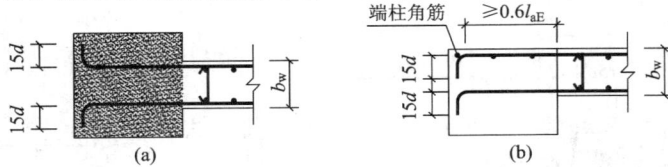

图 5-18　端部有端柱端部墙

3) 水平变截面墙处水平钢筋构造

当水平方向墙身截面发生变化时(通常是墙外侧平齐，内侧不平齐)，平齐一侧水平钢筋连续通过，较窄墙内侧钢筋伸入较宽墙内锚固，锚固长度为 $1.2l_{aE}$，较宽墙内侧钢筋伸至尽端弯折至少 $15d$，当墙身变截面处坡度不大于 $1/6$ 时，墙内侧钢筋弯折连续通过。如图5-19 所示，与梁、柱变截面处钢筋构造做法相同。

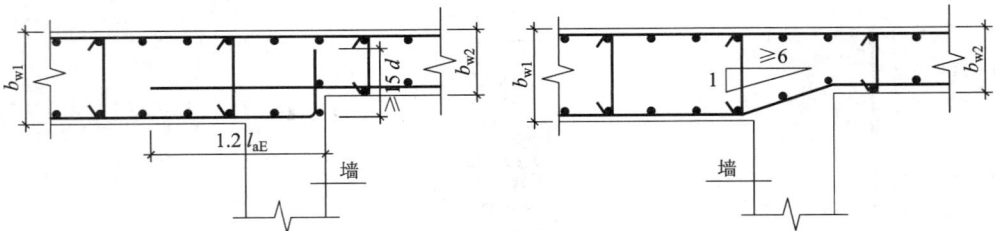

图 5-19　水平变截面墙水平钢筋构造

4) 水平分布筋的连接

剪力墙水平分布筋的搭接区域宜在边缘构件范围以外，上下相邻两排水平筋交错搭接，错开距离不小于 500 mm，搭接长度不小于 $1.2l_{aE}$，如图 5-20 所示。

5) 水平分布筋遇洞口的构造

在洞口处被截断的剪力墙水平分布筋和竖向分布筋，在洞口处打拐扣过加强筋，伸至对边，如图 5-21 所示。

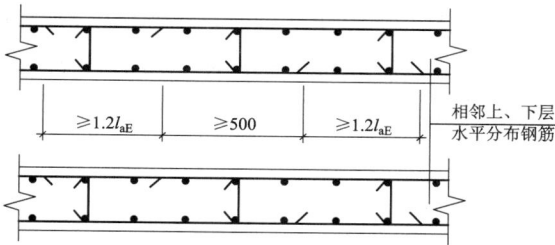

图 5-20　剪力墙水平筋交错搭接

墙身竖向钢筋构造

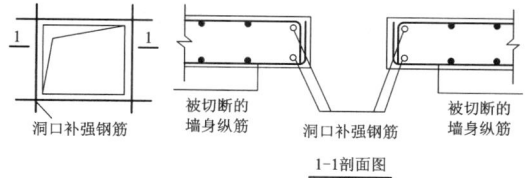

图 5-21　墙身钢筋的截断

墙基础插筋构造

2. 墙身竖向钢筋构造

实际工程中，为施工方便，常将水平分布筋放在竖向分布筋外侧，但当墙体受到与墙面垂直的较大水平荷载时，如地下室外墙受土压力作用，应将竖向钢筋放在水平分布筋外侧。

1) 墙插筋在基础中的构造

(1) 墙插筋保护层厚度大于 $5d$ 时构造。墙插筋应"隔二下一"或全部伸至基础底部，支在基础底部钢筋网片上，并在基础高度范围内设置间距不大于 500 mm，且不少于两道水平分布钢筋与拉筋，如图 5-22 所示。

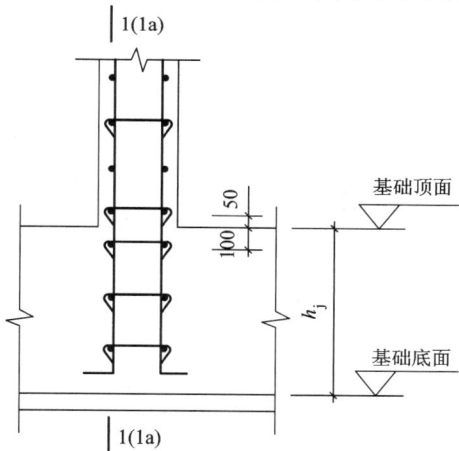

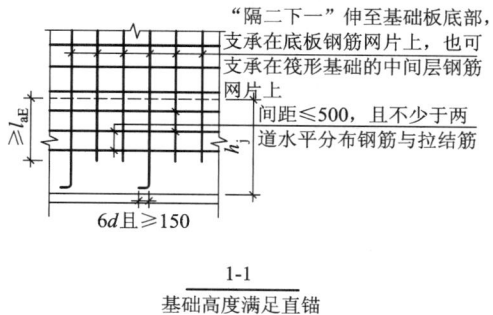

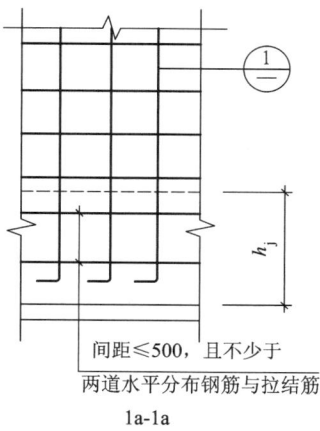

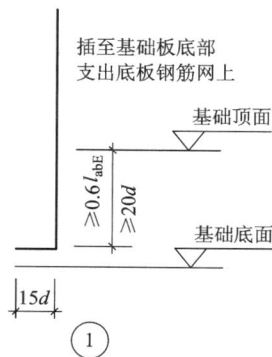

图 5-22　墙插筋在基础中锚固构造(插筋保护层厚度 > $5d$)

(2) 墙外侧插筋保护层厚度不大于 5d 时构造。当墙位于基础边部时，插筋的保护层厚度不大于 5d 的部位应设置横向附加水平钢筋，即锚固区横向钢筋，锚固区横向钢筋应满足直径≥d/4(d 为纵筋最大直径)，间距≤10d(d 为纵筋最小直径)且≤100 的要求，如图 5-23 所示。

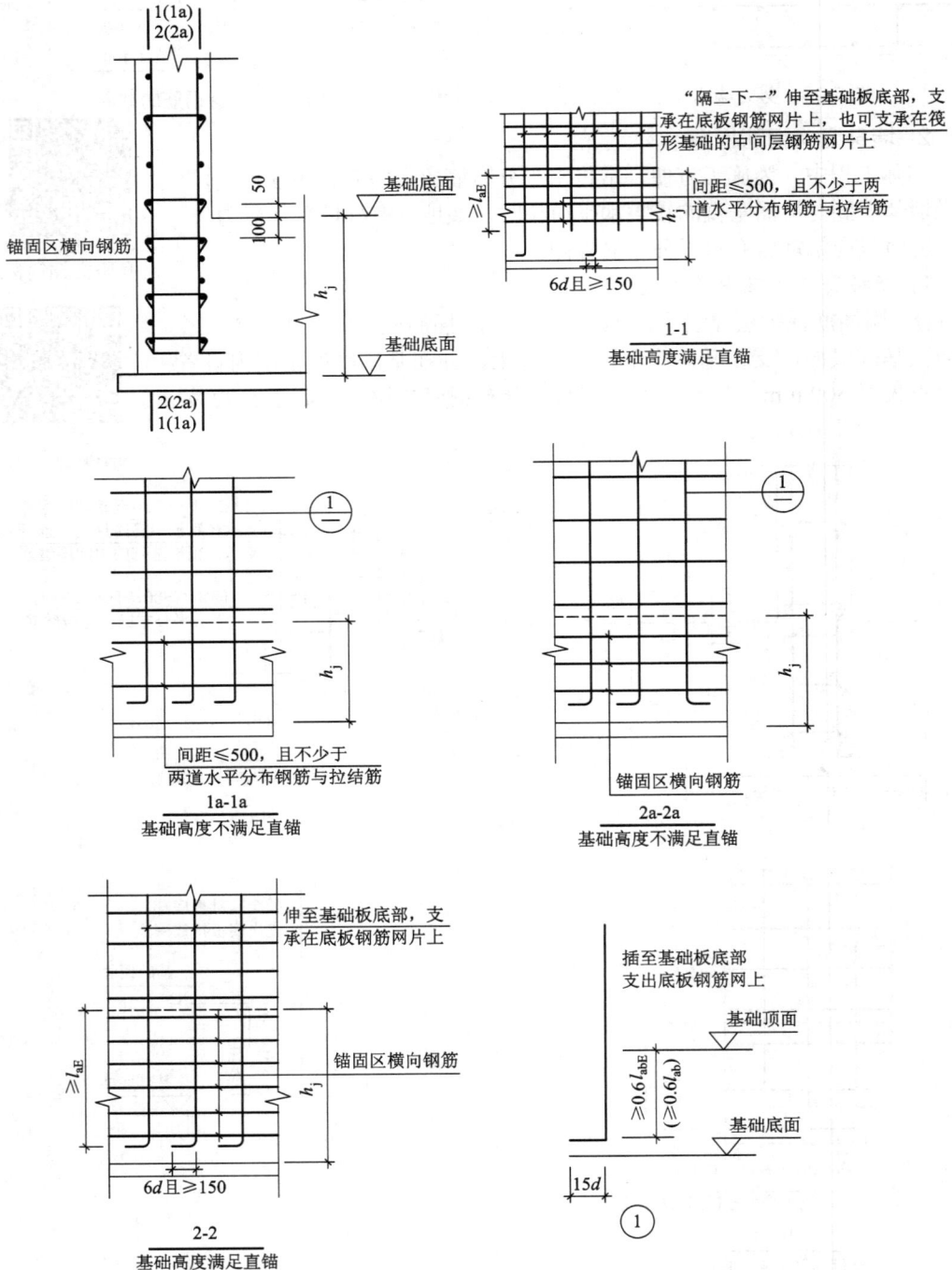

图 5-23 墙插筋在基础中锚固构造(插筋保护层厚度不大于 5d)

(3) 墙外侧纵筋与底板纵筋搭接时构造。墙外侧纵筋与底板纵筋搭接时构造如图 5-24 所示。墙外侧纵筋插至基础板底部且支在底板钢筋网上，并向内弯折不小于 $15d$。底板钢筋伸至基础板尽端向上弯折至基础顶面。

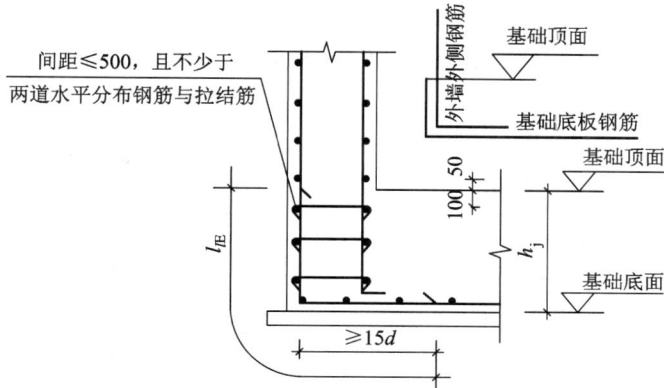

图 5-24 墙插筋在基础中锚固构造(墙外侧纵筋与底板纵筋搭接)

2) 墙身竖向分布钢筋连接构造

墙身竖向钢筋的连接如图 5-25 所示，在绑扎搭接长度、非连接区规定、相邻纵筋连接的交错距离、接头百分率等方面与框架柱纵向钢筋的连接有所不同。关于墙身钢筋连接问

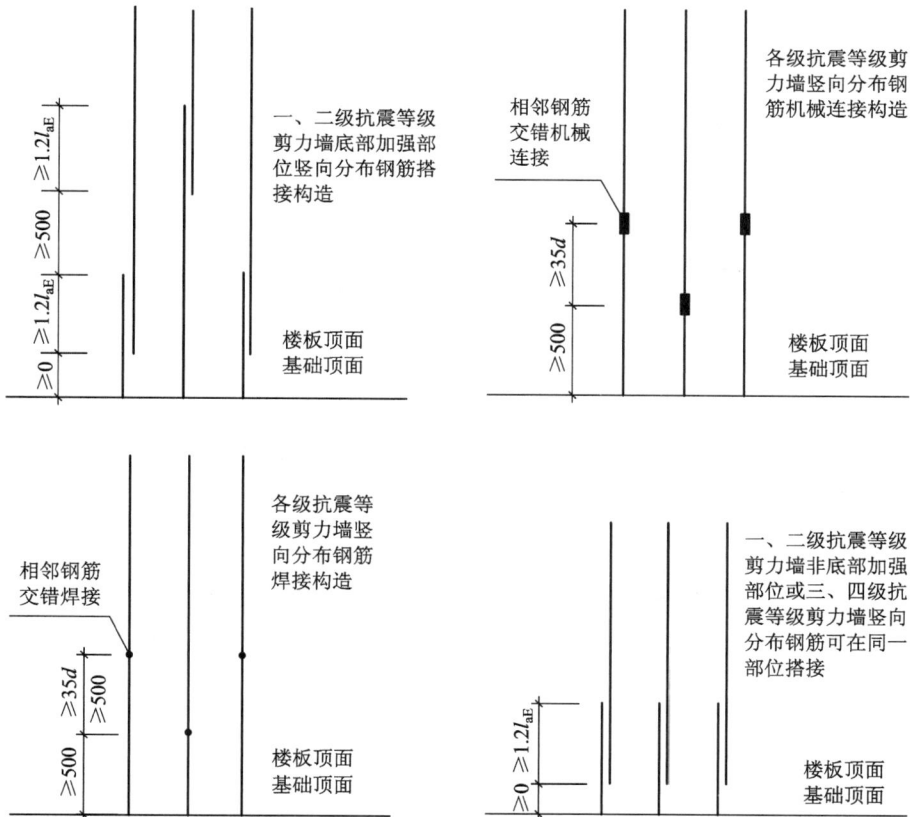

图 5-25 墙身竖向分布钢筋连接构造

题，图集对绑扎、焊接和机械连接的适用条件并没有明确的规定。但在实际工程中，不少施工组织设计都提出：钢筋直径在 14 mm 以上时，采用机械连接或对焊连接，直径在 14 mm 以下时，使用绑扎搭接连接。

3) 墙身变截面处竖向分布钢筋构造

墙身变截面处竖向分布钢筋构造如图 5-26 所示，与框架柱变截面处的纵筋构造相似。

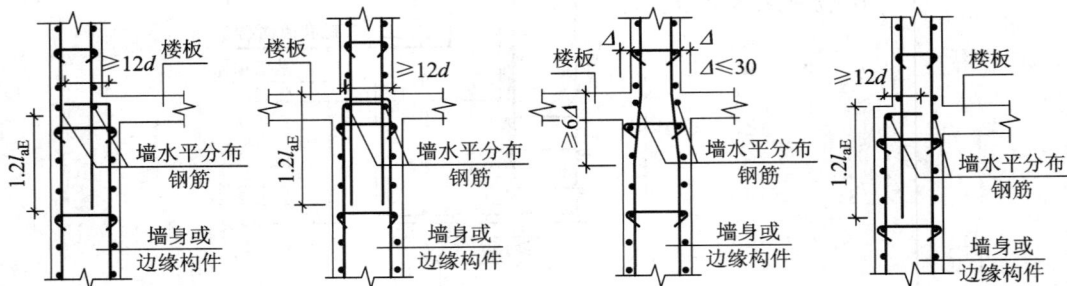

图 5-26　墙身变截面处竖向分布钢筋构造

4) 剪力墙竖向钢筋顶部构造

墙身竖向钢筋顶部构造如图 5-27 所示，与框架柱中柱柱顶纵筋构造相似。

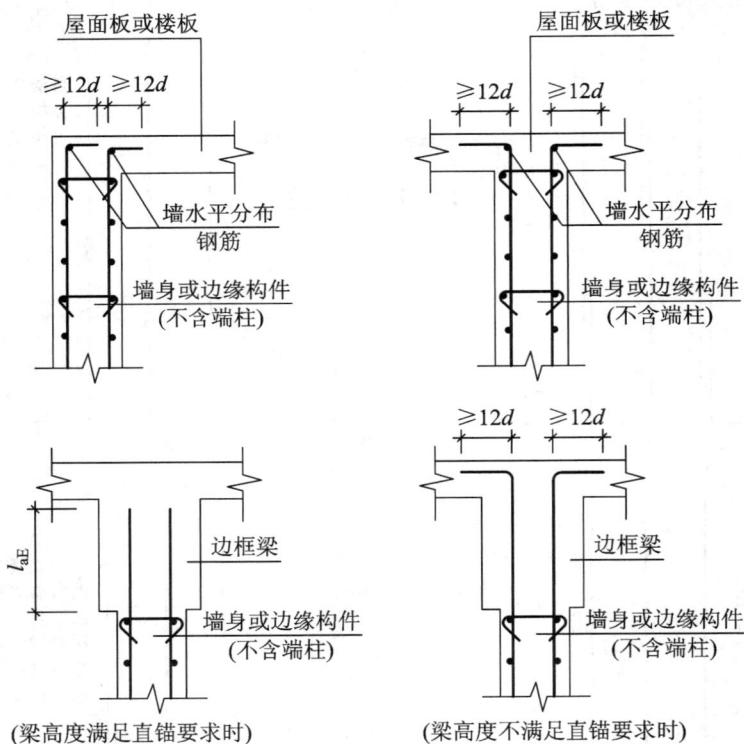

图 5-27　墙身竖向钢筋顶部构造

5) 竖向分布筋遇洞口的构造

竖向分布筋遇洞口的构造与水平分布筋遇洞口的构造相同。

在计算钢筋根数时，遵从以下规定：**墙竖筋第一根距暗柱 1/2 竖筋间距，墙水平筋距基础和楼面 50 mm**。

3. 墙身拉筋构造

墙身拉筋有梅花形和矩形两种形式，如图 5-28 所示。

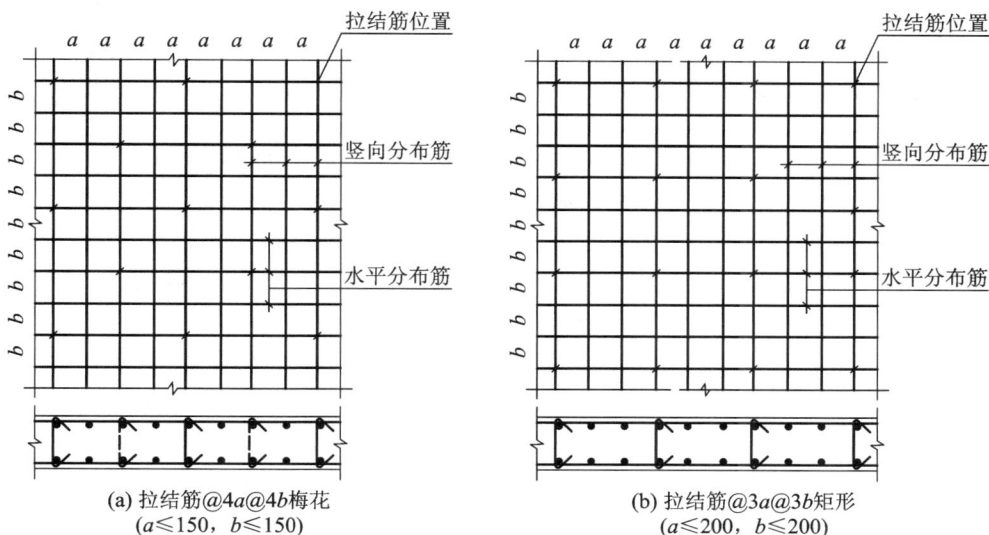

(a) 拉结筋@4a@4b梅花
(a≤150，b≤150)

(b) 拉结筋@3a@3b矩形
(a≤200，b≤200)

图 5-28　剪力墙拉结筋排布构造

拉筋排布规定：**层高范围内由底部板顶向上第二排水平分布筋处开始设置，至顶部板底向下第一排水平分布筋处终止；墙身宽度范围内由距边缘构件边第一排墙身竖向分布筋处开始设置**。位于边缘构件范围的水平分布筋也应设置拉筋，此范围拉筋间距不大于墙身拉筋间距，或按设计标注。

墙身拉筋应同时勾住竖向分布筋与水平分布筋。当墙身分布筋多于两排时，拉筋应与墙身内部的每排竖向和水平分布筋同时牢固绑扎。

墙身拉筋长度 = 墙厚 − 保护层 × 2 − d + 11.9d × 2(按拉筋中心线计算，d 为拉筋直径)

$$墙身拉筋根数 = \frac{墙净面积}{拉筋的布置面积}$$

墙净面积是指要扣除墙柱、墙梁、门窗洞口，即

$$墙净面积 = 墙面积 − 门窗洞口总面积 − 墙柱面积 − 墙梁面积$$
$$拉筋的布置面积 = 横向间距 × 竖向间距$$

5.2.4　墙柱钢筋构造

端柱和暗柱一般设在墙体或洞口两侧，暗柱截面宽度与墙厚相同，而端柱截面边长不小于 2 倍墙厚，是突出墙面的。

端柱和小墙肢(截面高度不大于截面厚度 4 倍的矩形截面独立墙肢)**的竖向钢筋和箍筋构造与框架柱相同**。

暗柱(包括转角墙、翼墙)可理解为剪力墙两端的加强部位，所以其**纵筋构造与墙身竖向分布筋相似。工程上常采用的焊接和机械连接，两者纵筋连接构造是一样的。**

　　所有墙柱纵向钢筋绑扎搭接范围内的箍筋间距 $\max\{5d, 100\}$（d 为墙柱纵筋中较小值）。

5.2.5　墙梁钢筋构造

1. 连梁配筋构造

　　在剪力墙结构中，连接墙肢与墙肢的梁称为连梁。一般情况下，梁宽与墙厚相同，梁高即相邻上下洞口之间的墙高，起着加强墙肢之间的联系，并对墙肢施加约束的作用。一般情况下兼作洞口过梁。考虑地震作用时，连梁箍筋符合框架梁梁端箍筋加密区的构造规定，连梁的纵筋上下配置是一样的。

　　当端部洞口连梁的纵向钢筋在端支座的直锚长度不小于 l_{aE} 且不小于 $600\ \text{mm}$ 时，可不必上下弯折。墙顶 LL 洞口两侧需要附加一定数量的箍筋。**连梁的侧面钢筋，可为剪力墙的水平分布钢筋，或由设计标注。**当连梁的侧面纵向钢筋单独设置时，侧面纵向钢筋沿梁高度方向均匀布置。连梁配筋构造如图 5-29～图 5-31 所示。注意墙顶连梁与墙中连梁箍筋配制的不同。

连梁钢筋构造

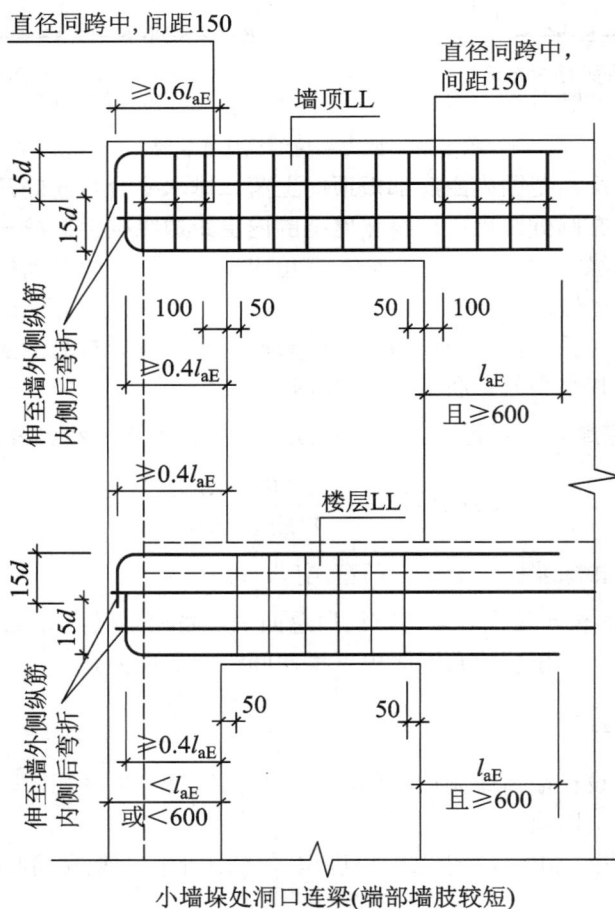

图 5-29　端部洞口连梁钢筋构造

1) 剪力墙端部洞口连梁钢筋计算

(1) 顶层连梁钢筋计算(如图 5-29 所示):

上下部纵筋长度 = 左锚固长度 + 洞口宽度 + 右锚固长度

式中:左锚固长度分直锚与弯锚两种构造;右锚固长度 = max{l_{aE}、600}。

箍筋根数 = 左锚固段根数 + 洞口上部根数 + 右锚固段根数

(2) 中间层连梁钢筋计算:

上下部纵筋长度 = 左锚固长度 + 洞口宽度 + 右锚固长度

箍筋根数 = 洞口上部根数

2) 剪力中部单洞口连梁钢筋计算

(1) 顶层连梁钢筋计算(如图 5-30 所示):

上下部纵筋长度 = 左锚固长度 + 洞口宽度 + 右锚固长度

式中:左锚固长度 = 右锚固长度 = max{l_{aE}、600}。

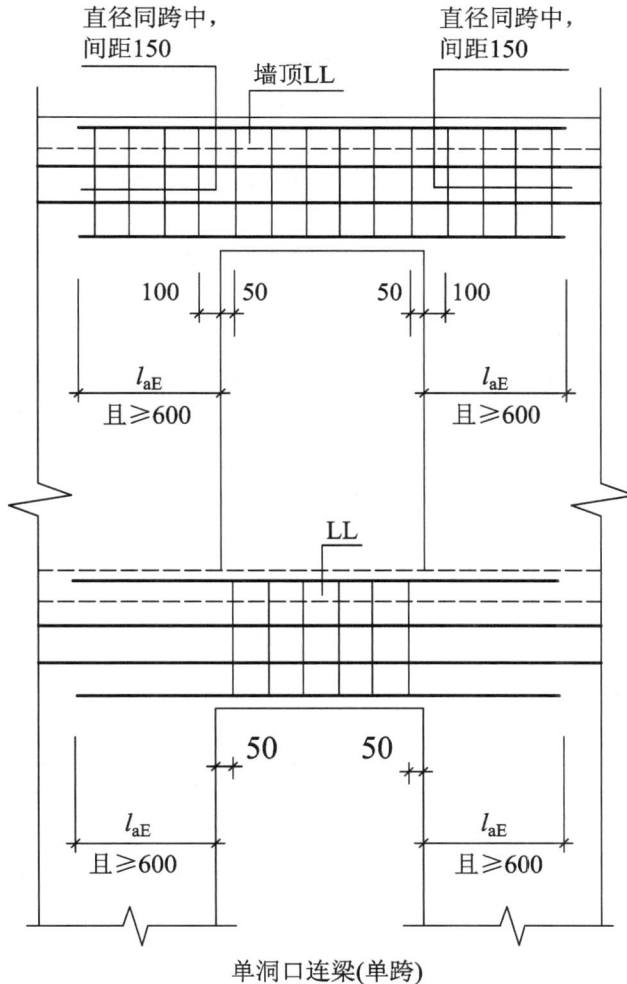

图 5-30 中部单洞口连梁钢筋构造

$$箍筋根数 = 左锚固段根数 + 洞口上部根数 + 右锚固段根数$$

式中：

$$左锚固根数 = 右锚固根数 = \frac{\max\{l_{aE}、600\} - 100}{150} + 1$$

$$洞口上部根数 = \frac{洞口宽 - 50 \times 2}{间距} + 1$$

(2) 中间层连梁钢筋计算：

$$上下部纵筋长度 = 左锚固长度 + 洞口宽度 + 右锚固长度$$
$$箍筋根数 = 洞口上部根数$$

3) 剪力中部双洞口连梁钢筋计算

(1) 顶层连梁钢筋计算(如图 5-31 所示)：

$$上下部纵筋长度 = 左锚固长度 + 两洞口宽度合计 +$$
$$两洞口间墙宽度(窗间墙) + 右锚固长度$$

式中：左锚固长度 = 右锚固长度 = $\max\{l_{aE}, 600\}$。

$$箍筋根数 = 左锚固段根数 + 两洞口上部根数 + 窗间墙上部根数 + 右锚固段根数$$

(2) 中间层连梁钢筋计算：

$$上下部纵筋长度 = 左锚固长度 + 两洞口宽度合计 + 两洞口间墙宽度(窗间墙)$$
$$+ 右锚固长度$$
$$箍筋根数 = 两洞口上部根数$$

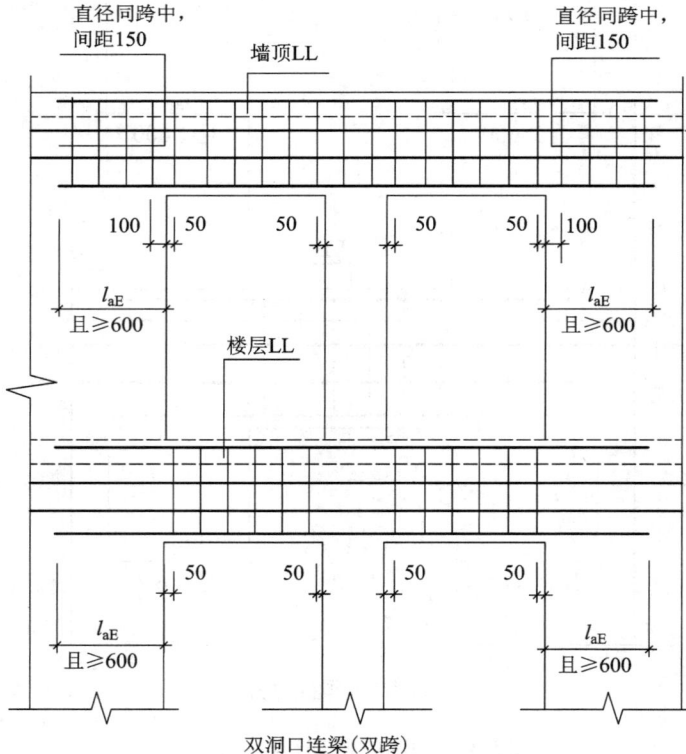

图 5-31 中部双洞口连梁钢筋构造

2. 连梁斜筋和暗撑配筋构造

(1) 连梁交叉斜筋配筋构造(LL(JX))。当洞口连梁截面宽度不小于 250 mm 时，可采用交叉斜筋配筋。交叉斜筋配筋连梁的对角斜筋在梁端部应设置拉筋，如图 5-32 所示。

(2) 连梁集中对角斜筋配筋构造(LL(DX))。当连梁截面宽度不小于 400 mm 时，可采用集中对角斜筋配筋。集中对角斜筋配筋连梁应在梁截面内沿水平方向及竖直方向设置双向拉筋，拉筋应勾住外侧纵向钢筋，间距不应大于 200 mm，直径不应小于 8 mm，如图 5-33 所示。

(3) 暗撑。当连梁截面宽度不小于 400 mm 时，可采用对角暗撑配筋。对角暗撑配筋连梁中暗撑箍筋的外缘沿梁截面宽度方向不宜小于梁宽的一半，另一方向不宜小于梁宽的 1/5；对角暗撑约束箍筋肢距不应大于 350 mm，如图 5-34 所示，用于筒中筒结构时，l_{aE} 均取为 $1.15l_a$。

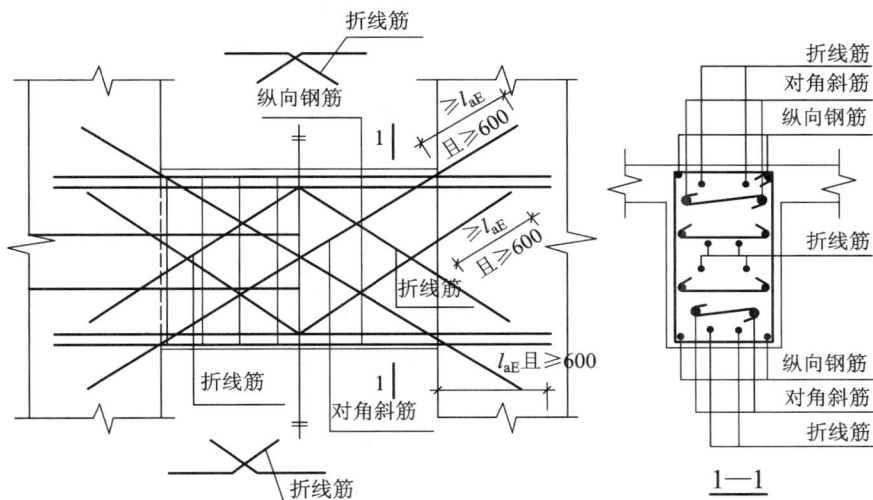

图 5-32　连梁交叉斜筋配筋构造

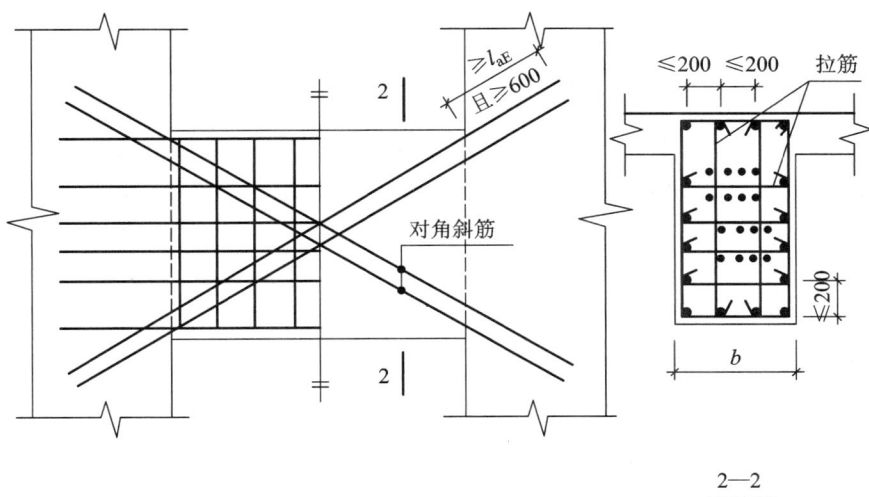

图 5-33　连梁集中对角斜筋配筋构造

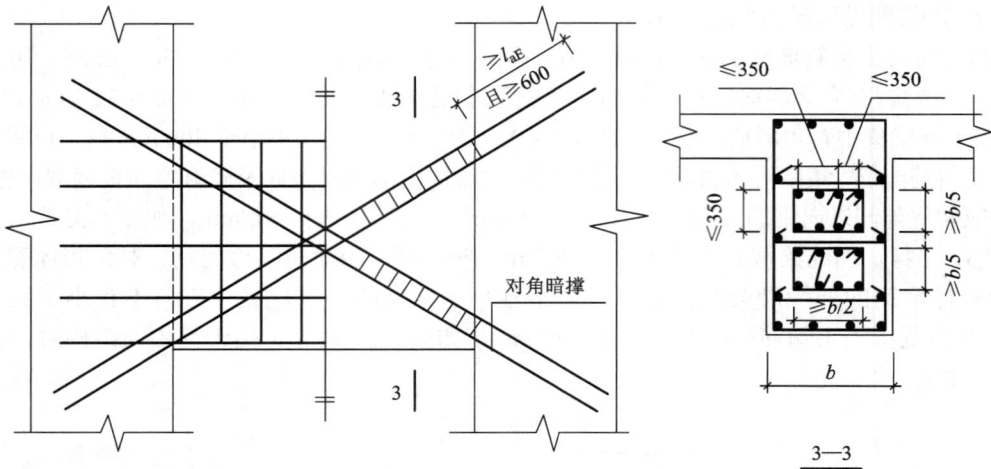

图 5-34　连梁集中对角斜筋配筋构造

3. 暗梁配筋构造

暗梁一般设置在剪力墙靠近楼板底部的位置，就像砖混结构的圈梁那样。暗梁对剪力墙有阻止开裂的作用，是剪力墙的一道水平线性加强带。

楼层、墙顶暗梁钢筋排布构造如图 5-35 所示。暗梁的钢筋包括：纵向钢筋、箍筋、拉筋和暗梁侧面筋。暗梁的纵筋沿墙肢长度方向贯通布置，箍筋也沿墙肢方向全长均匀布置，不存在加密区和非加密区。在实际工程中，暗梁和暗柱经常配套使用，暗梁的第一根箍筋距暗柱主筋中心为暗梁箍筋间距的 1/2 的地方布置。暗梁拉筋的计算同剪力墙墙身拉筋，竖向沿侧面水平筋隔一拉一。

暗梁不是剪力墙身的支座，而是剪力墙的加强带。所以，当每个楼层的剪力墙顶部设置有暗梁时，则剪力墙竖向钢筋不能锚入暗梁；如果当前层是中间层，则剪力墙竖向钢筋穿越暗梁直伸入上一层；如果当前层是顶层，则剪力墙的竖向钢筋应穿越暗梁锚入现浇板内。

4. 边框梁配筋构造

边框梁可以认为是剪力墙的加强带，是剪力墙的边框，有了边框梁就可以不设暗梁。边框梁的上部纵筋和下部纵筋都是贯通布置，箍筋沿边框梁全长均匀布置。边框梁一般都与端柱发生联系，边框梁纵筋与端柱纵筋之间的关系可参照框架梁纵筋与框架柱纵筋的关系。剪力墙边框梁梁钢筋排布构造如图 5-36 所示。边框梁的钢筋包括：纵向钢筋、箍筋、拉筋和边框梁侧面筋。

5. 边框梁或暗梁与连梁重叠时配筋构造

连梁与暗梁(或边框梁)重叠时的配筋构造如图 5-37 所示。

连梁与暗梁(或边框梁)重叠的特点一般是两个梁顶标高相同，而暗梁(或边框梁)的截面高度小于连梁，所以暗梁(或边框梁)的下部纵筋在连梁内部直接穿过，暗梁(或边框梁)的上部纵筋也在连梁内部直接穿过。当连梁上部纵筋计算面积大于暗梁(或边框梁)时，连梁上部需设置附加纵筋。

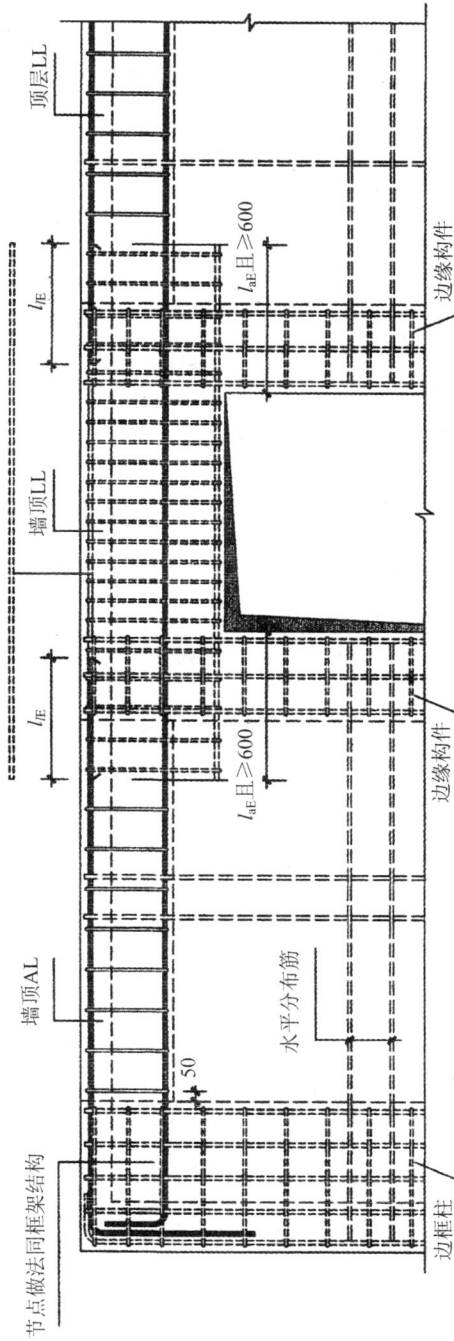

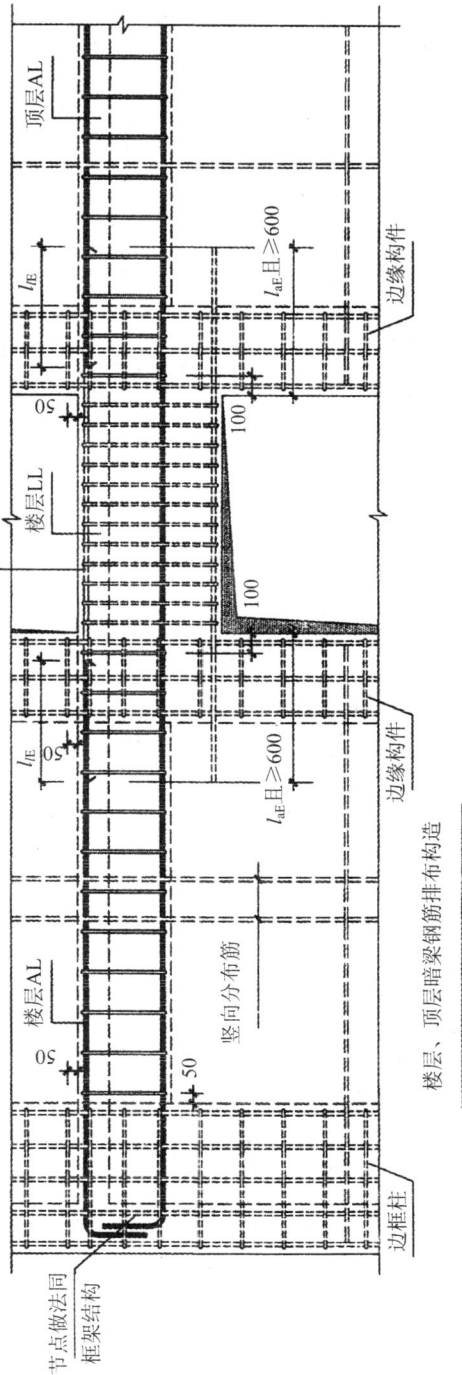

图 5-35 剪力墙暗梁钢筋排布构造

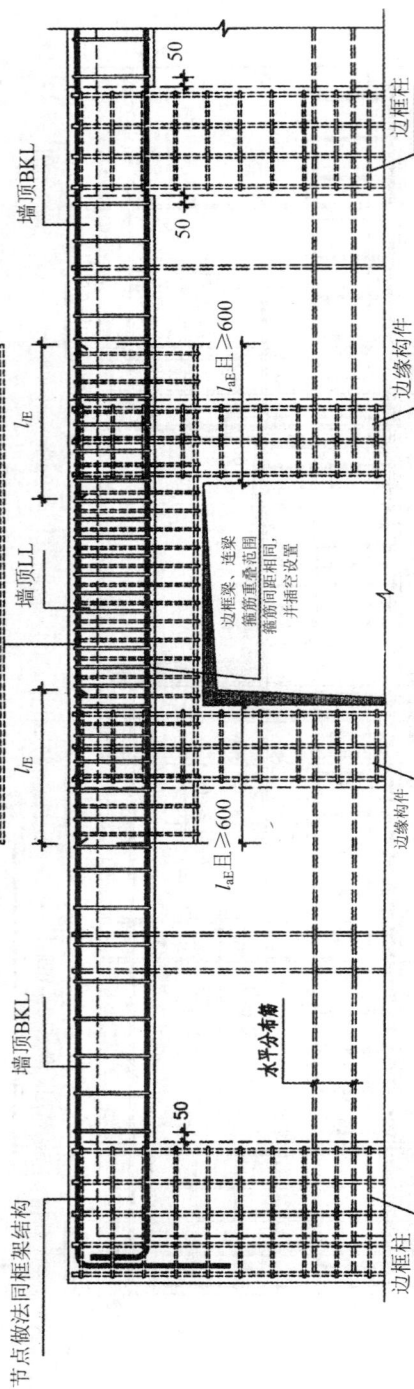

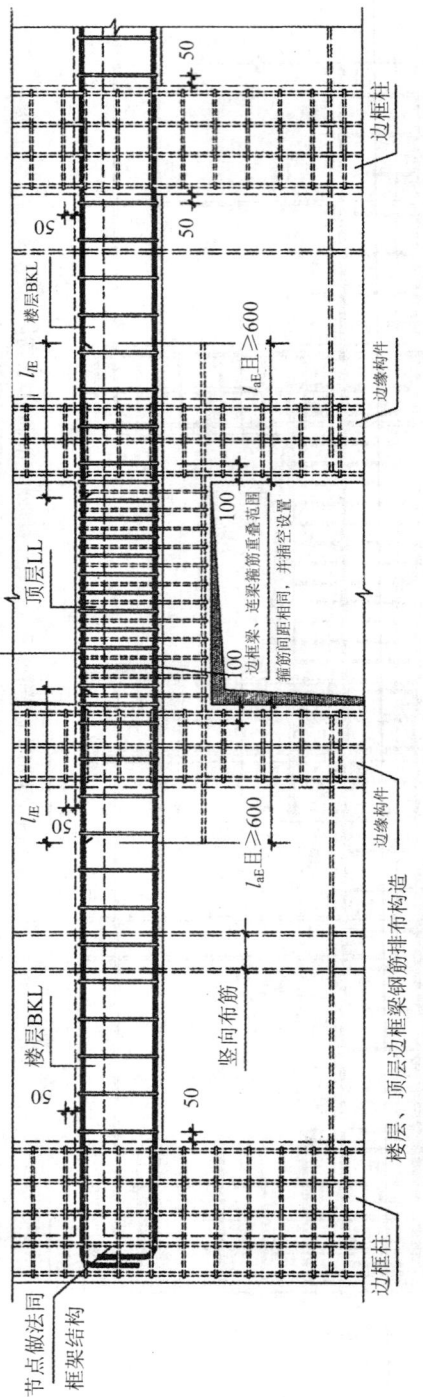

图 5-36 剪力墙边框梁钢筋排布构造

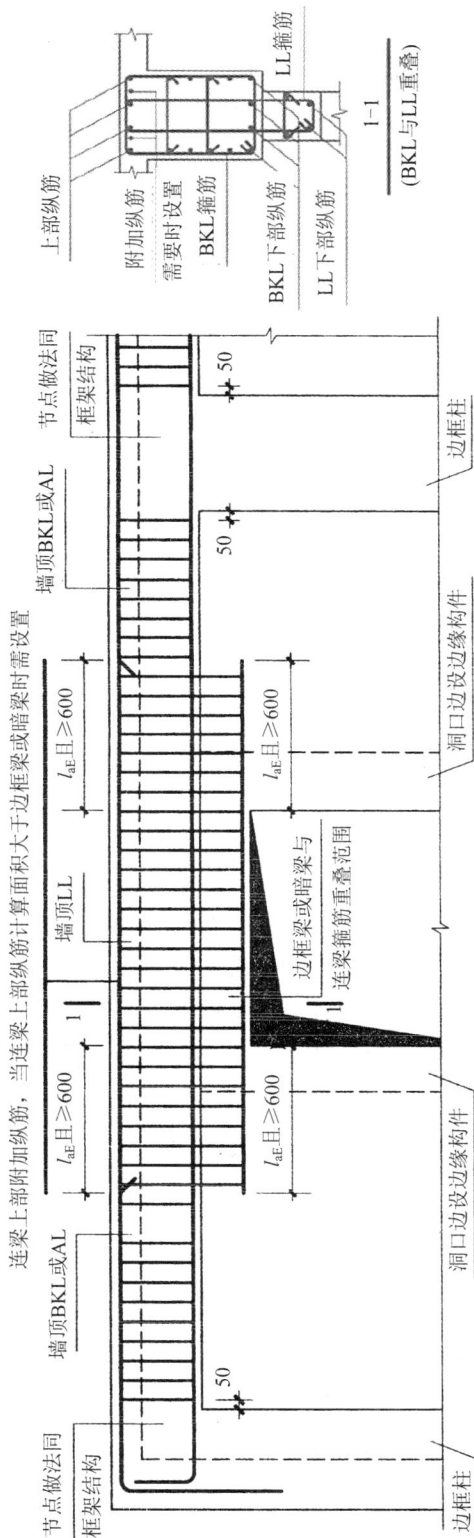

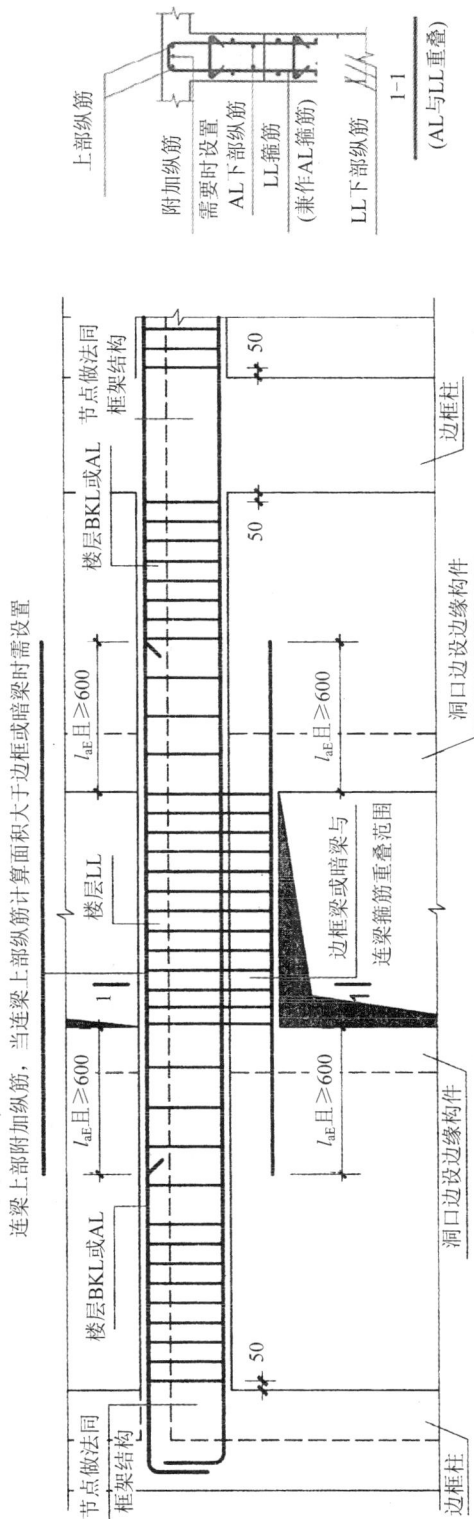

图 5-37 边框梁或暗梁与连梁重叠时配筋构造

连梁上部附加纵筋和连梁下部纵筋自洞口边缘起的锚固长度 = max{l_{aE}，600}。

连梁的截面宽度与暗梁相同(连梁的截面高度大于暗梁)，所以重叠部分的连梁箍筋兼做暗梁箍筋。但是边框梁的截面宽度大于连梁，所以边框梁与连梁的箍筋是各自分布，互不相干。

5.2.6　剪力墙洞口补强构造

剪力墙洞口补强构造如图 5-9 所示。矩形洞口以 800 mm 为界分为两种补强构造；圆形洞口以 300 mm、800 mm 为界分为三种补强构造。洞口每侧补强纵筋应按设计注写值，即洞口边长或直径不小于 800 mm 时，洞口周边设补强钢筋；洞口边长或直径大于 800 mm 时，洞口上下设补强暗梁，左右设剪力墙边缘构件。

任务 5.3　剪力墙钢筋计算实例

项目五案例讲解视频

【例 5.8】　如图 5-38 所示用截面注写方式表达的剪力墙施工图，三级抗震，剪力墙和基础混凝土强度等级均为 C25，剪力墙和板的保护层厚度均为 15 mm，基础保护层厚度为 40 mm。各层楼板厚度均为 100 mm，基础厚度为 1200 mm。如图 5-39 和图 5-40 所示为剪力墙墙身竖向分布筋和水平分布筋构造。试计算墙身钢筋。

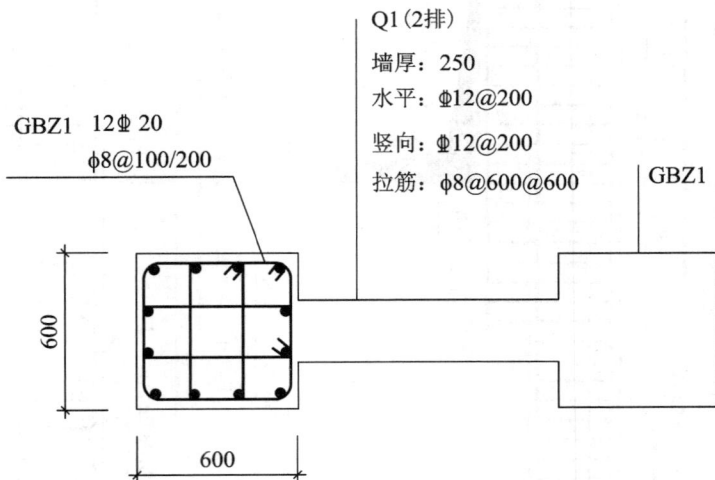

图 5-38　剪力墙平法施工图截面注写方式

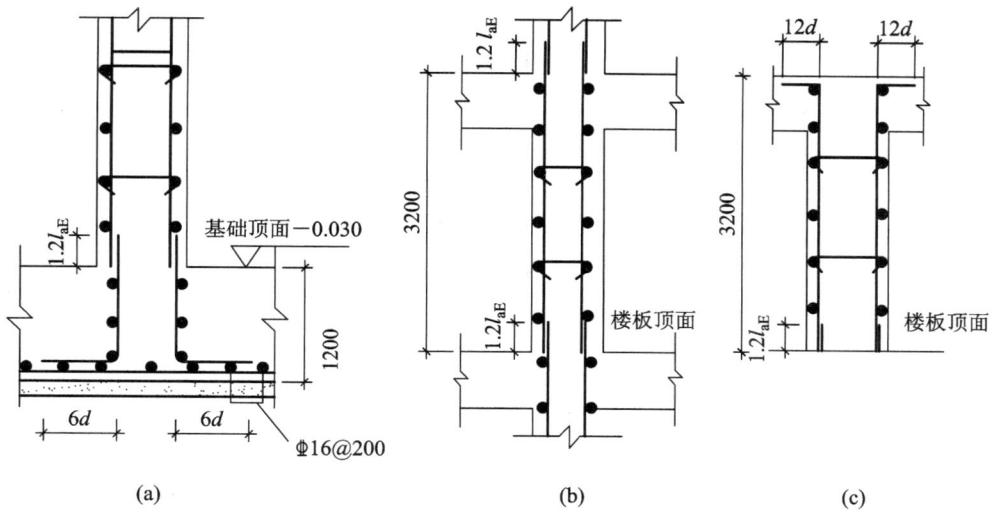

图 5-39 剪力墙墙身竖向分布钢筋

(a) 基础部分；(b) 中间层(一、二层)；(c) 顶层(三层)

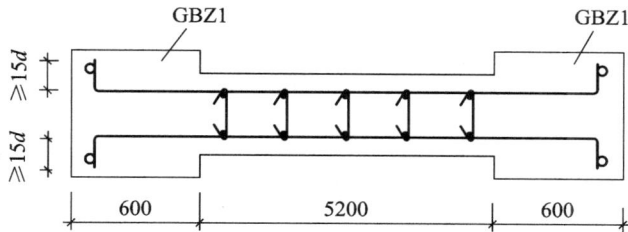

图 5-40 剪力墙墙身水平分布钢筋

解 (1) 基础部分，如图 5-39(a)所示。

① 竖向插筋：剪力墙在基础内锚固区保护层厚度按≥5d 考虑。

$$l_{aE} = 0.7 \times 42 \times 12 = 352.8 < h_j = 1200 \text{ mm}$$

故采用"隔二下一"。

下弯插筋长度 = 基础内高度 + 基础内弯钩 + 搭接长度

$$= 1200 - 40 - 16 \times 2 + \max\{6d, 150\} + 1.2 \times 352.8 = 1701.36 \text{ mm}$$

直锚插筋长度 = 基础内高度 + 搭接长度 = 352.8 + 1.2 \times 352.8 = 776.16 \text{ mm}

$$总根数 = 排数 \times \left(\frac{墙净长 - \frac{1}{2}竖向筋间距 \times 2}{竖向筋间距} + 1 \right) = 2 \times \left(\frac{5200 - 100 \times 2}{200} + 1 \right) = 52 \ 根$$

$$下弯插筋根数 = \frac{52}{3} = 18 \ 根(向上取整)$$

$$直锚插筋根数 = 52 - 18 = 34 \ 根$$

② 水平分布筋:

长度 = (端柱截面尺寸 – 保护层 – 端柱箍筋直径 – 端柱外侧纵筋直径) × 2 +
墙净长 + 弯折长度 × 2
= (600 – 20 – 8 – 20) × 2 + 5200 + 15 × 12 × 2
= 6664 mm

(弯折长度见图 5-40 所示为 15d)

由于基础内设置水平分布筋与拉筋的要求是: 间距不大于 500 mm, 且不少于两道。
故基础内水平筋根数至少 = 2 × 3 = 6 根

③ 拉筋(按中心线计算):

长度 = 墙厚 – 保护层 × 2 – d + 11.9d × 2 = 250 – 15 × 2 – 8 + 11.9 × 8 × 2
= 402.4 mm

(d 为拉筋直径)

$$根数 = \frac{墙净面积}{拉筋的布置面积} = \frac{1200 \times 5200}{600 \times 600} = 18 \ 根$$

(2) 中间层(一层), 如图 5-39(b)所示。

① 竖向钢筋:

$$长度 = 层高 + 上面搭接长度 = 3200 + 1.2 \times 352.8 = 3623.36 \ mm$$

$$根数 = 排数 \times \left(\frac{墙净长 - \frac{1}{2}竖向筋间距 \times 2}{竖向筋间距} + 1 \right) = 2 \times \left(\frac{5200 - 100 \times 2}{200} + 1 \right) = 52 \ 根$$

② 水平钢筋:

长度 = (端柱截面尺寸 – 保护层 – 端柱箍筋直径 – 端柱外侧纵筋直径) × 2 + 墙净长 +
弯折长度 × 2 = (600 – 20 – 8 – 20) × 2 + 5200 + 15 × 12 × 2 = 6664 mm

$$根数 = 排数 \times \left(\frac{墙净高 - \frac{1}{2}水平筋间距 \times 2}{水平筋间距} + 1 \right) = 2 \times \left(\frac{3200 - 100 - 100 \times 2}{200} + 1 \right)$$

$$= 31 \ 根(实际对称布置为 32 \ 根)$$

③ 拉筋:

长度 = 墙厚 – 保护层 × 2 – d + 11.9d × 2 = 250 – 15 × 2 – 8 + 11.9 × 8 × 2 = 402.4 mm
(d 为拉筋直径)

$$根数 = \frac{一层墙净面积}{拉筋的布置面积} = \frac{(3200 - 100) \times 5200}{600 \times 600} = 45 \ 根$$

(3) 中间层(二层), 如图 5-39(b)所示。
计算同中间层(一层)。

(4) 顶层(三层)，如图 5-39(c)所示。

① 竖向钢筋：

$$长度 = 层高 - 保护层 + 12d = 3200 - 15 + 12 \times 12 = 3329 \ mm$$

(12d 为墙身竖向钢筋在屋面板内的弯折长度)

根数同中间层。

② 水平钢筋：

长度和根数同中间层。

③ 拉筋：

长度和根数同中间层。

本 章 小 结

本章主要介绍了剪力墙的平法识图及配筋构造要求，主要包括以下内容：

(1) 制图规则：采用列表注写的表达方式和截面注写的表达方式。

(2) 剪力墙配筋构造要点：剪力墙由墙柱、墙身和墙梁三类构件组成。

① 墙柱纵筋在基础顶面及每楼层处连接接头；其中端柱及小墙肢柱纵筋及箍筋与框架柱相同；其他边缘构件纵筋搭接与框架柱相似，参阅 22G101-1 第 2~21 页。

② 墙身钢筋网片由水平分布筋及竖向分布筋组成。竖向分布筋连接位置在基础顶或每层楼板顶，同排竖筋交替连接；在屋盖处，伸至屋面板上部钢筋内侧弯折 12d。水平分布筋应伸入边缘构件，伸入方式和长度要符合构造要求。水平分布筋兼作边缘构件箍筋时，参阅 22G101-1 第 2~25 页。连接时同排相邻钢筋相互错开净距离不小于 500 mm，且接头位置避开边缘构件。墙上有洞口时，当洞口边长或直径不大于 800 mm 时，洞口周边设补强钢筋；当洞口边长或直径大于 800 mm 时，洞口上下设暗梁(有连梁时则免设暗梁)，左右设边缘构件。

(3) 连梁上下两排纵筋相同并伸至边缘构件直锚或弯锚。设有斜向交叉斜筋配筋(或暗撑或对角斜筋配筋)时，其钢筋自洞口侧边向外延伸 l_{aE}。一般墙身水平分布筋贯通连梁兼作侧边构造筋。连梁腹部有洞口时，应设补强纵筋与补强箍筋。

学生实训任务书及
对应图纸

习 题

1. 剪力墙由哪几类构件组成？
2. 剪力墙平法施工图有哪些注写方式？
3. 墙柱有哪几种类型？
4. 墙柱纵筋连接构造有哪些要求？
5. 墙身竖向分布筋连接构造是什么？墙身变截面时怎么做？顶部如何做？
6. 墙身水平分布筋是如何连接的？
7. 墙身水平分布筋进入边缘构件的构造做法是什么？
8. 墙身分布筋遇洞口时怎么做？

项目五课后习题答案

9. 墙身洞口什么情况下设补强钢筋？什么情况下设补强暗梁且洞口竖向两侧设置剪力墙边缘构件？

10．小墙肢如何定义？

11．剪力墙顶部连梁与非顶部连梁钢筋构造有何不同？

12．图 5-41 是用截面注写方式表达的剪力墙施工图，二级抗震，剪力墙和基础混凝土强度等级均为 C30，剪力墙和板的保护层厚度均为 15 mm，基础保护层厚度为 40 mm。各层楼板厚度均为 100 mm，基础厚度为 500 mm。基础底板下部双向配筋均为 Φ20@200 墙插筋的保护层厚度大于 5d。墙身长度为 4800 mm。试计算墙身钢筋。

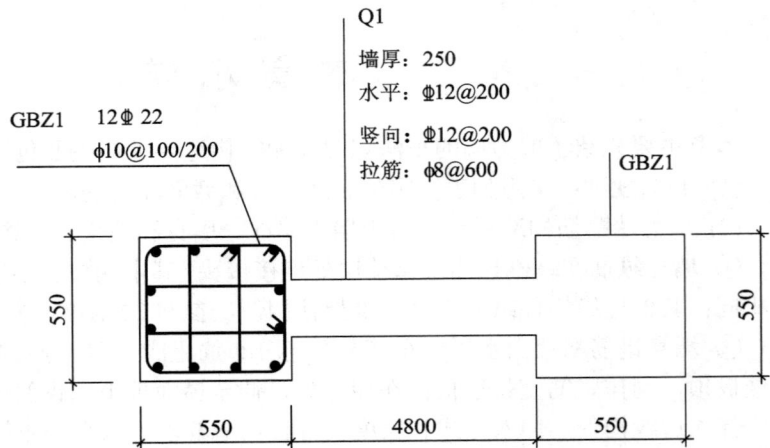

屋面	12.270	
3	8.670	3.60
2	4.470	4.20
1	−0.030	4.50
层号	标高(m)	层高(m)

结构层楼面标高
结 构 层 高

上部结构嵌固部位：
−0.030

Q1
墙厚：250
水平：Φ12@200
竖向：Φ12@200
拉筋：φ8@600

GBZ1　12Φ22
φ10@100/200

GBZ1

550

550

550

550　　4800　　550

图 5-41

• 138 •

项目6 基础平法识图与钢筋算量

知识目标：

(1) 熟悉基础的平法识图。

(2) 熟悉基础钢筋构造的一般规则。

(3) 掌握基础钢筋算量的基本知识。

(4) 掌握基础钢筋算量的应用。

能力目标：

(1) 具备看懂基础平法施工图的能力。

(2) 具备基础钢筋算量的基本能力。

素质目标：

(1) 能够耐心细致地读懂关于基础的图集和图纸。

(2) 能够通过查找、询问和自主学习等方式解决问题。

任务6.1 基础平法识图

独立基础平法识图

6.1.1 独立基础平法识图

独立基础的类型分为普通独立基础和杯口独立基础，杯口独立基础在民用建筑中较为少见，大多应用于工业建筑中，在此就不多加说明，需要时可参照22G101-3平法图集。

独立基础平法施工图，有平面注写、截面注写和列表注写三种方式。在工程中常见的为平面注写方式，本书仅对平面注写方式进行讲解，对于截面注写方式，读者可自行参照22G101-3图集学习。独立基础的平面注写方式分为集中标注和原位标注两部分内容。

1. 独立基础的集中标注

普通独立基础集中标注，系在基础平面图上集中引注：基础编号、截面竖向尺寸、配筋三项必注内容，以及基础底面标高(与基础底面基准标高不同时)和必要的文字注解两项选注内容。

项目6扩展阅读

1) 注写独立基础的编号(必注内容)

独立基础的编号规定见表 6-1。

表 6-1　独立基础编号

类型	基础底板 截面形状	代　号	序　号
普通独立基础	阶形	DJj	xx
	锥形	DJz	xx

表 6-1 中"j"表示截面为阶形,"z"表示截面为锥形。

2) 注写独立基础截面竖向尺寸(必注内容)

普通独立基础,注写 $h_1/h_2/h_3\cdots$,具体标注为:

当基础为阶形截面时,各阶尺寸自下而上用"/"分割顺写,如图 6-1 所示,注 $h_1/h_2/h_3$;当基础为单阶时,其竖向尺寸仅有一个,且为基础总厚度,如图 6-2 所示;当基础为锥形截面时,注写为 h_1/h_2,如图 6-3 所示。

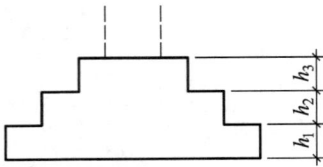

图 6-1　普通阶形独立基础　　　　图 6-2　单阶独立基础　　　图 6-3　锥形普通独立基础

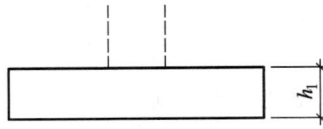

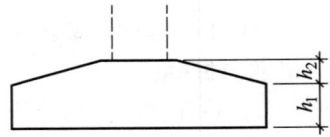

【例 6.1】　当锥形截面普通独立基础 DJzxx 的竖向尺寸注写为 350/300 时,表示 $h_1 = 350$ mm、$h_2 = 300$ mm,基础底板总厚度为 650 mm。

3) 注写独立基础配筋(必注内容)

(1) 注写独立基础底板配筋。普通独立基础底部双向配筋,注写规定如下:

① 以 B 代表各种独立基础底板的底部配筋。

② x 向配筋以 X 打头。y 向配筋以 Y 打头注写,当两向配筋相同时,则以 X&Y 打头注写。独立基础底板底部双向配筋示意如图 6-4 所示。

(2) 注写普通独立基础深基础短柱竖向尺寸及钢筋。当独立基础埋深较大,设置短柱时,短柱配筋应写在独立基础中。具体注写规则如下:

以 DZ 代表普通独立深基础短柱,先注写短柱纵筋,再注写箍筋,最后注写短柱标高范围。注写为:角筋/x 边中部筋/y 边中部筋,箍筋,短柱标高范围。独立基础短柱配筋示意如图 6-5 所示。

4) 注写基础底面标高(选注内容)

当独立基础的底面标高与基础底面基准标高不同时,应将独立基础底面标高直接注写在"( )"内。

5) 必要的文字注解(选注内容)

当独立基础的设计有特殊要求时,宜增加必要的文字注释。例如,基础底板配筋长度是否采用减短方式等等,可在该项内注明。

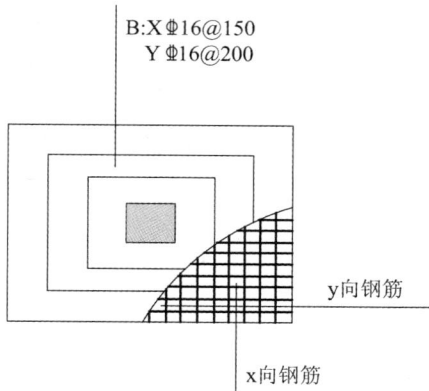

图 6-4 独立基础底板底部双向配筋示意图

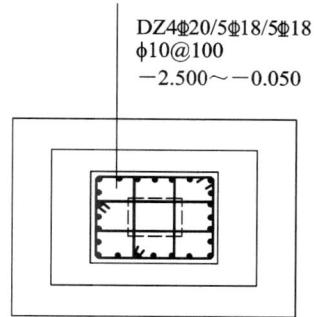

图 6-5 独立基础短柱配筋示意图

2. 独立基础的原位标注

钢筋混凝土和素混凝土独立基础的原位标注，是在基础平面布置图上，标注独立基础的平面尺寸，对相同编号的基础，可选择一个进行标注。

原位标注的具体内容规定是：普通独立基础。原位标注 x、y，x_i、y_i，$i=1$，2，3，…。其中 x、y 为普通独立基础两向边长，x_i、y_i 为阶宽或锥形平面尺寸，当设置短柱时，还应标注短柱对轴线的定位情况，用 x_{DZi} 表示。如图 6-6 所示为对称阶形截面普通独立基础原位标注。

3. 集中标注和原位标注综合注写

普通独立基础采用平面注写方式的集中标注和原位标注综合表达示意，如图 6-7 所示。

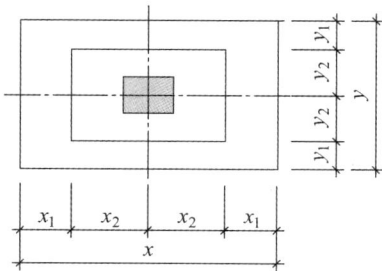

图 6-6 对称阶形截面普通独立基础原位标注

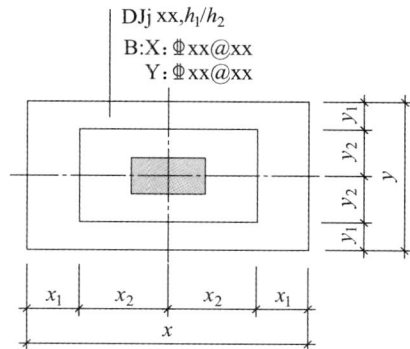

图 6-7 普通独立基础平面注写方式表达示意图

4. 多柱独立基础

独立基础通常为单柱独立基础，也可为多柱独立基础(双柱或四柱等)。多柱独立基础的编号、几何尺寸和配筋的注写方式与单柱独立基础相同。

当为双柱独立基础且柱距较小时，通常配置基础底部钢筋；当柱距较大时，尚需在两柱间配置基础顶部钢筋或设置基础梁；当为四柱独立基础时，通常可设置两道平行的基础梁，需要时可在两道基础梁之间配置基础顶部钢筋。

多柱独立基础顶部配筋和基础梁的注写方式规定如下：

(1) 注写双柱独立基础底板顶部钢筋。双柱独立基础的顶部配筋，通常对称分布在双柱中心线两侧。以大写字母"T"打头，注写为：双柱间纵向受力钢筋/分布筋。当纵向受力钢筋在基础底板顶面非满布时，应注明其总根数。如图 6-8 所示，表示为独立基础顶部配筋纵向受力钢筋 HRB400 级，直径为 18 mm 设置 11 根，间距为 100 mm；分布筋 HPB300 级，直径为 10 mm，分布间距 200 mm。

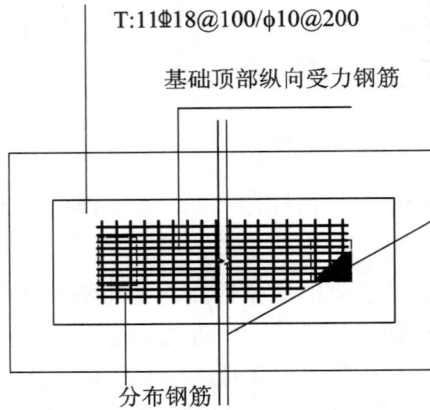

T:11Φ18@100/φ10@200

基础顶部纵向受力钢筋

分布钢筋

图 6-8　双柱独立基础顶部配筋示意图

(2) 注写双柱独立基础的基础梁配筋。当双柱独立基础为基础底板与基础梁相结合时，注写基础梁的编号、几何尺寸和配筋。如 JLxx(1)表示该基础梁为 1 跨，两端无外伸；JLxx(3A)表示该基础梁为 3 跨，一端有外伸；JLxx(5B)表示该基础梁为 5 跨，两端均有外伸。

通常情况下，双柱独立基础宜采用端部有外伸的基础梁，基础底板则采用受力明确、构造简单的单向受力配筋与分布筋。基础梁宽度宜比柱截面宽出不小于 100 mm(每边不小于 50 mm)。**基础梁的注写规定和条形基础的基础梁注写规定相同**(详见表 6-3)，注写如图 6-9 所示。

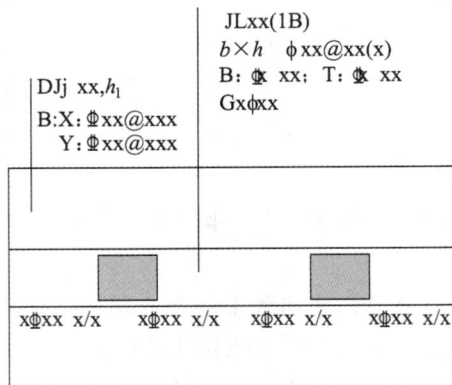

JLxx(1B)
$b×h$　φxx@xx(x)
B: Φ xx；T: Φ xx
Gxφxx

DJj xx,h_1
B:X: Φxx@xxx
Y: Φxx@xxx

xΦxx x/x　　xΦxx x/x　　xΦxx x/x　　xΦxx x/x

图 6-9　双柱独立基础的基础梁配筋注写示意图

采用平面注写方式表达的独立基础，如图 6-10 所示。

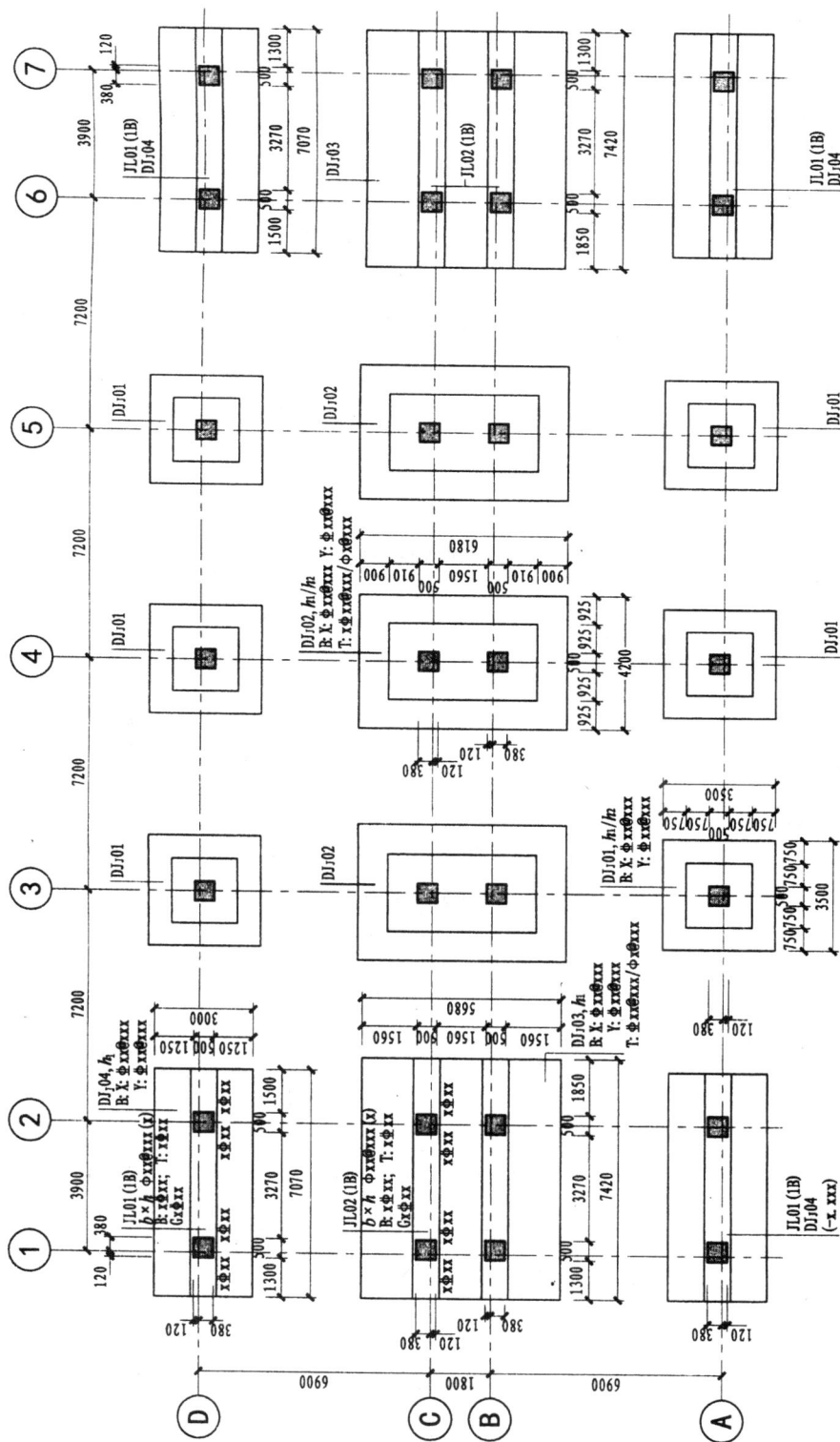

图 6-10 采用平面注写方式表达的独立基础设计施工图图示意图

6.1.2 条形基础平法识图

条形基础平法施工图，有平面注写和列表注写两种表达方式。在工程中常见的为平面注写方式，本书仅对平面注写方式进行讲解。

条形基础由基础梁和基础底板两部分内容构成，如图 6-11 所示，其编号见表 6-2。

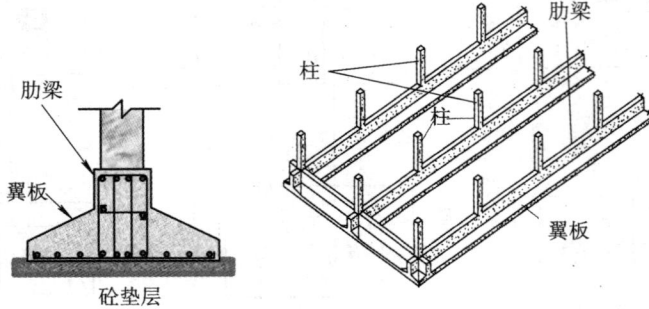

图 6-11　柱下钢筋混凝土条形基础

表 6-2　条形基础梁及底板编号

类　型		代　号	序　号	跨数及有无外伸
基　础　梁		JL	xx	(xx)端部无外伸
条形基础底板	坡形	TJB$_p$	xx	(xxA)一端有外伸
	阶形	TJBj	xx	(xxB)两端有外伸

条形基础的平面注写方式，分集中标注和原位标注两部分内容。

1. 条形基础基础梁平法标注

条形基础基础梁 JL 标注说明见表 6-3。

表 6-3　条形基础基础梁 JL 标注说明

集中标注说明：集中标注应在第一跨引出		
注写形式	表达内容	附加说明
JLxx(xB)	基础梁 JL 编号，具体包括：代号、序号(跨数及外伸情况)	(xA)：一端有外伸；(xB)：两端有外伸；无外伸则仅注跨数(x)
$b \times h$	截面尺寸，梁截面宽度×高度	当加腋时，用 $b \times h$　$Y_{c_1 \times c_2}$ 表示，其中 c_1 为腋长，c_2 为腋高
xxφxx@xxx/ φxx@xxx(x)	第一种箍筋道数、钢筋等级、直径、间距/第二种箍筋(肢数)	φ-HPB300，Φ-HRB400，Φ-HRB500，下同
Bxφxx；Txφxx	底部(B)贯通纵筋根数、强度等级、直径；顶部(T)贯通纵筋根数、强度等级、直径	底部贯通纵筋不应少于梁底部受力钢筋总截面面积的1/3，当设架立筋时写在"+"后括号内
Gxφxx	梁侧面纵向构造钢筋根数、强度等级、直径	为两侧构造钢筋的**总根数**
(x.xxx)	梁底面相对于条形基础平板标高高差	高者前加+号，低者前加－号，无高差不注

原位标注(含构造筋)说明:		
注写形式	表达内容	附加说明
xΦxx x/x	基础梁支座的底部纵筋根数、强度等级、直径，以及用"/"分隔的各排筋根数	当同排纵筋有两种直径时，用+相联；当梁支座两边的底部纵筋相同时，可以在支座的一边标注；当梁支座两边的底部纵筋配置不同时，需在两边分别标注
xΦxx@xxx	附加箍筋总根数(两侧均分)、规格、直径及间距	直接画在平面图中条形基础主梁上，原位直接引注总配筋值
其他原位标注	某部位与集中标注不同的内容	**原位标注取值优先**

2. 条形基础底板平法标注

条形基础梁及底板编号见表 6-2。条形基础底板 TJB 标注说明见表 6-4。

表 6-4 条形基础基础底板 TJB 标注说明

集中注写说明：集中标注应在第一跨引出		
注写形式	表达内容	附加说明
TJBjxx(xA) TJBpxx(xB)	基础底板编号，具体包括：代号、截面形状、序号(跨数)	阶形截面，编号加"j" 坡形截面，编号加"p"
h_1/h_2 $h_1/h_2/\cdots$	坡形基础注写为 h_1/h_2，阶形截面注写为 $h_1/h_2/\cdots$	表示自下而上各阶尺寸
B: Φxx@xxx/Φxx@xxx T: Φxx@xxx/Φxx@xxx	底部(B)横向受力纵筋直径、强度等级、间距/底部构造筋直径、强度等级、间距；顶部(T)横向受力纵筋直径、强度等级、间距/顶部构造筋直径、强度等级、间距	**横向指基础底板宽度方向**
(x.xxx)	条形基础底板的底面标高相对于条形基础底面基准标高高差	高者前加+号，低着前加－号，无高差不注
原位标注(含构造筋)说明:		
注写形式	表达内容	附加说明
b、b_i，i=1，2，3，$\cdots$	b 为基础底板总宽度，b_i 为台阶宽度	当基础底板采用对称于基础梁的坡形截面或单阶形截面时，b_i 可不注
其他原位标注	某部位与集中标注不同的内容	**原位标注取值优先**

3. 条形基础平法标注示例

采用平面注写方式表达的条形基础设计施工图如图 6-12 所示。

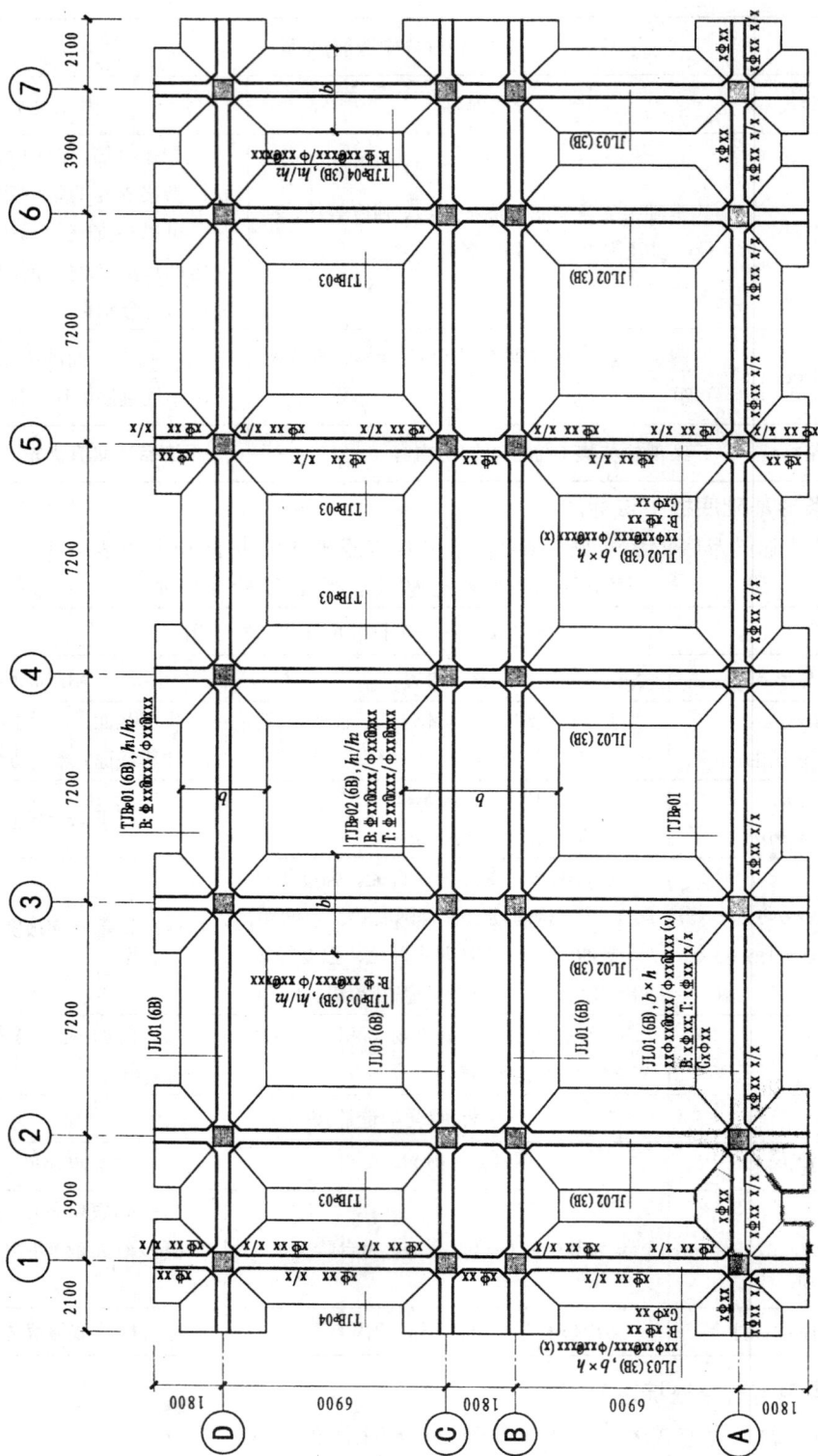

图 6-12 采用平面注写表达的条形基础设计施工图示意

6.1.3 梁板式筏形基础平法识图

梁板式筏板基础由基础主梁、基础次梁和基础底板等构成，如图 6-13 所示。

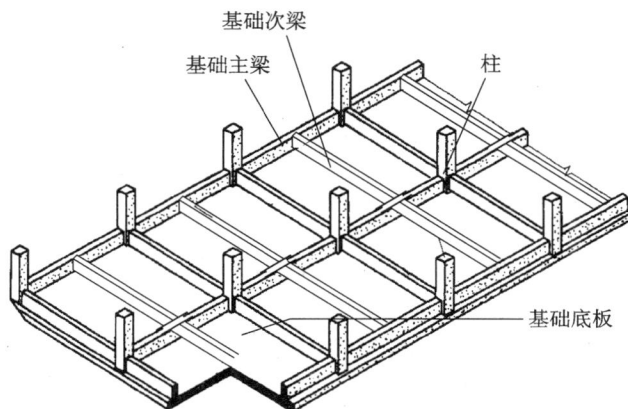

图 6-13 梁板式筏形基础

梁板式筏板基础构件编号见表 6-5。

表 6-5 梁板式筏板基础构件编号

构件类型	代号	序号	跨数及有无外伸
基础主梁(柱下)	JL	xx	(xx)或(xxA)或(xxB)
基础次梁	JCL	xx	(xx)或(xxA)或(xxB)
梁板式筏形基础平板	LPB	xx	—

基础主梁 JL 和基础次梁 JCL 的平面注写包括集中标注与原位标注两部分内容。标注说明总结见表 6-6,可参照梁构件平法识图进行理解。图 6-14 为基础主梁 JL 与基础次梁 JCL 标注示意图。

表 6-6 基础主梁 JL 与基础次梁 JCL 标注说明

集中注写说明：集中标注应在第一跨引出		
注写形式	表达内容	附加说明
JLxx(xB)或 JCLxx(xB)	基础主梁 JL 或基础次梁 JCL 编号，具体包括：代号、序号(跨数及外伸情况)	(xA)：一端有外伸；(xB)：两端有外伸；无外伸则仅注跨数(x)
$b \times h$	截面尺寸，梁宽×梁高	当加腋时，用 $b \times h$　$Y_{c_1 \times c_2}$ 表示，其中 c1 为腋长，c2 为腋高
xxφxx@xxx/ φxx@xxx(x)	第一种箍筋道数、钢筋等级、直径、间距/第二种箍筋(肢数)	Φ-HPB300，Φ-HRB400，Φ-HRB500，下同
BxΦxx TxΦxx	底部(B)贯通纵筋根数、强度等级、直径 顶部(T)贯通纵筋根数、强度等级、直径	底部纵筋应有不少于 1/3 贯通全跨 顶部纵筋全部连通
GxΦxx	梁侧面纵向构造钢筋根数、强度等级、直径	为两侧构造钢筋的**总根数**
(x.xxx)	梁底面相对于筏板基础平板底面标高高差	高者前加+号，低着前加一号，无高差不注

原位标注(含贯通筋)的说明：		
注写形式	表达内容	附加说明
xΦxx　x/x	基础主梁柱下与基础次梁支座区域底部纵筋根数、强度等级、直径，以及"/"分隔的各排筋根数	为该区域底部包括贯通筋与非贯通筋在内的全部纵筋
xΦxx@xxx	附加箍筋总根数(两侧均分)、规格、直径及间距	在主次梁相交处的主梁上引出
其他原位标注	某部位与集中标注不同的内容	**原位标注取值优先**

注：(1) 相同的基础主梁或次梁只标注一根，其他仅注编号。有关标注的其他规定详见制图规则。

(2) 在基础梁相交处位于同一层面的纵筋相交叉时，设计应注明何梁纵筋在下，何梁纵筋在上。

梁板式筏形基础平板 LPB 的平面注写，分为集中标注和原位标注两部分内容。基础平板的标注说明见表 6-7，可参照板构件平法识图进行理解。图 6-15 所示为梁板式筏形基础平板 LPB 标注示意。

表 6-7　梁板式筏形基础平板 LPB 标注说明

集中注写说明：集中标注应在双向均为第一跨引出		
注写形式	表达内容	附加说明
LPBxx	基础平板编号，包括代号和序号	为梁板式基础的基础平板
h=xxxx	基础平板厚度	
X：BΦxx@xxx； TΦxx@xxx(x、xA、xB) Y：BΦxx@xxx； TΦxx@xxx(x、xA、xB)	X 向底部与顶部贯通纵筋强度等级、直径、间距(总长度：跨数及有无外伸) Y 向底部与顶部贯通纵筋强度等级、直径、间距(总长度：跨数及有无外伸)	底部纵筋应有不少于 1/3 贯通全跨，注意与非贯通纵筋组合设置的具体要求，详见制图规则。顶部纵筋应全跨连通。用 B 引导底部贯通纵筋，用 T 引导顶部贯通纵筋。(xA)：一端有外伸；(xB)：两端有外伸；无外伸则仅注跨数(x)。图面从左至右为 X 向，从上至下为 Y 向
板底部附加非贯通纵筋的原位标注说明：**原位标注应在基础梁下相同配筋跨的第一跨下注写**		
注写形式	表达内容	附加说明
⊗ Φxx@xxx(x、xA、xB) ——基础梁	底部附加非贯通纵筋编号、强度等级、直径、间距(相同配筋横向布置的跨数及有无布置到外伸部位)；自梁中心线分别向两边跨内的伸出长度值	当向两侧对称伸出时，可只在一侧注伸出长度值。外伸部位一侧的伸出长度与方式按标准构造，设计不注。相同非贯通纵筋可只注写一处，其他仅在中粗虚线上注写编号。与贯通纵筋组合设置时的具体要求详见相应制图规则
修正内容原位注写	某部位与集中标注不同的内容	**原位标注的修正内容取值优先**

注：图注中注明的其他内容见 22G101-3 图集制图规则第 4.6.2 条；有关标注的其他规定详见制图规则。

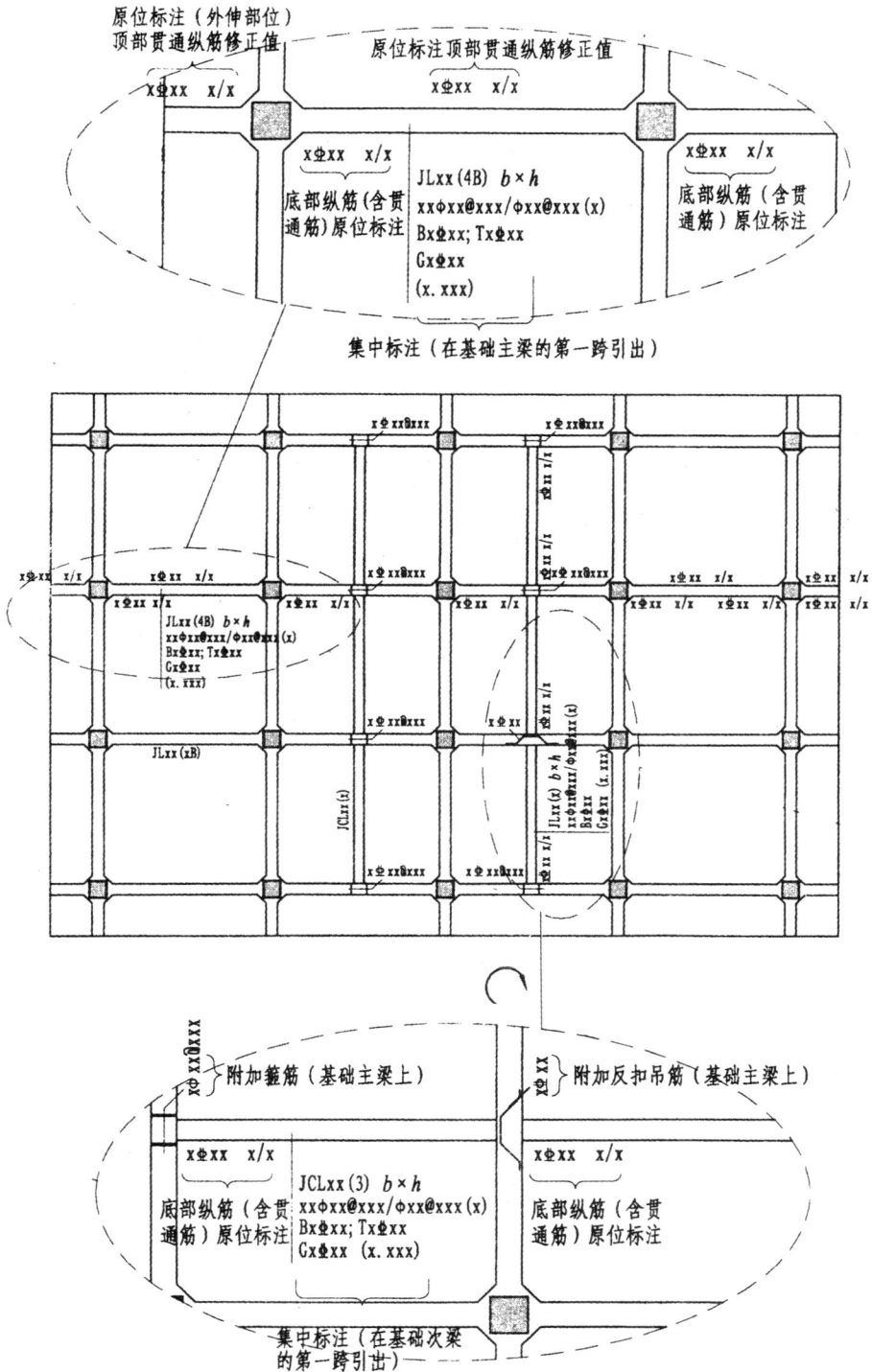

图 6-14　基础主梁 JL 与基础次梁 JCL 标注示意图

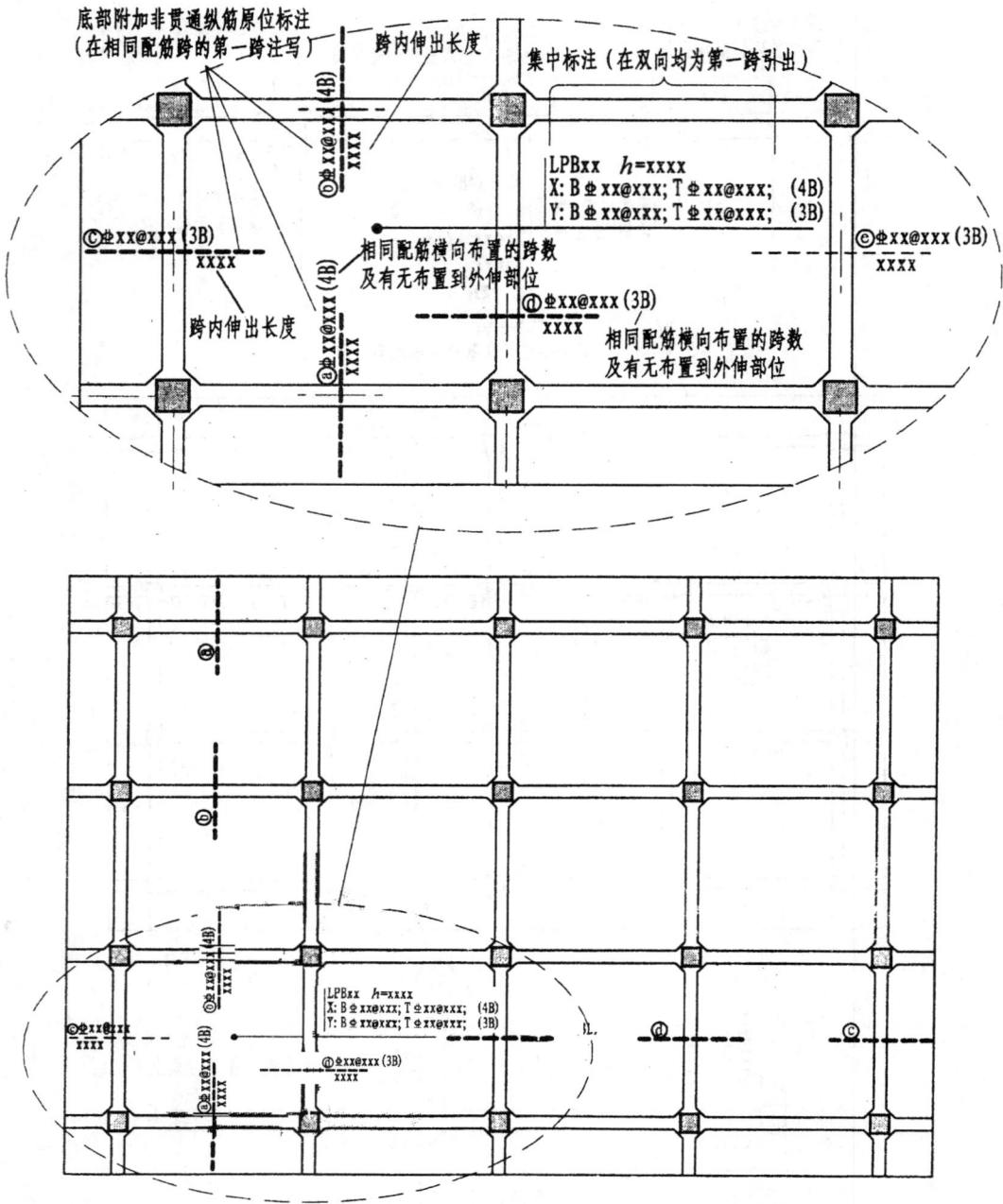

图 6-15　梁板式筏形基础平板 LPB 标注示意图

6.1.4　平板式筏形基础平法识图

平板式筏形基础的平面注写表达方式有两种：一是划分为柱下板带和跨中板带进行表达；二是按基础平板进行表达。平板式筏形基础构件编号规定见表 6-8。

表 6-8   平板式筏形基础构件编号

构件类型	代号	序号	跨数及有无外伸
柱下板带	ZXB	xx	(xx)或(xxA)或(xxB)
跨中板带	KZB	xx	
平板式筏形基础平板	BPB	xx	(xx)或(xxA)或(xxB)

柱下板带 ZXB(视其为无箍筋的宽扁梁)与跨中板带 KZB 的平面注写,分为集中标注和原位标注两部分内容。柱下板带 ZXB 与跨中板带 KZB 标注说明见表 6-9,图 6-16 所示为柱下板带 ZXB 与跨中板带 KZB 的标注。

表 6-9   柱下板带 ZXB 与跨中板带 KZB 标注说明

集中注写说明:集中标注应在第一跨引出		
注写形式	表达内容	附加说明
ZXBxx(xB)或KZBxx(xB)	柱下板带或跨中板带编号,具体包括:代号、序号(跨数及外伸情况)	(xA):一端有外伸;(xB):两端有外伸;无外伸则仅注跨数(x)
$b=xxxx$	板带宽度(在图注中应注明板厚)	板带宽度取值与设置部位应符合规范要求
BΦxx@xxx; TΦxx@xxx	底部贯通纵筋强度等级、直径、间距;顶部贯通纵筋强度等级、直径、间距	底部贯通纵筋应有不少于 1/3 贯通全跨,注意与非贯通纵筋组合设置的具体要求,详见制图规则
板底部附加非贯通纵筋原位标注说明		
注写形式	表达内容	附加说明
柱下板带: 跨中板带: @Φxx@xxx / xxxx ⓑΦxx@xxx / xxxx	底部非贯通纵筋编号、强度等级、直径、间距;自柱中心线分别向两边跨内的伸出长度值	同一板带中其他相同非贯通纵筋可仅在中粗虚线上注写编号。当向两侧对称伸出时,可只在一侧注伸出长度值。向外伸部位的伸出长度与方式按标准构造,设计不注。与贯通纵筋组合设置时的具体要求详见相应制图规则
修正内容原位注写	某部位与集中标注不同的内容	**原位标注的修正内容取值优先**

注:(1) 相同的柱下或跨中板带只标注一条,其他仅注编号。

(2) 图注中注明的其他内容见 22G101-3 图集制图规则第 5.5.2 条;有关标注的其他规定详见制图规则。

平板式筏形基础平板 BPB 的平面注写分为集中标注和原位标注两部分内容。

基础平板 BPB 的平面注写方式与柱下板带 ZXB、跨中板带 KZB 的平面注写为不同的表达方式,但可以表达同样的内容。

平板式筏形基础平板 BPB 的平面注写规定与梁板式筏形基础平板的规定相同,见表 6-10。图 6-17 所示为平板式筏形基础平板 BPB 标注示意。

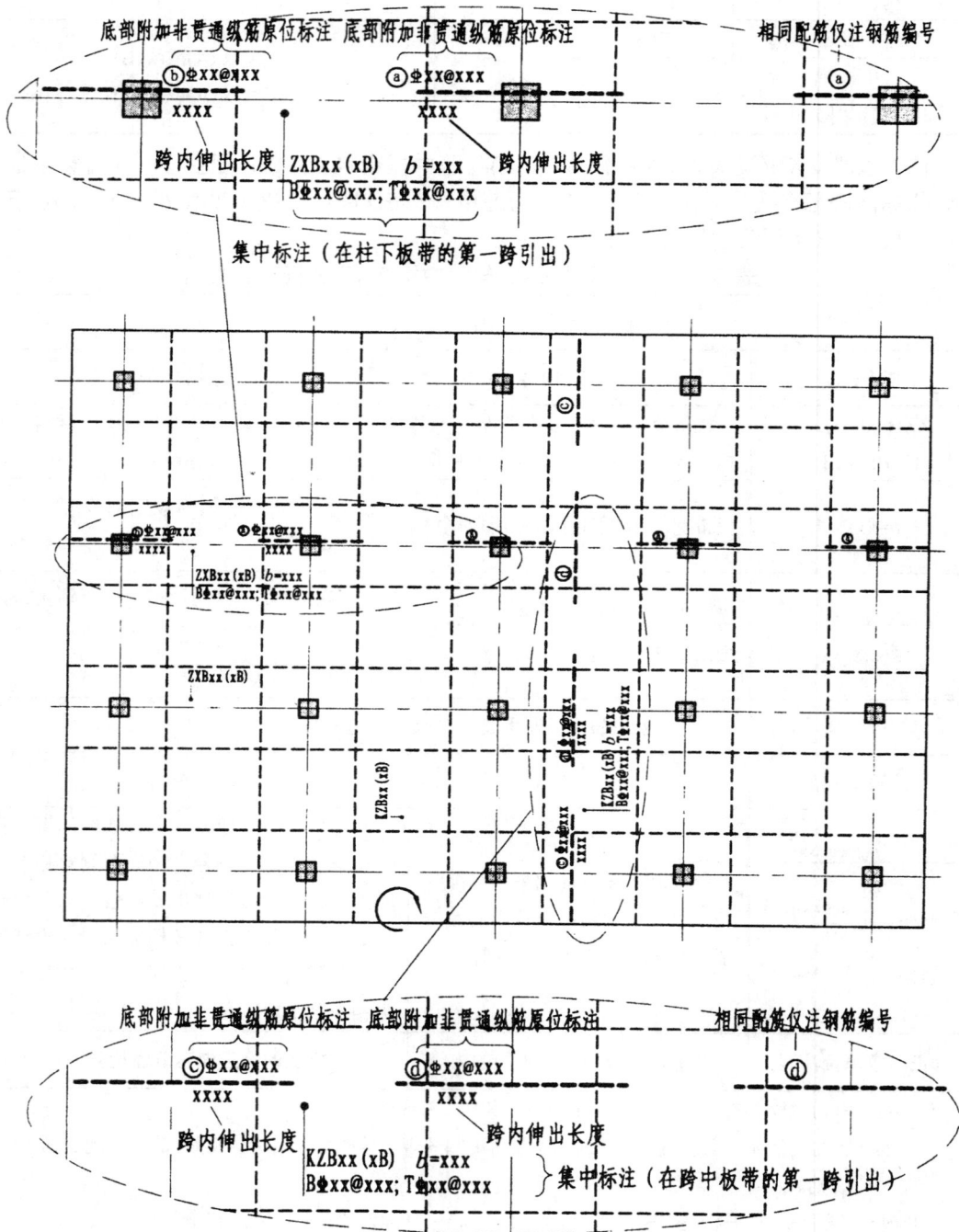

图 6-16　柱下板带 ZXB 与跨中板带 KZB 的标注示意图

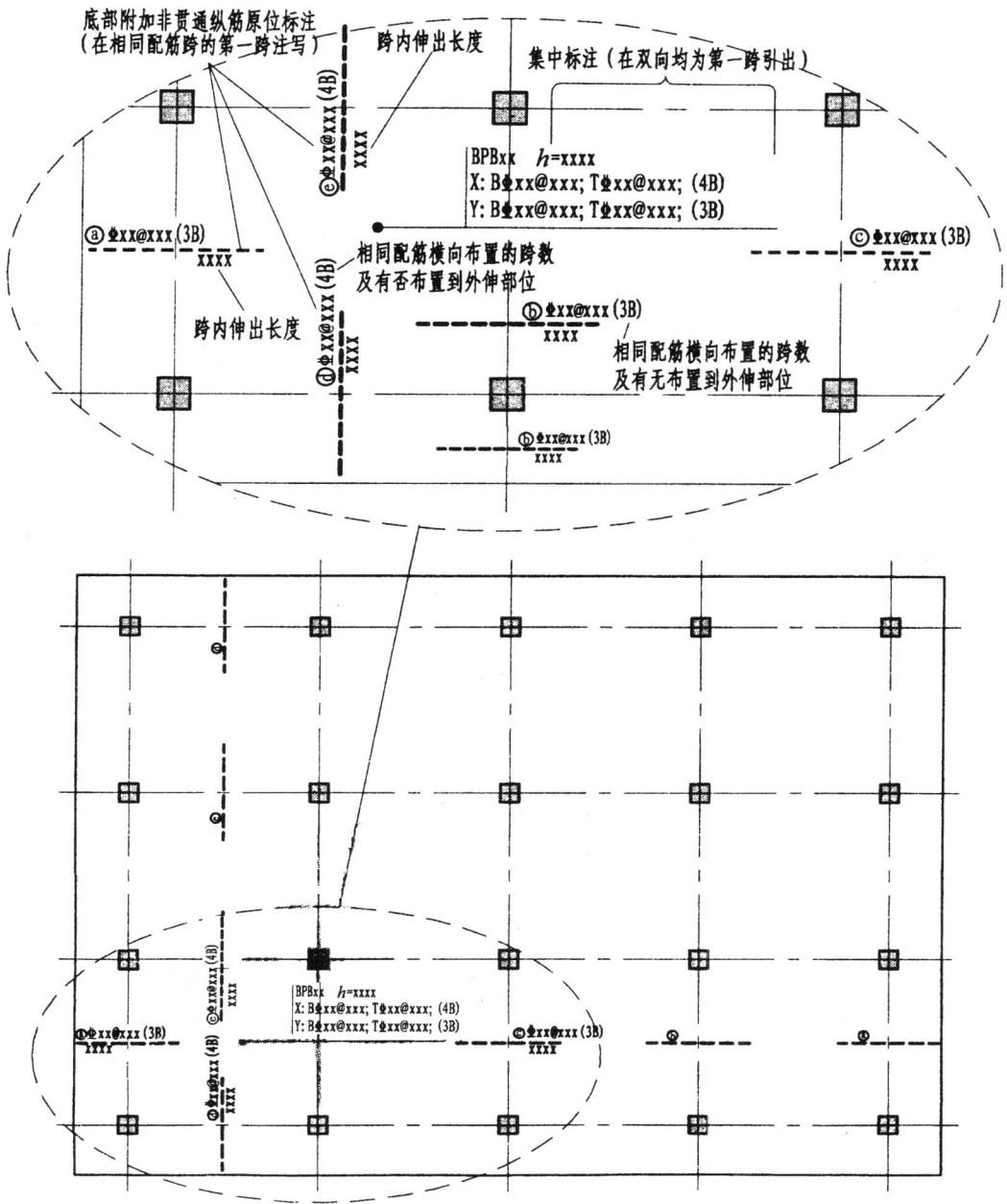

图 6-17　平板式筏形基础平板 BPB 标注示意图

表 6-10 平板式筏形基础平板 BPB 标注说明

集中注写说明：集中标注应在双向均为第一跨引出		
注写形式	表达内容	附加说明
BPBxx	基础平板编号,包括代号和序号	为平板式筏形基础的基础平板
$h=xxxx$	基础平板宽度	板带宽度取值与设置部位应符合规范要求
X: BΦxx@xxx; TΦxx@xxx; (4B) Y: BΦxx@xxx; TΦxx@xxx; (3B)	X 或 Y 向底部与顶部贯通纵筋强度等级、直径、间距(跨数及有无外伸)	底部纵筋应有不少于 1/3 贯通全跨,注意与非贯通纵筋组合设置的具体要求,详见制图规则。顶部纵筋应全跨贯通。用 B 引导底部贯通纵筋,用 T 引导顶部贯通纵筋。(xA):一端有外伸;(xB):两端有外伸;无外伸则仅注跨数。从左至右为 X 向,从上至下为 Y 向
ⓧΦxx@xxxx(x, xA, xB) ———— XXXX └─柱中线	底部附加非贯通纵筋编号、强度等级、直径、间距(相同配筋横向布置的跨数及有无布置到外伸部位);自梁中心线分别向两边跨内的伸出长度值	当向两侧对称伸出时,可只在一侧注伸出长度值。外伸部位一侧的伸出长度与方式按标准构造,设计不注。相同非贯通纵筋可只注写一处,其他尽在中粗虚线上注写编号。与贯通纵筋组合设置时的具体要求详见相应制图规则
修正内容原位注写	某部位与集中标注不同的内容	**原位标注的修正内容取值优先**

注：图注中注明的其他内容见 22G101-3 图集制图规则第 5.5.2 条；有关标注的其他规定详见制图规则。

任务 6.2 基础钢筋标准构造及计算原理

6.2.1 独立基础、条形基础、筏形基础受力特点简述

对**柱下独立基础及条形基础底板**,若旋转 180° 来看,分别是**在地基反力作用下固定于柱子四周或基础梁两侧的悬臂板**。实际施工中,应据此来确定底板交叉布置的钢筋位置及钢筋长度减短 10%的布置。

筏形基础像是倒置于地基上的楼盖,因此,梁板式筏形基础的筏板相当于楼板,基础主次梁相当于楼盖的主次梁,整个**梁板式筏形基础相当于倒置的现浇梁板式楼盖,而平板式筏形基础则相当于倒置的无梁楼盖**,两者在制图规则及配筋构造上非常接近,学习中可互相参照对比。

6.2.2 独立基础钢筋标准构造及计算原理

独立基础钢筋一般需要重点关注底板底部钢筋和多柱独立基础顶部钢筋,各种钢筋构造情况总结见表 6-11。

表 6-11　独立基础钢筋构造情况总结

钢筋种类	钢筋构造情况	
底板底部钢筋	一般情况	矩形独立基础
	长度缩减 10%	对称独立基础
		非对称独立基础
多柱独立基础	双柱独立基础	普通双柱独立基础
		设基础梁的双柱独立基础

1. 矩形独立基础

1) 钢筋构造要点

矩形独立基础底板底部钢筋的一般构造如图 6-18 所示。

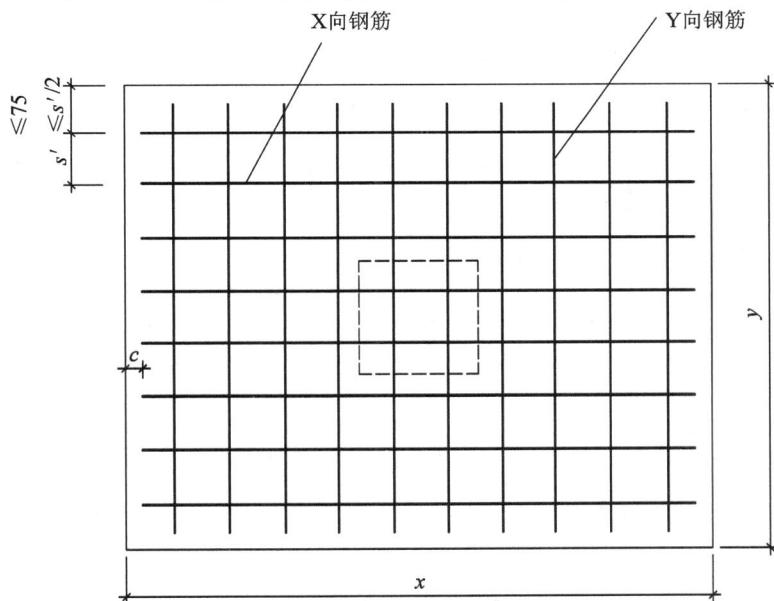

矩形独立基础钢筋构造

图 6-18　矩形独立基础底板底部钢筋一般构造

施工时，长度较大方向的钢筋放置在外侧，长度较小方向的钢筋放置在内侧。钢筋的计算包括长度和根数，其要点如下：

(1) 长度构造要点："c" 是钢筋端部保护层。

(2) 根数计算要点："s" 是钢筋间距，第一根钢筋布置的位置距构件边缘的距离是"起步距离"，独立基础底部钢筋的起步距离不大于 75 mm 且不大于 $s/2$，数学公式可以表示为 $\min(75, s/2)$。

2) 钢筋计算公式(以 X 向钢筋为例)

$$钢筋长度 = x - 2c$$

$$钢筋根数 = \frac{y - 2 \times \min(75, s/2)}{s} + 1$$

2. 长度缩减10%的构造

当底板边长不小于2500 mm时，除各边最外侧钢筋外，其他钢筋长度可取相应方向底板长度的0.9倍，即缩减10%，分为对称、不对称两种情况。

长度缩减10%的构造

1) 对称独立基础

对称独立基础底板底部钢筋长度缩减10%的构造如图6-19所示，其构造要点如下：

(1) 各边最外侧钢筋不缩减；最外侧钢筋长度(1号钢筋) = $x - 2c$。

(2) 除最外侧钢筋外，两向其他钢筋相应缩减10%；两向(X、Y)其他钢筋长度(2号钢筋) = $0.9x$ 或 $0.9y$。

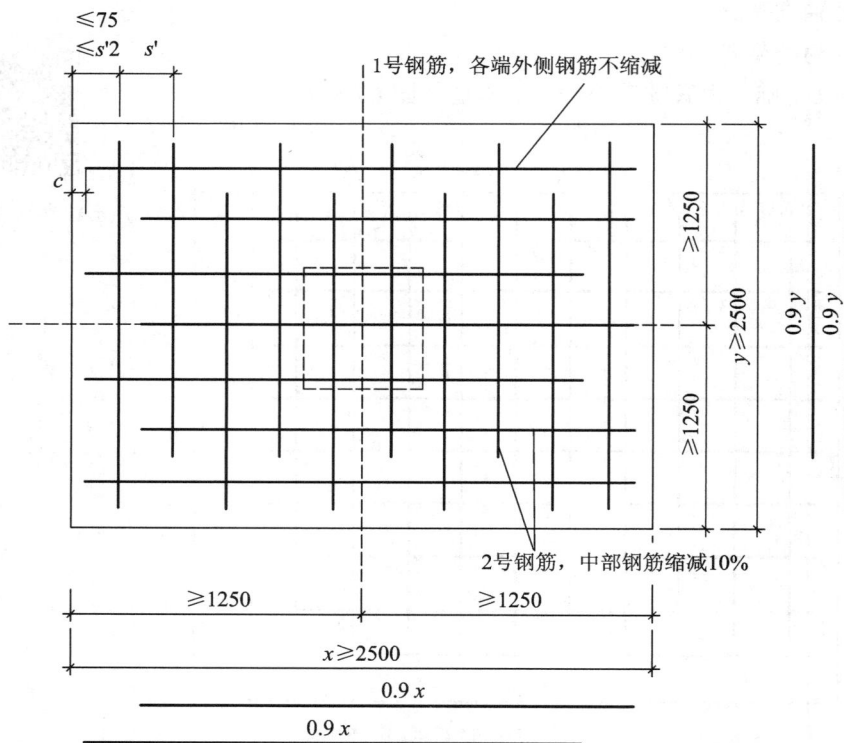

图6-19 对称独立基础底板底部钢筋长度缩减10%的构造

2) 非对称独立基础

非对称独立基础底板底部钢筋长度可取相应方向底板长度的0.9倍，即缩减10%的构造如图6-20所示，其构造要点如下：

(1) 各边最外侧钢筋不缩减。

(2) 对称方向(如图中Y向)中部钢筋长度缩减10%，与对称独立基础相同。

(3) 非对称方向(如图中X向)：

① 从柱中心至基础底板边缘的距离小于1250 mm时，该侧钢筋不缩减。

② 从柱中心至基础底板边缘的距离不小于1250 mm时，该侧钢筋隔一根缩减一根。

各构造计算要点：

$$1\,号钢筋长度 = x - 2c$$
$$2\,号钢筋长度 = 0.9y$$
$$3\,号钢筋长度 = 0.9x$$
$$4\,号钢筋长度 = x - 2c$$

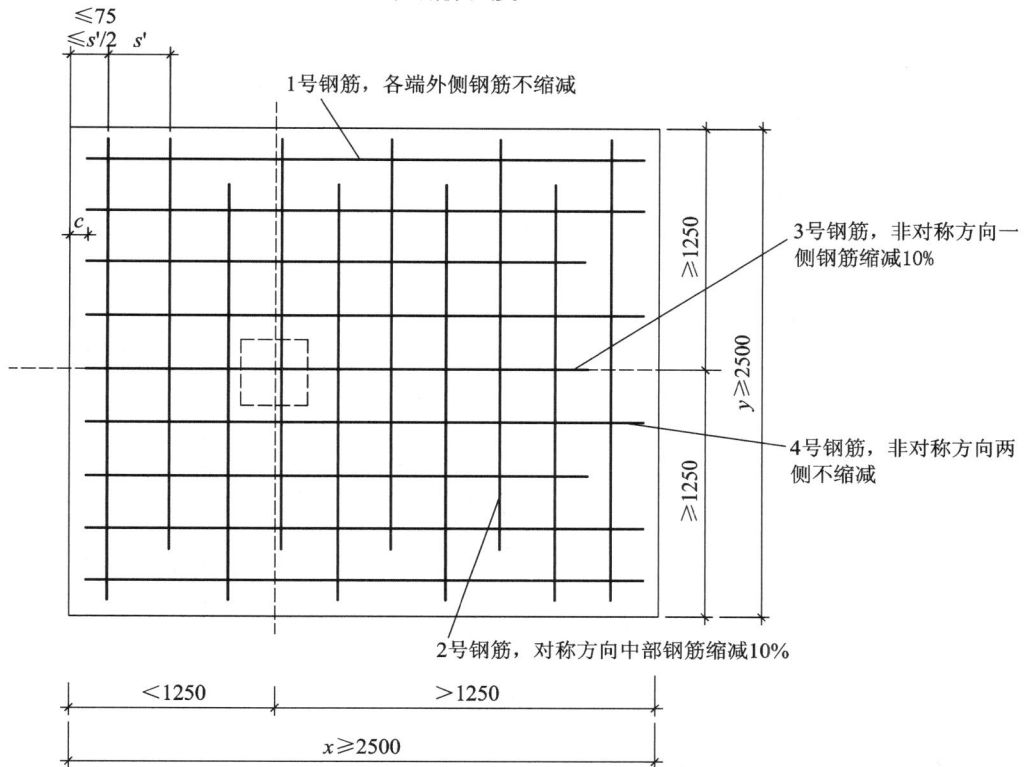

图 6-20 非对称独立基础底板底部钢筋长度缩减 10%的构造

3. 双柱独立基础底板顶部配筋

双柱独立基础底板顶部配筋，由纵向受力钢筋和横向分布筋组成，如图 6-21 所示，其钢筋构造要点如下：

(1) 纵向受力钢筋。两端分别伸至柱纵筋内侧。

(2) 横向分布筋。横向分布筋长度 = 纵向受力筋布置范围长度 + 两端超出受力筋外的长度(每边按 75 mm 取值)。

横向分布筋根数在纵向受力筋的长度范围布置，起步距一般按"分布筋间距/2"考虑。分布筋位置宜设置在受力筋之下。

双柱独立基础底板底部配筋，由双向受力筋组成，钢筋构造要点如下：

(1) 沿双柱方向，在确定基础底板底部钢筋长度缩减 10%时，基础底板长度应按减去两柱中心距尺寸后的长度取用。

(2) 钢筋位置关系。双柱普通独立基础底部双向交叉钢筋，根据基础两个方向从柱外缘至基础外缘的延伸长度 ex 和 ey 的大小，较大者方向的钢筋设置在下，较小者方向的钢筋设置在上。而基础顶部双向交叉钢筋，则柱间纵向钢筋在上，柱间分布钢筋在下。

多柱独立基础平法识图

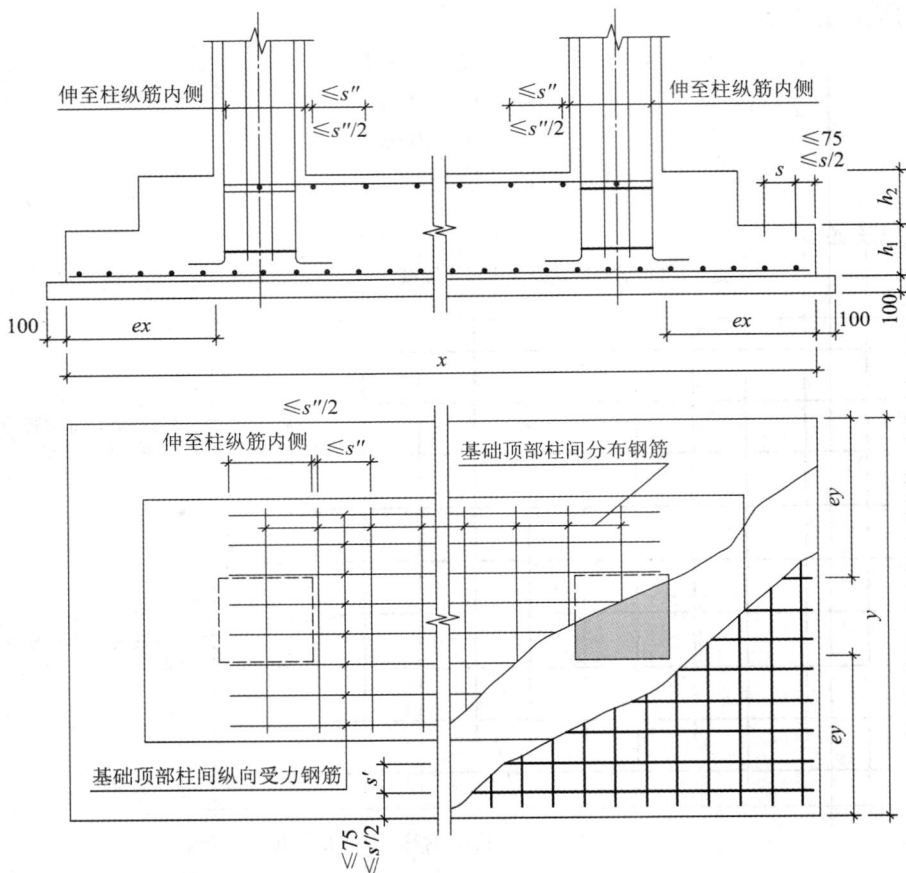

图 6-21　普通双柱独立基础顶部配筋

6.2.3　条形基础钢筋标准构造及计算原理

条形基础钢筋种类见表 6-12。

表 6-12　条形基础钢筋种类

构　件		钢　筋　种　类
基 础 梁 JL	纵筋	底部贯通钢筋，顶部贯通纵筋
		端部及柱下区域底部非贯通筋
		JL 梁底不平和变截面处钢筋
		侧部构造筋
	箍筋	
基 础 底 板		条形基础底板配筋构造

1. 基础梁钢筋构造

基础梁与框架梁相比较时，应把基础梁旋转 180°后比较，即基础梁顶部筋与框架梁底部筋是对应的，而基础梁底部筋与框架梁顶部筋是对应的。

1) 基础梁 JL 钢筋构造

基础梁 JL 纵向钢筋与箍筋构造如图 6-22 所示。

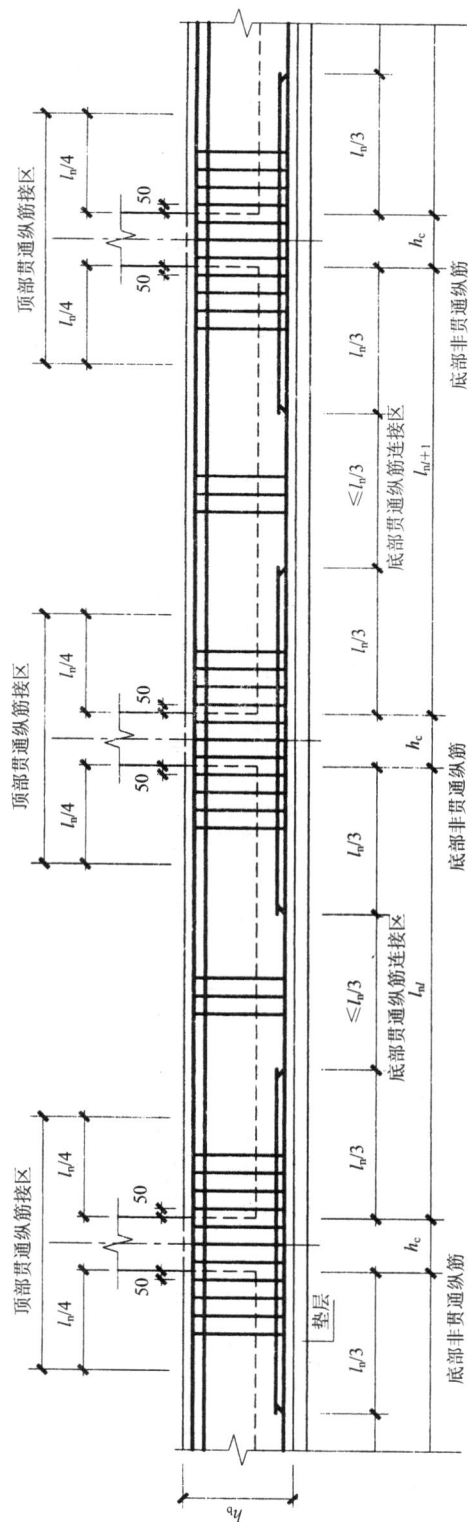

图 6-22 基础梁 JL 纵向钢筋与箍筋构造

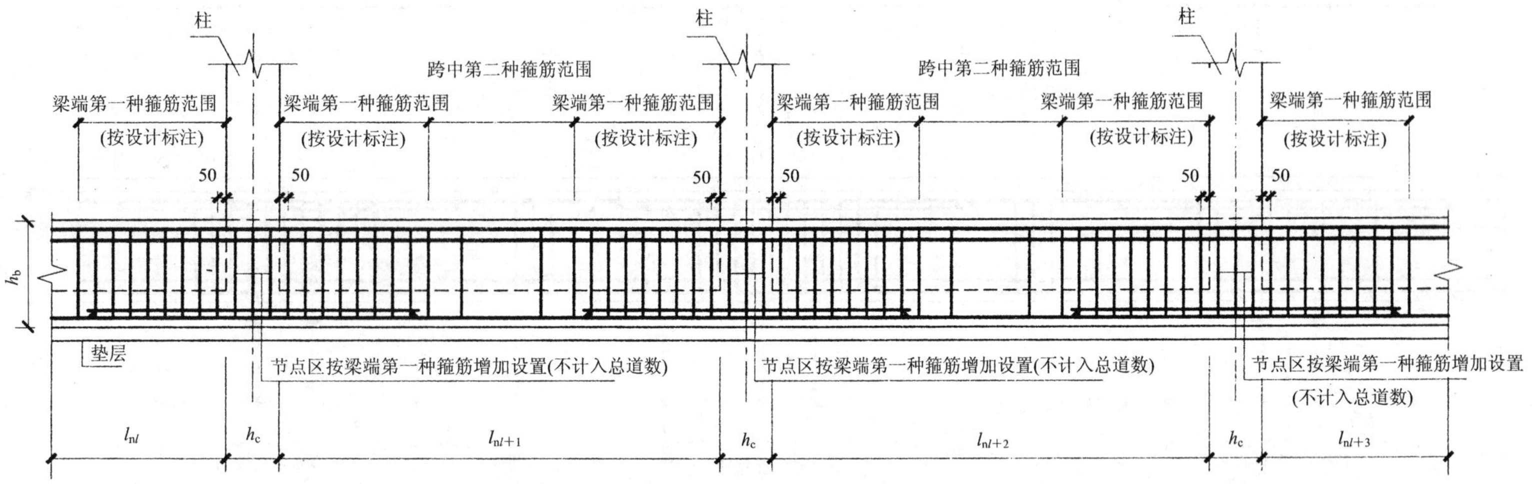

图 6-23　基础梁 JL 配置两种箍筋构造

钢筋构造说明如下：

(1) 梁上部设置通长纵筋，如需接头，其位置在柱两侧 $L_n/4$ 范围内(L_n 为 L_{ni} 和 L_{ni+1} 之较大值)。

(2) 梁下部纵筋有贯通筋和非贯通筋。贯通筋的接头位置在跨中 $L_n/3$ 范围内；当相邻两跨贯通纵筋配置不同时，应将配置较大一跨的底部贯通纵筋越过其标注的跨数终点或起点，伸至配置较小的毗邻跨的跨中连接区连接。

(3) 基础梁相交处位于同一层面的交叉钢筋，其上下位置应符合设计要求。

基础梁 JL 配置两种箍筋构造如图 6-23 所示。

说明：基础梁的外伸部位及基础梁端部节点内，如设计未注明时，按第一种箍筋设置。

2) 端部无外伸构造

基础梁端部无外伸构造如图 6-24 所示。

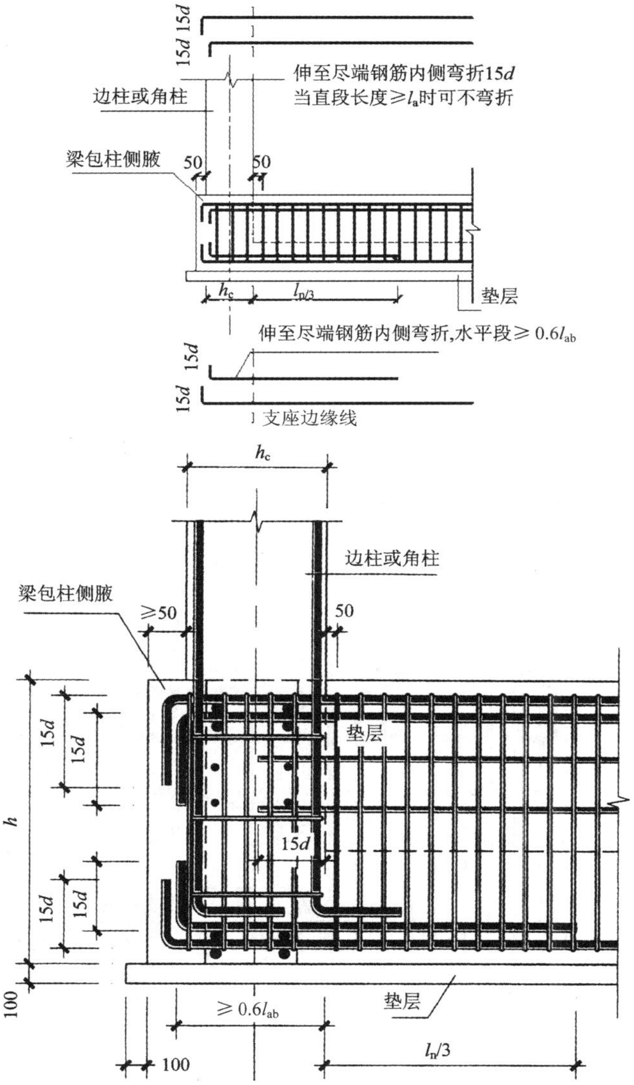

图 6-24　基础梁端部无外伸构造

钢筋构造要点如下：

(1) 底部贯通纵筋与非贯通纵筋均伸至尽端，向上弯折 $15d$，从柱内侧起，伸入基础梁端部且水平段长度不小于 $0.6l_{ab}$。

(2) 当底部非贯通纵筋位于第二排时，从柱内边缘向跨内的延伸长度为 $l_n/3$。

(3) 顶部贯通纵筋(一排或两排)伸至尽端，向下弯折 $15d$，当伸入基础梁端部的直段长度不小于 l_a 时，可不弯折。

(4) 梁包柱侧腋尺寸为 50 mm。

3) 等截面外伸

基础梁端部等截面外伸构造如图 6-25 所示。

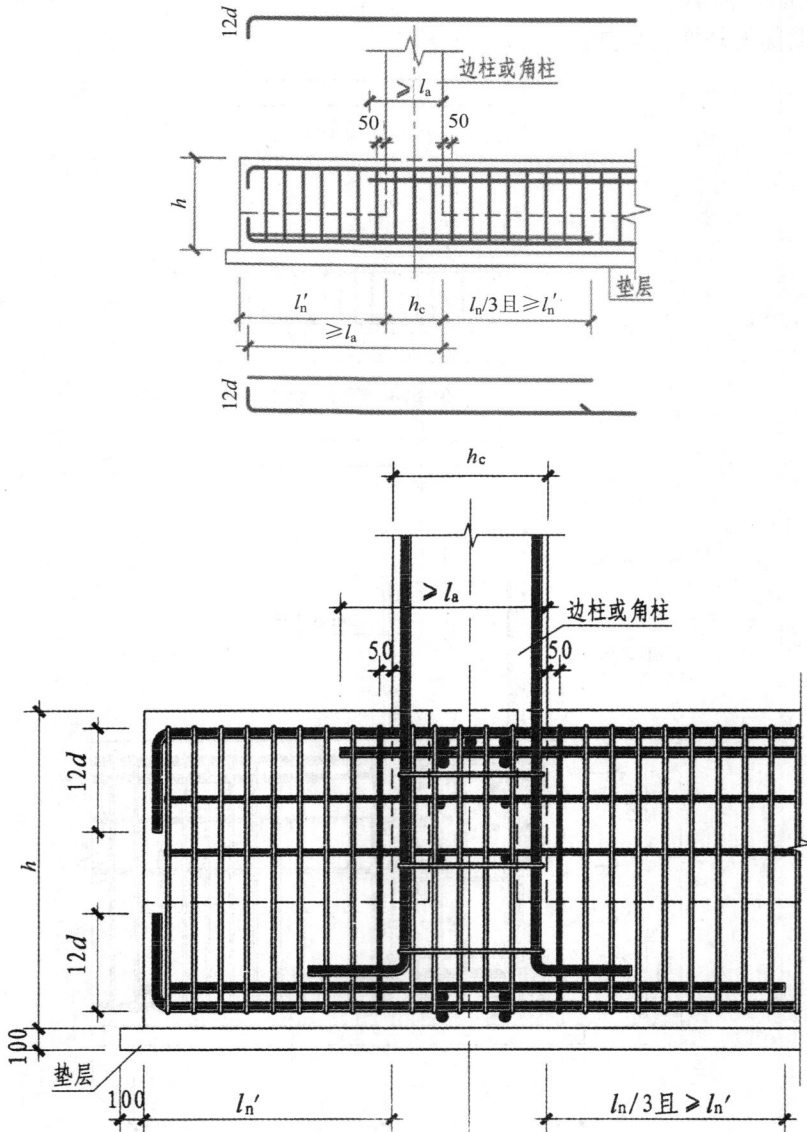

图 6-25　基础梁端部等截面外伸构造

钢筋构造要点如下：

(1) 底部下排贯通纵筋伸至外伸尽端，向上弯折 $12d$；当 $l'_n + h_c \leqslant l_a$ 时，基础梁下部钢筋应伸至端部后弯折，且从柱内边缘算起水平段长度不小于 $0.6l_{ab}$，弯折段长度为 $15d$。

(2) 底部第二排非贯通纵筋伸至尽端截断；若底部非贯通纵筋位于第一排，则端部构造同底部贯通筋，而从柱内侧边缘向跨内的延伸长度为 $l_n/3$，且要大于外伸长度。

(3) 顶部上排钢筋伸至外伸尽端，顶部下排钢筋不用伸入外伸部位，从柱内侧起外伸 l_a。

4) 变截面外伸

基础梁端部变截面外伸构造如图 6-26 所示。

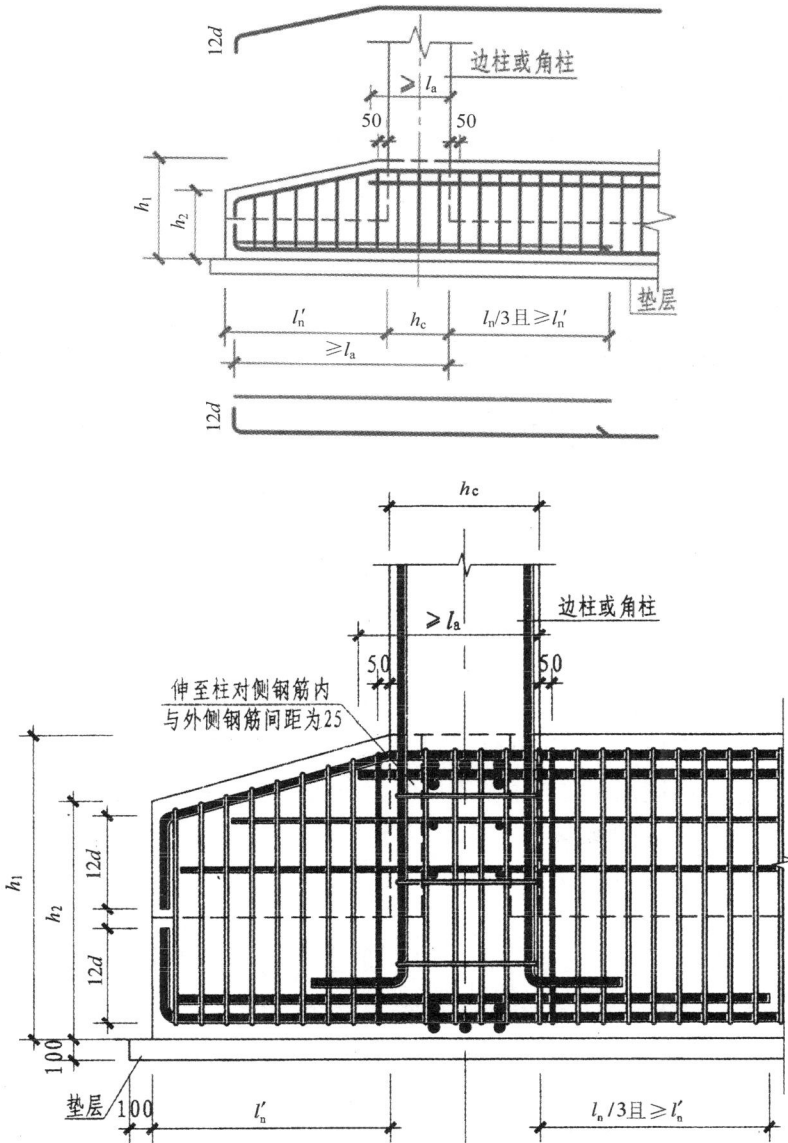

图 6-26　基础梁端部变截面外伸构造

钢筋构造要点如下：

(1) 底部下排贯通纵筋伸至外伸尽端(留保护层)，向上弯折 $12d$；当 $l'_n + h_c \leq l_a$ 时，基础梁下部钢筋应伸至端部后弯折，且从柱内边缘算起水平段长度不小于 $0.6l_{ab}$，弯折段长度为 $15d$。

(2) 底部第二排非贯通纵筋伸至尽端截断；若底部非贯通纵筋位于第一排，则端部构造同底部贯通筋，从柱内侧边缘向跨内的延伸长度为 $l_n/3$，且要大于外伸长度。

(3) 顶部上排钢筋随变截面而弯折，伸至外伸尽端向下弯折 $12d$，顶部下排钢筋不用伸入外伸部位，从柱内侧起外伸 l_a；在外伸段按斜长计算。可对比框架梁端部有悬挑的钢筋构造学习。

5) 柱两边梁宽不同

柱两边基础梁宽度不同构造如图 6-27 所示。

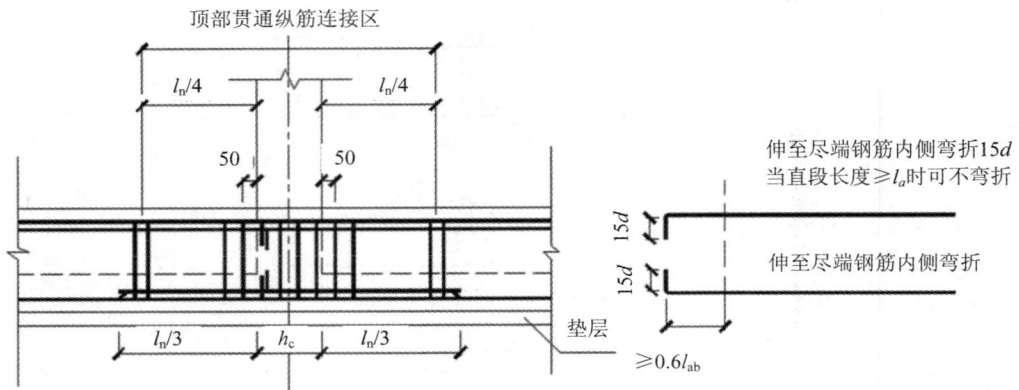

图 6-27 柱两边基础梁宽度不同构造

钢筋构造要点如下：

(1) 非宽出部位，柱子两侧底部、顶部钢筋构造如图 6-22 所示。

(2) 宽出部位的顶部及底部钢筋伸至尽端钢筋内侧，分别向上、向下弯折 $15d$，从柱一侧边起，伸入的水平段长度不小于 $0.6l_{ab}$，当直锚长度足够时，可以直锚，不弯折；当梁截面尺寸相同，但柱两侧梁截面布筋根数不同时，一侧多出的钢筋也应照此构造做法。

6) 中间变截面 —— 梁顶或梁底有高差

梁顶有高差构造如图 6-28 所示。

钢筋构造要点如下：

(1) 梁底钢筋构造如图 6-22 所示，底部非贯通纵筋两向自柱边起，各自向跨内的延伸长度为 $l_n/3$，其中 l_n 为相邻两跨净跨之较大者。

(2) 梁顶较低一侧上部钢筋直锚。

(3) 梁顶较高一侧第一排钢筋伸至尽端向下弯折，距较低梁顶面 l_a 截断；顶部第二排钢筋伸至尽端钢筋内侧向下弯折 $15d$，当直锚长度足够时，可直锚。

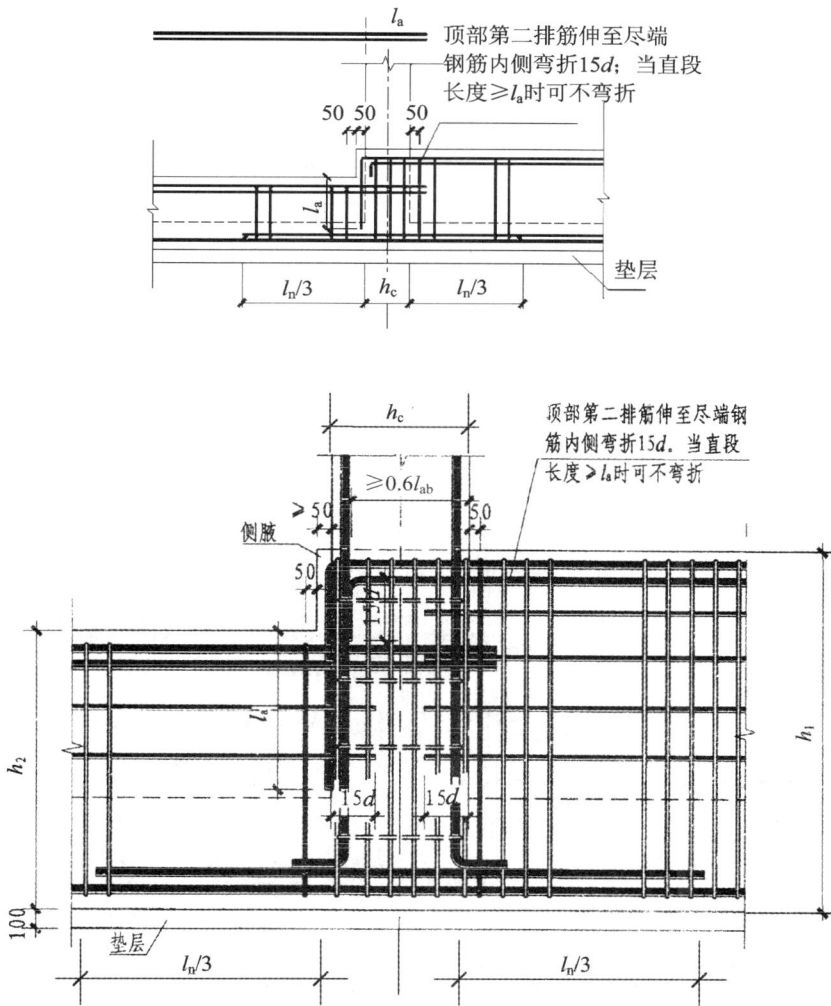

图 6-28　梁顶有高差构造

梁底有高差构造如图 6-29 所示，钢筋构造要点如下：

(1) 梁顶钢筋构造如图 6-22 所示。

(2) 阴角部位注意避免内折角。梁底较高一侧下部钢筋直锚；梁底较低一侧钢筋伸至尽端弯折，注意直锚长度的起算位置(构件边缘阴角角点处)。

上述五种情况，钢筋构造做法与框架梁相对应的情况基本相同，值得注意的有两点：一是在梁柱交接范围内，框架梁不配置箍筋，而基础梁需要配置箍筋；二是基础梁纵筋如需接头，上部纵筋在柱两侧 $l_n/4$ 范围内，下部纵筋在梁跨中 $l_n/3$ 范围内。

7) 侧部构造筋

同框架梁侧部构造筋，布置范围应为梁高扣除底板厚度。

8) 箍筋

箍筋见图 6-23，应注意，箍筋在柱下连续布置。

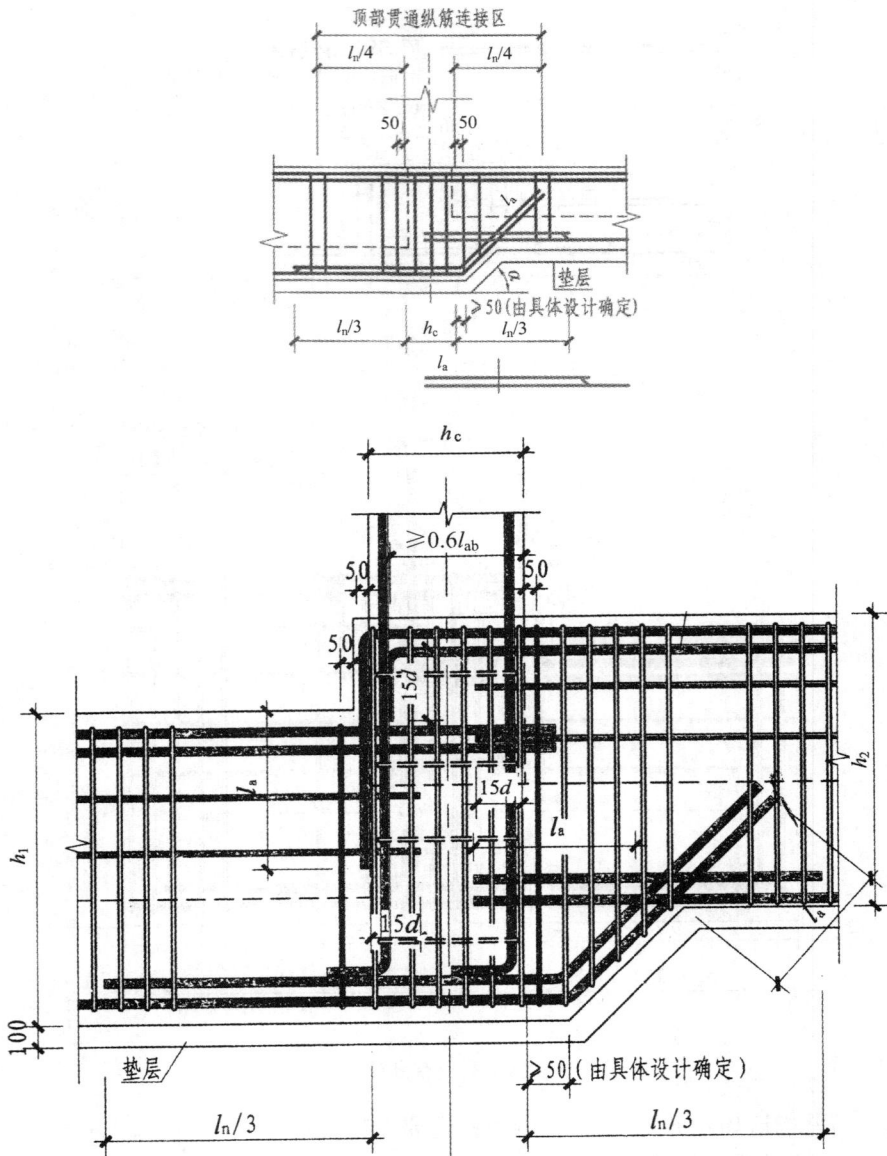

图 6-29 梁底有高差构造

2. 基础底板钢筋构造

1) 转角端部无外伸构造

转角端部无外伸构造如图 6-30 所示，钢筋构造要点如下：

(1) 条形基础底板钢筋起步距离可取 $s/2(s$ 为钢筋间距)。

(2) 保护层厚度按本书任务 1.2 中有关规定选取。

(3) 在两向受力钢筋交接处的网状部位，分布钢筋与同向受力钢筋的构造搭接长度为 150 mm。

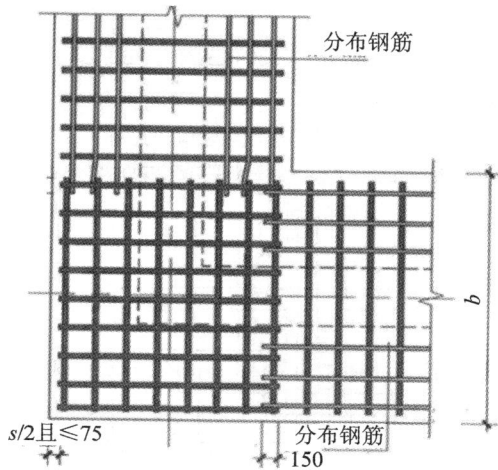

图 6-30　转角端部无外伸构造

2) 转角端两向均有纵向外伸构造

转角端两向均有外伸构造如图 6-31 所示，钢筋构造要点如下：

(1) 一向受力钢筋贯通布置。

(2) 另一向受力钢筋在交接处伸出 $b/4$ 范围内布置。

(3) 网状部位受力筋与另一向分布筋搭接为 150 mm。

(4) 分布筋在梁宽范围内不布置。

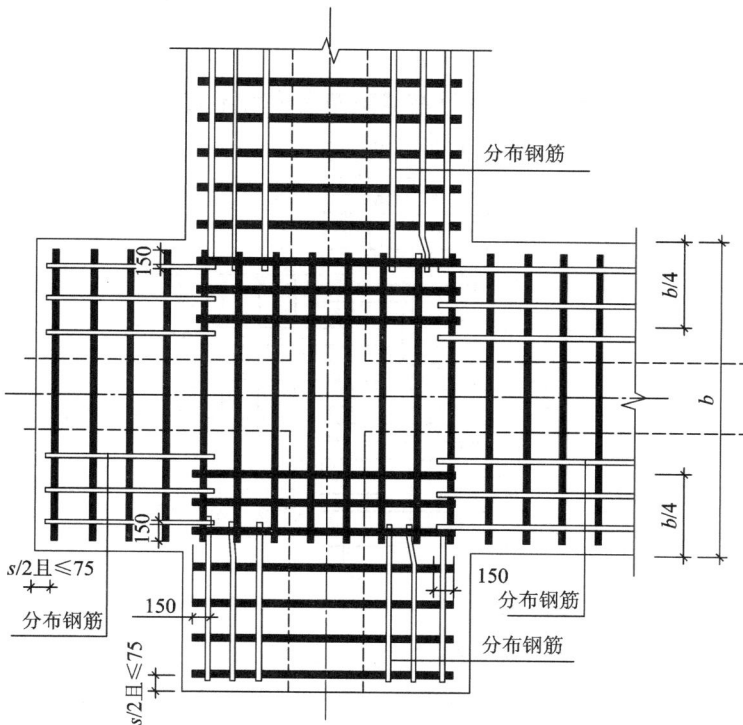

图 6-31　转角端两向均有外伸构造

3) 丁字交接基础底板

丁字交接基础底板构造如图 6-32 所示，钢筋构造要点如下：

(1) 丁字横向受力钢筋贯通布置。

(2) 丁字纵向受力钢筋在交接处延伸 $b/4$ 范围布置。

(3) 贯通的分布筋和非贯通的分布筋与受力筋的搭接为 150 mm。

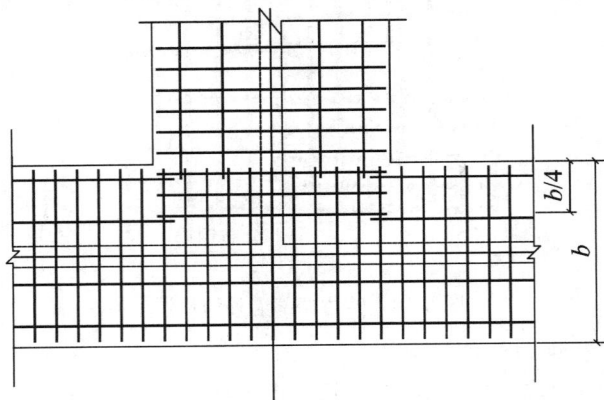

图 6-32　丁字交接基础底板构造

4) 十字交接基础底板

十字交接基础底板钢筋构造如图 6-33 所示，钢筋构造要点如下：

(1) 配置较大的受力钢筋贯通布置。

(2) 另一向受力钢筋在交接处伸出 $b/4$ 范围内布置。

(3) 分布筋与受力筋的搭接长度为 150 mm。

(4) **编者认为，与梁平行的底板钢筋在梁宽范围内可不布置。**

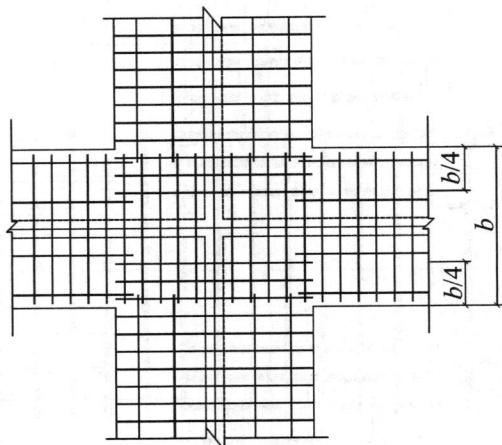

图 6-33　十字交接基础底板钢筋构造

5) 条形基础底板配筋长度缩减 10%构造

当条形基础底板宽度不小于 2500 mm 时，底板受力钢筋长度缩减 10%交错配置，如图 6-34 所示，底板交接区的受力钢筋和无交接底板时端部第一根钢筋不应减短。

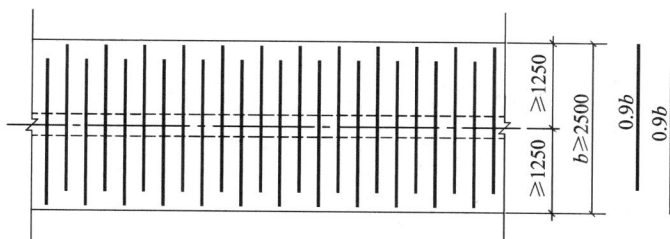

图 6-34　条形基础底板配筋长度缩减 10%构造

6.2.4　梁板式筏形基础钢筋标准构造及计算原理

筏形基础钢筋种类见表 6-13。

表 6-13　筏形基础钢筋种类

构　件	钢　筋　种　类	
基础主梁 JL	纵筋	底部贯通钢筋
		端部及柱下区域底部非贯通筋
		顶部贯通纵筋
		侧部构造筋
	箍筋	
基础次梁 JCL	纵筋	底部贯通纵筋
		顶部贯通纵筋
		梁端基础主梁下区域底部非贯通纵筋
	箍筋	
梁板式基础平板 LPB	底部贯通纵筋	
	顶部贯通纵筋	
	横跨基础梁下的板底部非贯通纵筋	

在梁板式筏形基础中，基础主梁和条形基础中的基础梁钢筋构造相同(在本书 6.2.3 中已做叙述)，另外，基础梁 JL 与柱结合部侧腋构造见 22G101-3 第 2-28 页，基础梁 JL 侧面构造纵筋和拉筋见 22G101-3 第 2-26 页，读者可自行参阅学习。以下主要讲解基础次梁 JCL 和梁板式基础平板 LPB。

1. 基础次梁(JCL)钢筋构造

1) 基础次梁 JCL 纵筋与箍筋构造

基础次梁 JCL 纵筋与箍筋构造如图 6-35 所示。

钢筋构造说明如下：

(1) 同跨箍筋有两种时，其设置范围按具体设计注写值。

(2) 基础梁外伸部位按梁端第一种箍筋设置或由具体设计注明。

(3) 基础主梁与次梁交接处基础主梁箍筋贯通，次梁箍筋距主梁边 50 mm 开始布置。

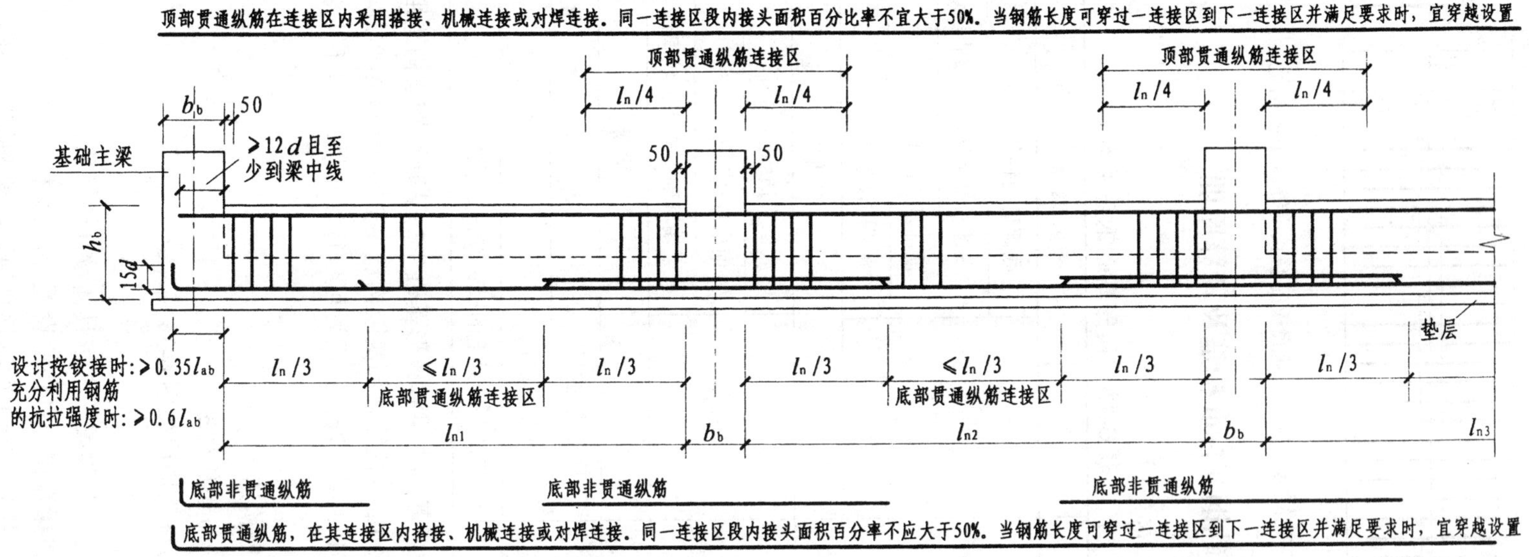

图 6-35 基础次梁 JCL 纵筋与箍筋构造

(4) 基础次梁 JCL 上部贯通纵筋连接区长度在主梁 JL 两侧各 $l_n/4$ 范围内；下部贯通纵筋的连接区在跨中 $l_n/3$ 范围内，非贯通纵筋的截断位置在基础主梁两侧 $l_n/3$ 处。l_n 为左跨和右跨之较大值。

2) 端部无外伸

基础次梁端部无外伸构造如图 6-36 所示，钢筋构造要点如下：

(1) 底部贯通纵筋与非贯通纵筋均伸至尽端主梁钢筋内侧，向上弯折 $15d$，且从基础主梁内侧起，伸入梁端部水平段长度由设计指定。

(2) 底部非贯通纵筋从基础主梁内边缘向跨内的延伸长度为 $l_n/3$。

(3) 顶部贯通纵筋伸至基础主梁内的水平段长度不小于 $12d$ 且至少到梁中线。

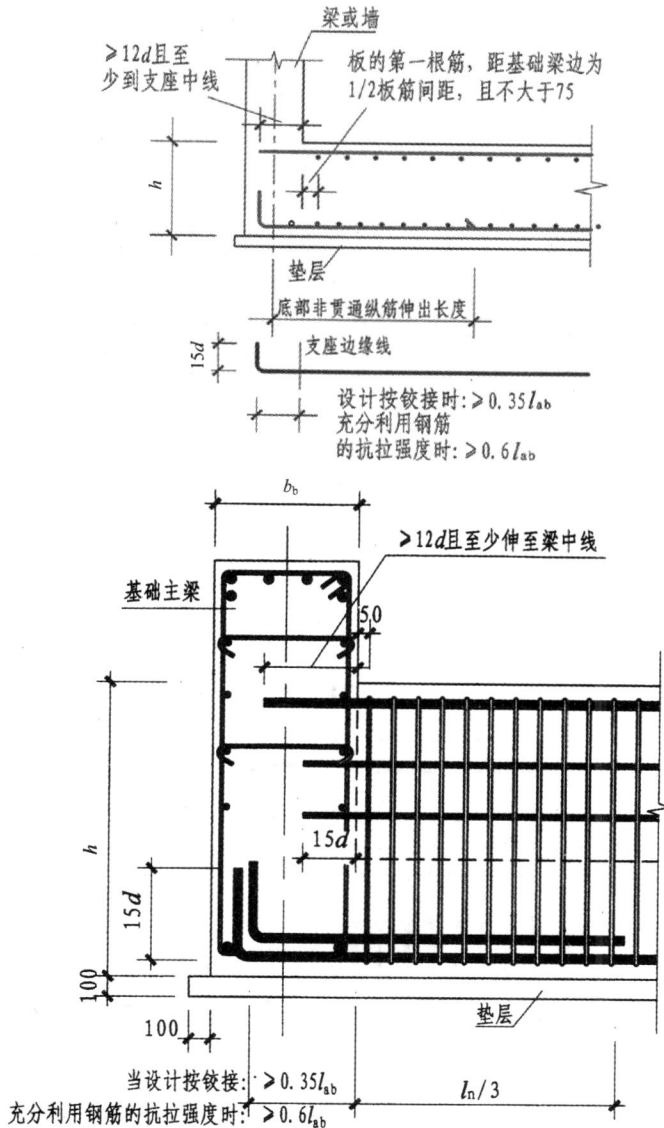

图 6-36　基础次梁端部无外伸构造

3) 端部等截面外伸

基础次梁端部等截面外伸构造如图 6-37 所示，钢筋构造要点如下：

(1) 底部下排贯通纵筋伸至外伸尽端(留保护层)，向上弯折 $12d$。

(2) 底部第二排非贯通纵筋伸至尽端截断；若底部非贯通纵筋位于第一排，则端部构造同底部贯通筋。从柱内侧边缘向跨内的延伸长度为 $l_n/3$，且要大于外伸长度。底部非贯通纵筋自第三排起，向跨内的伸出长度应由设计注明。

(3) 顶部上排钢筋伸至外伸尽端向下弯折 $12d$。

(4) 当从基础主梁内边算起的外伸长度不满足直锚要求时，基础次梁下部钢筋应伸至端部后弯折 $15d$，且梁内边算起水平段长度应 $\geqslant 0.6l_{ab}$。

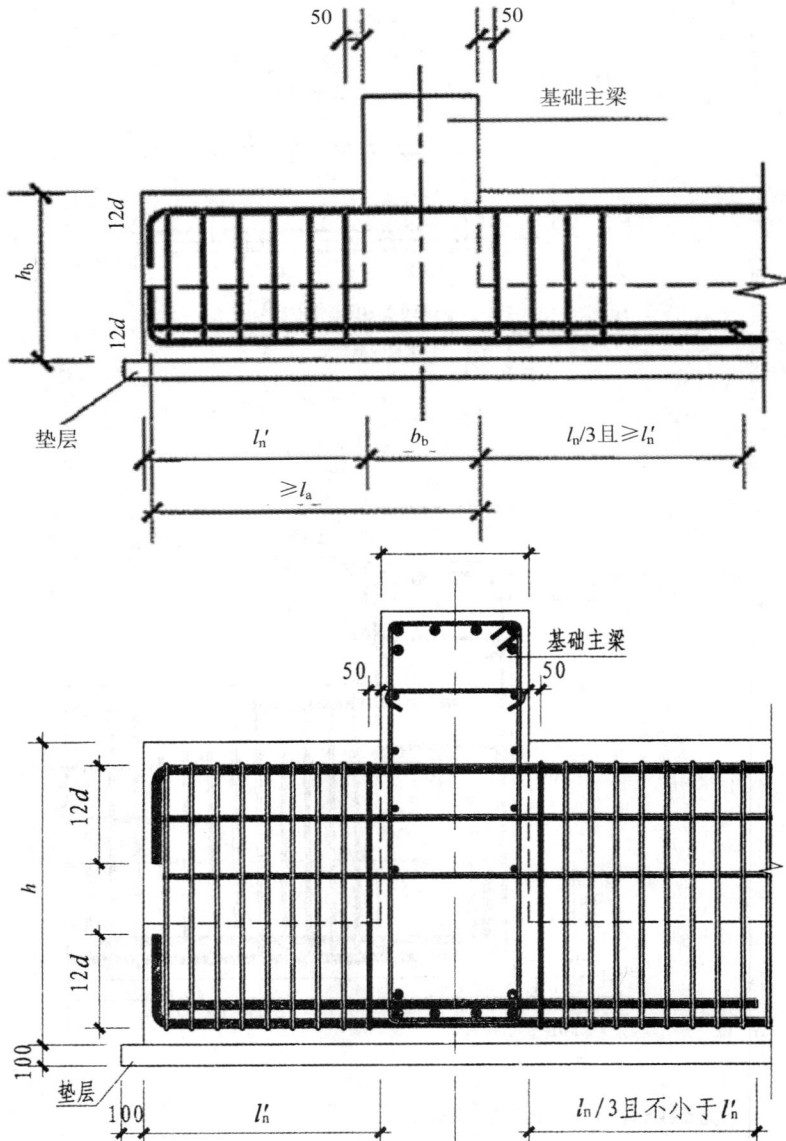

图 6-37 基础次梁端部等截面外伸构造

4) 端部变截面外伸

基础次梁端部变截面外伸构造如图 6-38 所示，钢筋构造要点如下：

(1) 底部下排贯通纵筋伸至外伸尽端(留保护层)，向上弯折 12d。

(2) 底部第二排非贯通纵筋伸至尽端截断；若底部非贯通纵筋位于第一排，则端部构造同底部贯通筋。从柱内侧边缘向跨内的延伸长度为 $l_n/3$，且要大于外伸长度。

(3) 顶部钢筋随变截面而弯折，伸至外伸尽端向下弯折 12d，在外伸段按斜长计算。

(4) 当从基础主梁内边算起的外伸长度不满足直锚要求时，基础次梁下部钢筋应伸至端部后弯折 15d，且梁内边算起水平段长度应≥$0.6l_{ab}$。

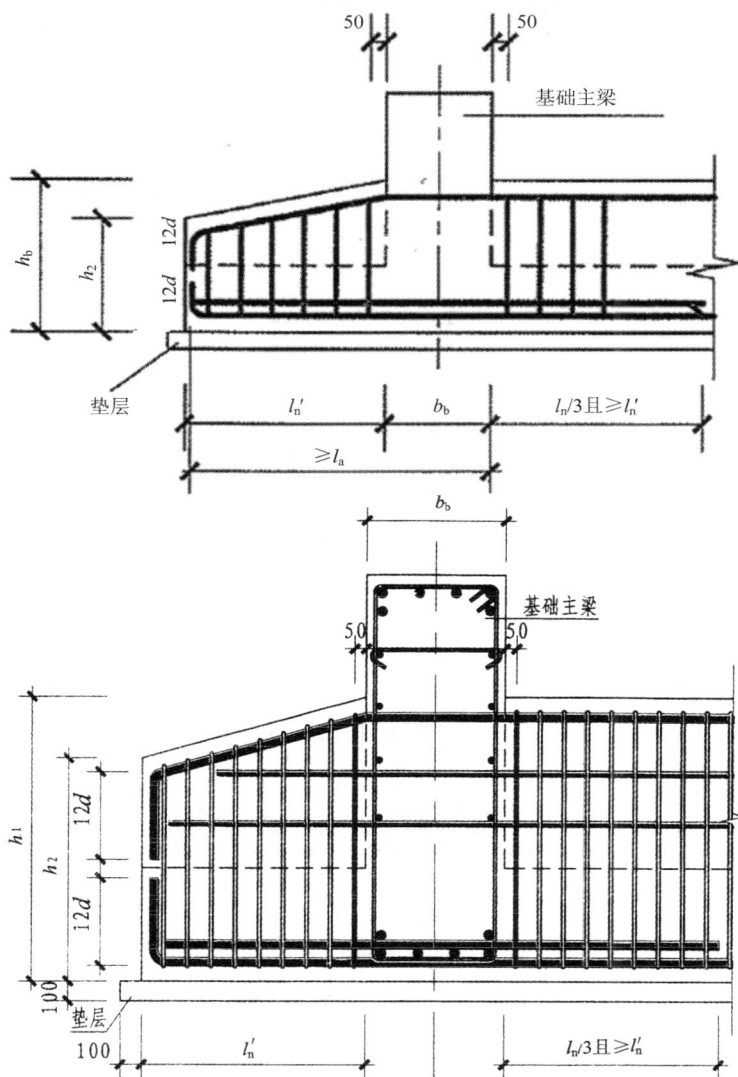

图 6-38 基础次梁端部变截面外伸构造

5) 柱两边梁宽不同

柱两边基础梁宽度不同构造如图 6-39 所示，钢筋构造要点如下：

(1) 非宽出部位，柱子两侧底部、顶部钢筋构造如图 6-35 所示。

(2) 宽出部位的顶部钢筋伸至尽端钢筋内侧，向下弯折 15d，当直锚长度足够时，可以直锚，不弯折。

(3) 宽出部位的底部钢筋伸至尽端钢筋内侧，向上弯折 15d，从基础主梁一侧边起，伸入的水平段长度不小于 $0.6l_{ab}$；当直锚长度足够时，可以直锚，不弯折。

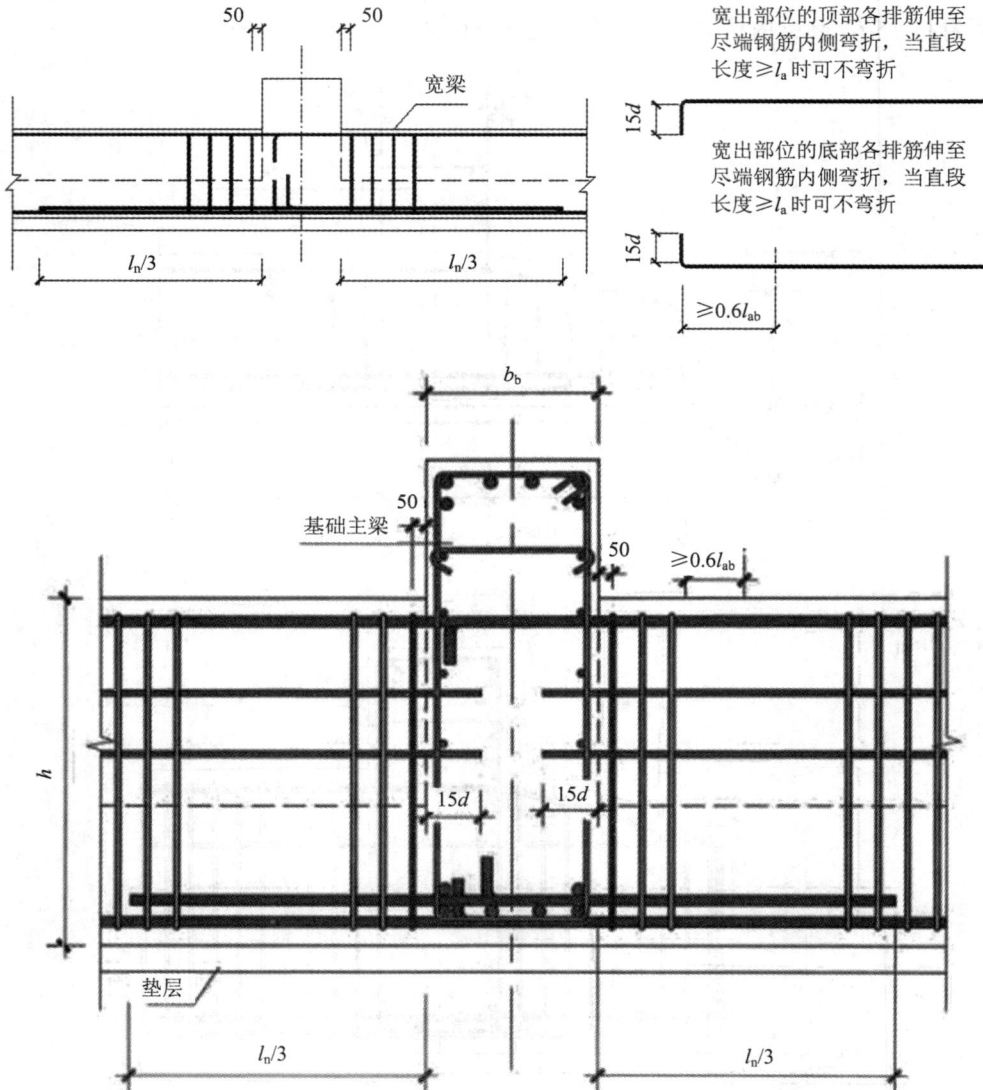

图 6-39 柱两边宽度不同钢筋构造

6) 中间变截面——梁顶或梁底有高差

梁顶有高差构造，如图 6-40 所示，钢筋构造要点如下：

(1) 梁底钢筋构造如图 6-35 所示；底部非贯通纵筋两向自基础主梁边缘算起，各自向

跨内的延伸长度为 $l_n/3$，其中 l_n 为相邻两跨净跨之较大者。

(2) 梁顶较低一侧上部钢筋直锚，且至少到梁中线。

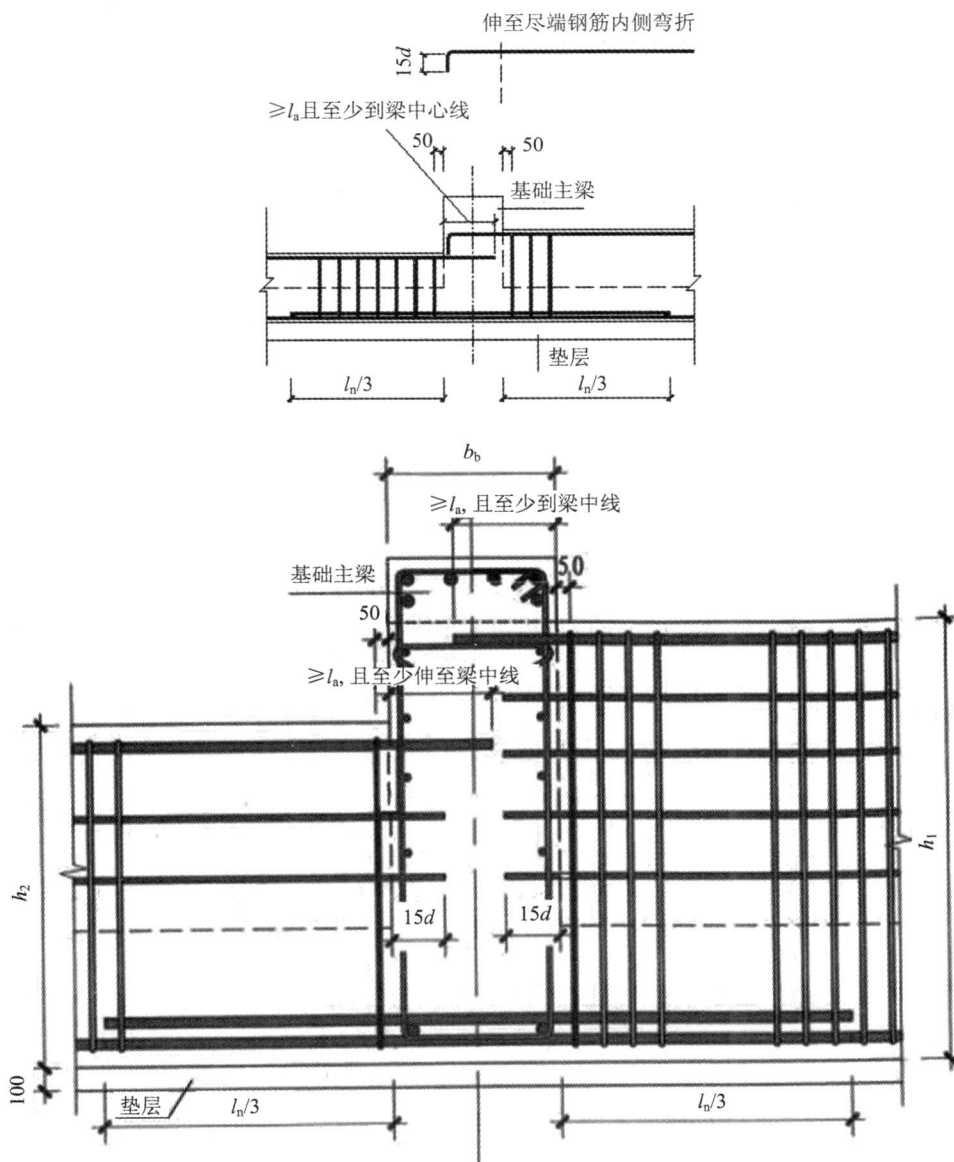

图 6-40 梁顶有高差构造

(3) 梁顶较高一侧钢筋伸至尽端向下弯折 $15d$。

梁底有高差构造，如图 6-41 所示，钢筋构造要点如下：

(1) 梁顶钢筋构造如图 6-35 所示。

(2) **阴角部位注意避免内折角**。梁底较高一侧下部钢筋直锚；梁底较低一侧钢筋伸至尽端弯折，注意直锚长度的起算位置(构件边缘阴角角点处)。

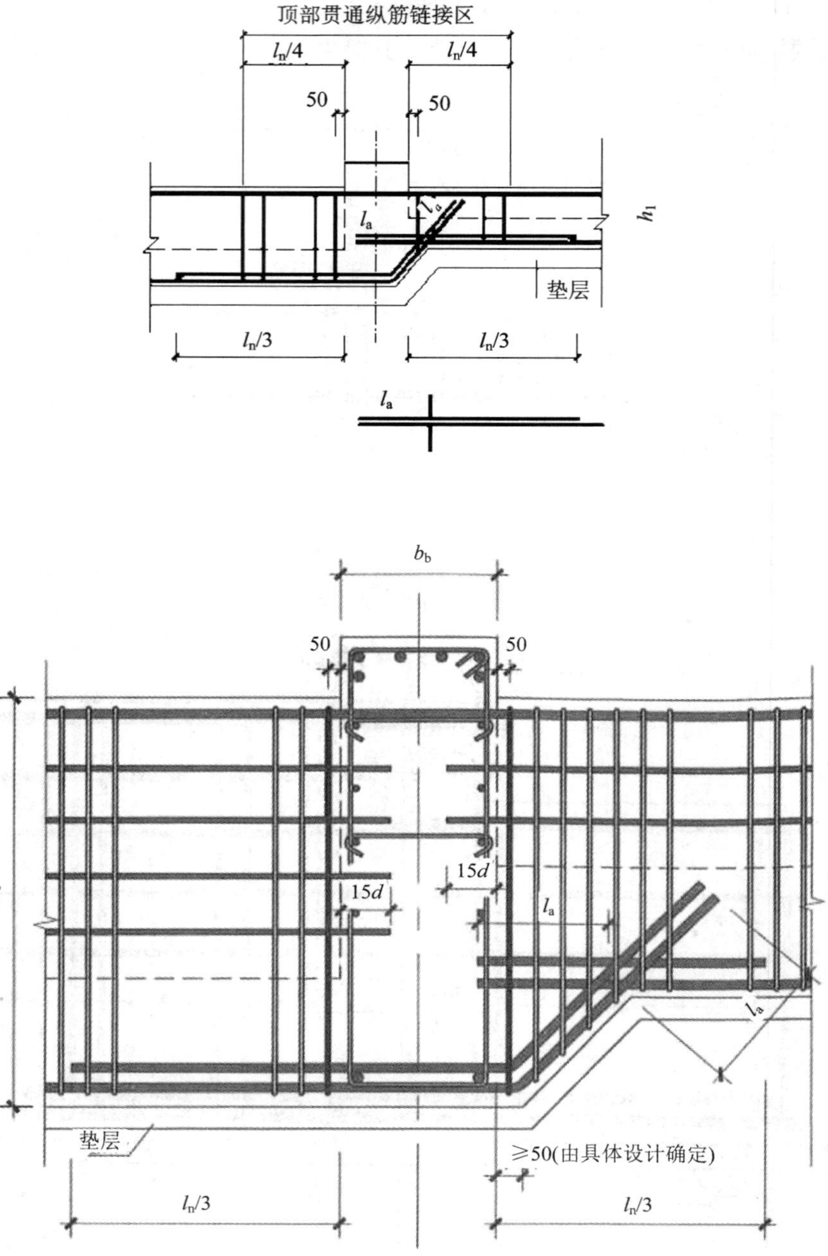

顶部贯通纵筋链接区

图 6-41 梁底有高差构造

2. 梁板式筏形基础平板 LPB 钢筋构造

1) 梁板式筏形基础平板 LPB 钢筋构造

LPB 钢筋构造如图 6-42 所示。

说明：基础平板同一层面的交叉筋，其上下位置应按具体设计要求。

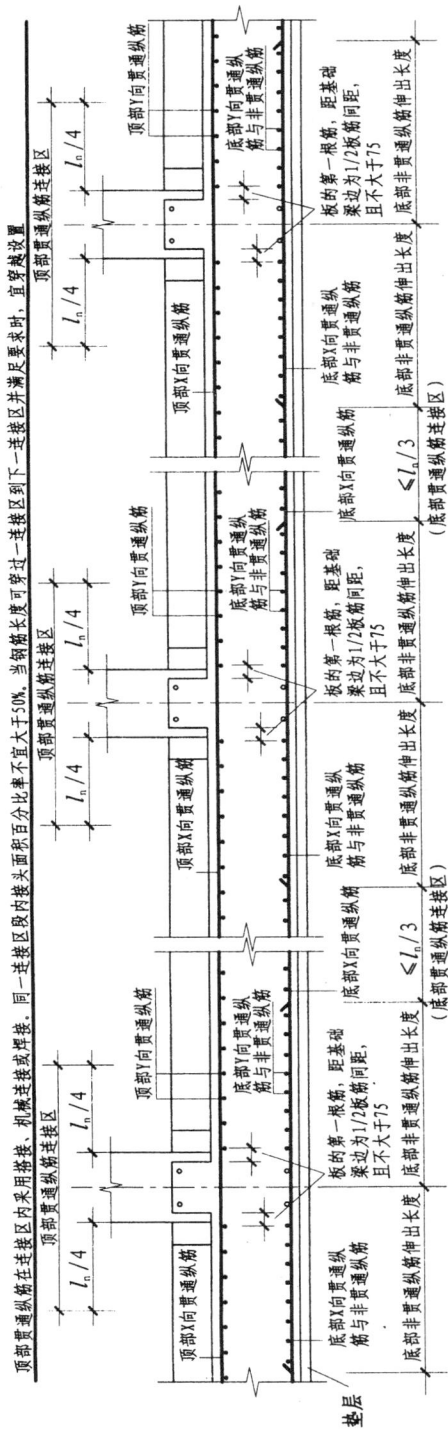

梁板式筏形基础平板LPB钢筋构造（柱下区域）

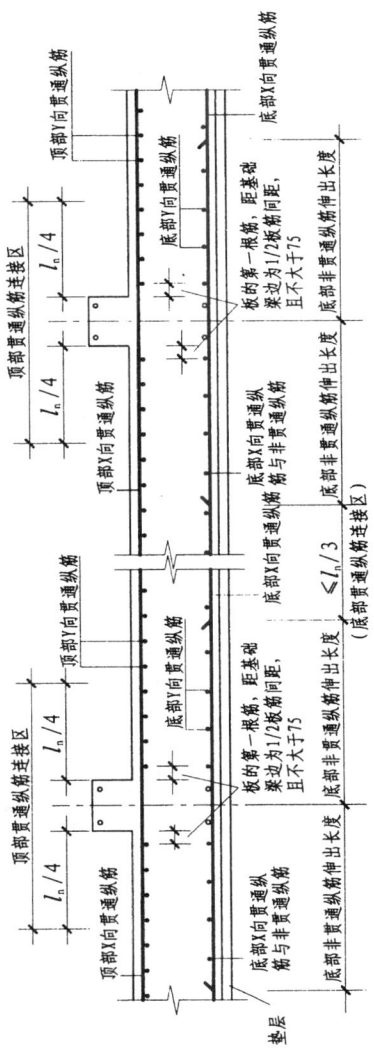

梁板式筏形基础平板LPB钢筋构造（跨中区域）

图6-42 LPB钢筋构造

2) 端部无外伸

梁板式基础平板端部无外伸构造如图 6-43 所示，钢筋构造要点如下：

(1) 板的第一根筋，距基础梁边为 1/2 板筋间距，且不大于 75 mm。

(2) 底部贯通纵筋与非贯通纵筋均伸至尽端钢筋内侧，向上弯折 15d，且从基础梁内侧起，伸入梁端部且水平段长度由设计指定。底部非贯通纵筋，从基础梁内边缘向跨内的延伸长度由设计指定。

(3) 顶部板筋伸至基础梁内的水平段长度不小于 12d，且至少到梁中线。

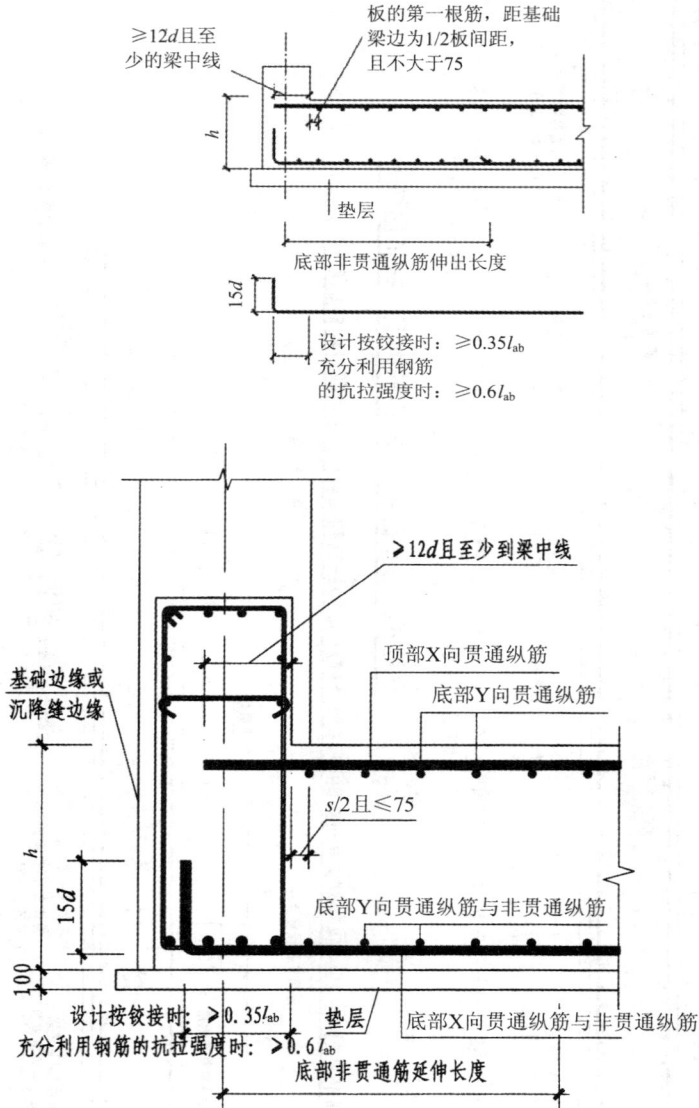

图 6-43　梁板式基础平板端部无外伸构造

3) 端部等截面外伸

梁板式基础平板端部等截面外伸构造如图 6-44 所示，钢筋构造要点如下：

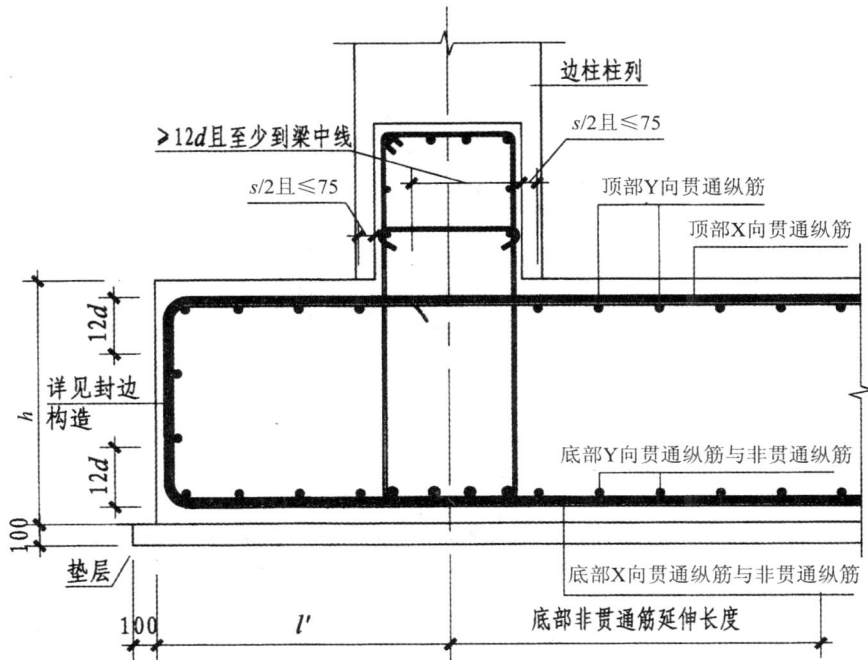

图 6-44　梁板式基础平板端部等截面外伸构造

(1) 底部贯通纵筋伸至外伸尽端(留保护层)，向上弯折 12d。

(2) 顶部钢筋伸至外伸尽端向下弯折 12d。

(3) 无需延伸到外伸段顶部的纵筋，其伸入梁内水平段的长度不小于 12d，且至少到梁中线。

(4) 板外边缘应封边。

4) 端部变截面外伸

梁板式基础平板端部变截面外伸构造如图 6-45 所示，钢筋构造要点如下：

(1) 底部贯通纵筋伸至外伸尽端(留保护层)，向上弯折 12d。

(2) 非外伸段顶部钢筋伸至伸入梁内水平段长度不小于 12d，且至少到梁中线。

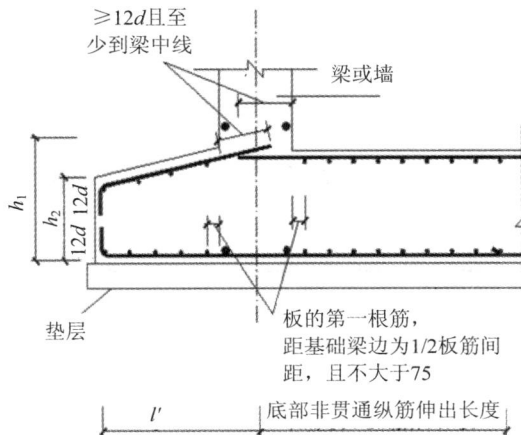

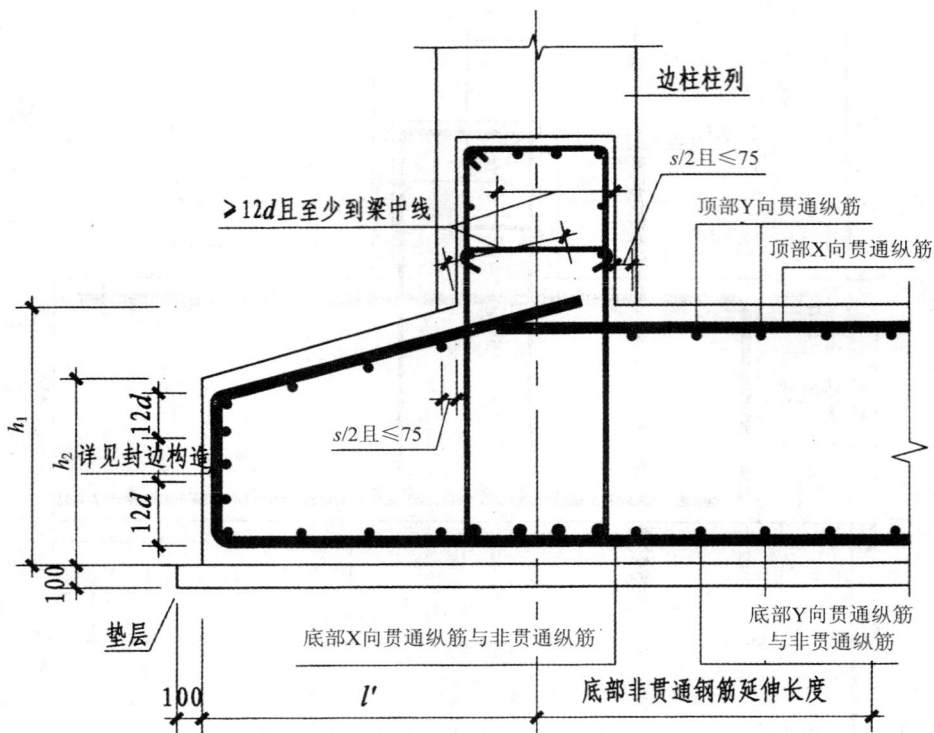

图 6-45　梁式板基础平板端部变截面外伸构造

(3) 外伸段顶部纵筋伸入梁内长度不小于 12d，且至少到梁中线。

(4) 板外边缘应封边。

5) 中间变截面 —— 板顶或板底有高差

板顶有高差构造如图 6-46 所示，钢筋构造要点如下：

(1) 板底钢筋同一般情况如图 6-42 所示。

(2) 板顶较低一侧上部钢筋直锚。

(3) 板顶较高一侧钢筋伸至尽端钢筋内侧，向下弯折 15d，当直锚长度足够时，可以直锚，不弯折。

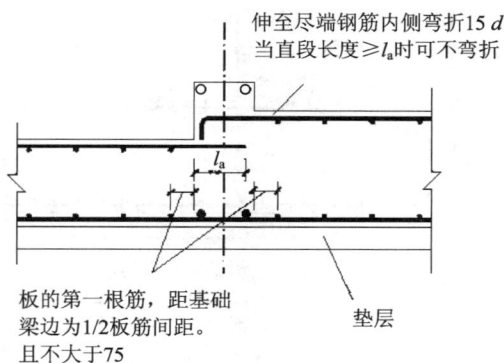

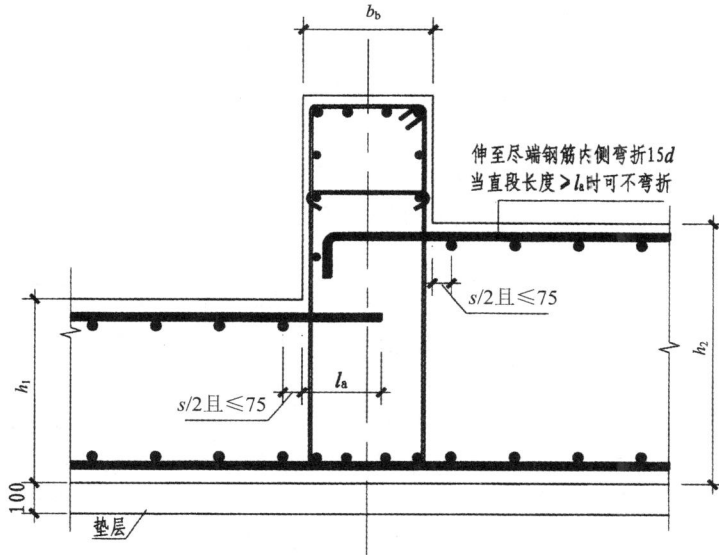

图 6-46　板顶有高差构造

板底有高差构造如图 6-47 所示，钢筋构造要点如下：

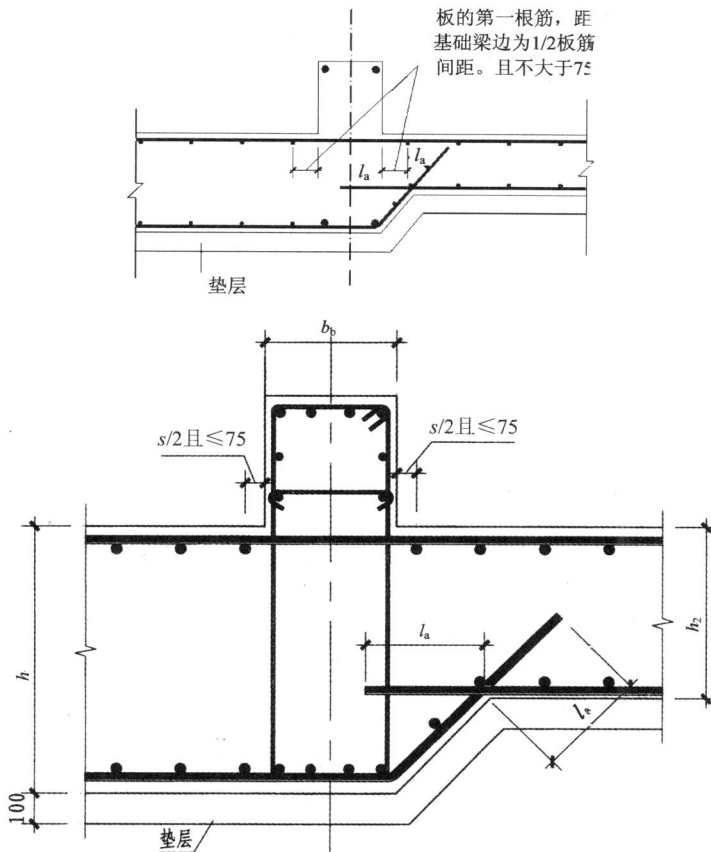

图 6-47　板底有高差构造

(1) 板顶钢筋同一般情况。

(2) **阴角部位注意避免内折角**。梁底较高一侧下部钢筋直锚；梁底较低一侧钢筋伸至尽端弯折，注意直锚长度的起算位置(构件边缘阴角角点处)。

6) 板封边构造

在板外伸构造中，板边缘需要进行封边。封边构造有 U 形筋构造封边方式(如图 6-48 所示)和纵筋弯钩交错封边方式(如图 6-49 所示)两种。

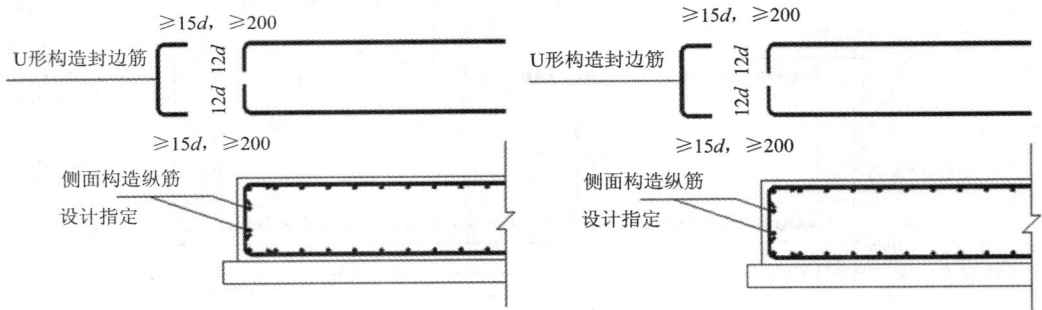

图 6-48　U 形筋构造封边方式

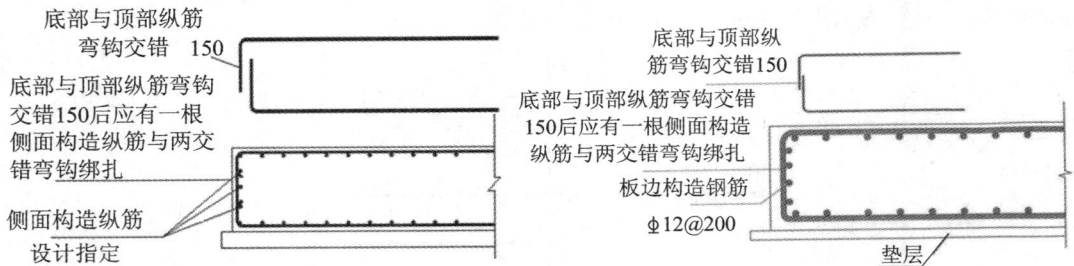

图 6-49　纵筋弯钩交错封边方式

U 形封边即在板边附加 U 形构造封边筋，U 形构造封边筋两端头水平段长度为 max[15d，200]。

纵筋弯钩交错封边方式中，底部与顶部纵筋弯钩交错 150 mm，且应有一根侧面构造纵筋与两交错弯钩绑扎。在封边构造中，注意板侧边的构造筋数量。

6.2.5　平板式筏形基础钢筋标准构造及计算原理

平板式筏形基础相当于倒置的无梁楼盖。理论上，平板式筏形基础有条件划分板带时，可划分为柱下板带 ZXB 和跨中板带 KZB 两种；无条件划分板带时，按平板式筏形基础平板 BPB 考虑。

一般情况下，我们把柱下板带 ZXB 看成"主梁"，而把跨中板带 KZB 看成"次梁"。柱下板带 ZXB 和跨中板带 KZB 钢筋构造如图 6-50 所示。

不同配置的底部贯通纵筋，应在两个毗邻跨中配置较小一跨的跨中连接区连接（即配置较大一跨的底部贯通纵筋，需越过其标注的跨数终点或起点，伸至毗邻跨的跨中连接区）。

柱下板带与跨中板带的底部贯通纵筋，可在跨中 1/3 净跨长度范围内搭接连接，机械连接或焊接；柱下板带及跨中板带的顶部贯通纵筋，可在柱网轴线附近 1/4 净跨长度范围内采用搭接连接、机械连接或焊接。

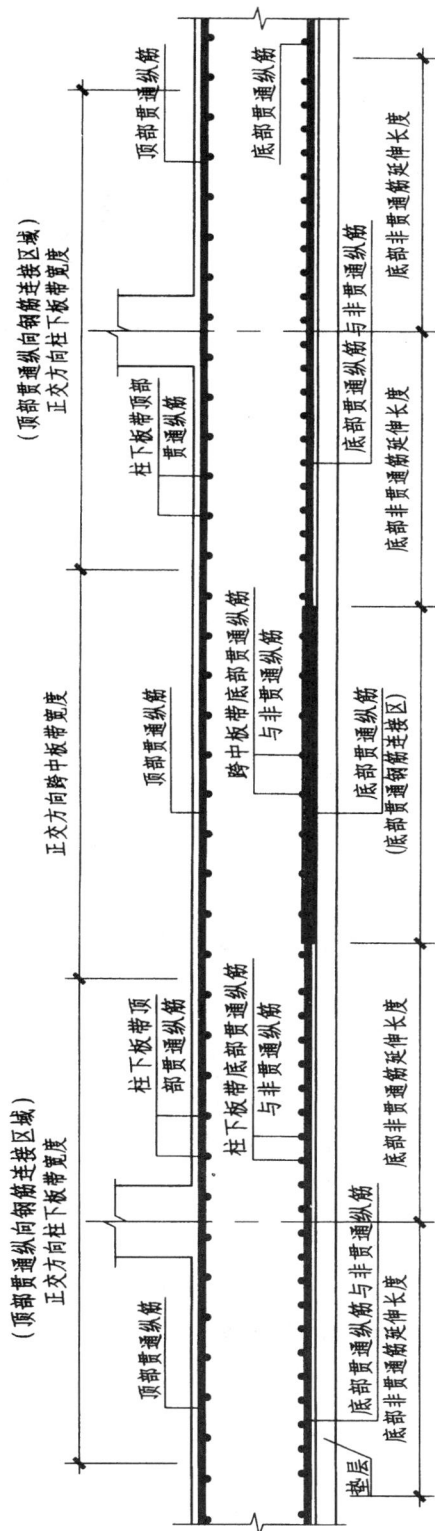

平板式筏形基础柱下板带ZXB钢筋构造

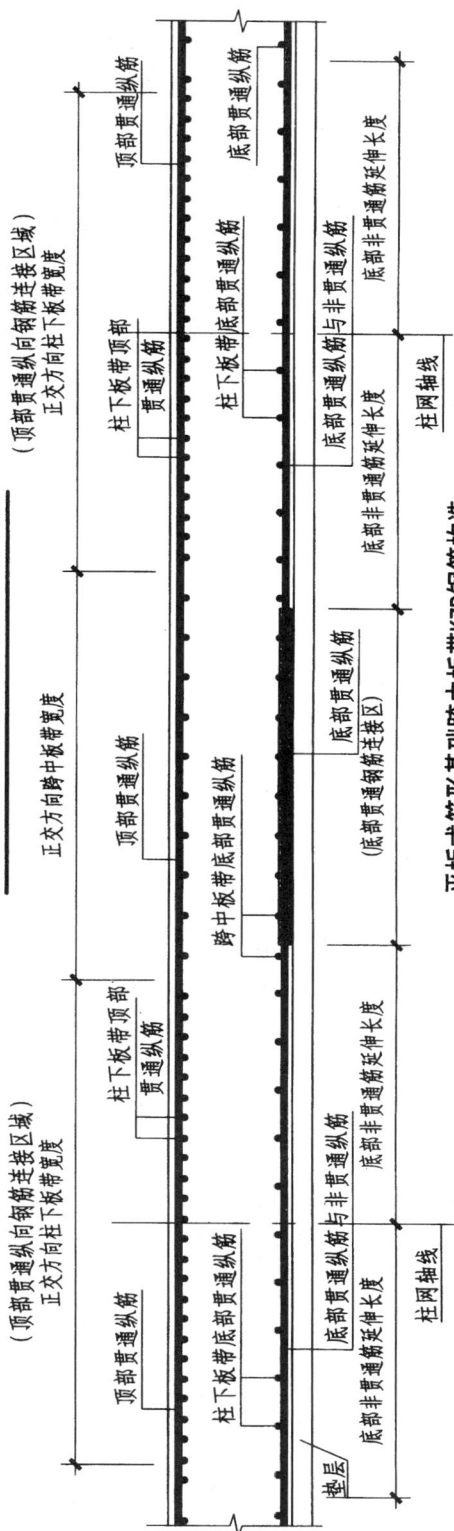

平板式筏形基础跨中板带KZB钢筋构造

图 6-50 柱下板带 ZXB 和跨中板带 KZB 钢筋构造

基础平板同一层面的交叉纵筋，何向纵筋在下，何向纵筋在上，应按具体设计说明。平板式筏形基础平板(BPB)钢筋构造与柱下板带 ZXB 和跨中板带 KZB 钢筋构造基本相同。平板式筏形基础平板(ZXB、KZB、BPB)端部与外伸部位和变截面部位的钢筋构造可参照梁板式筏形基础学习，此处不再赘述。

任务 6.3　基础钢筋算量实例

6.3.1　独立基础钢筋计算实例

项目 6 案例讲解视频

【例 6.2】　矩形独立基础。

DJj1 平法施工图如图 6-51 所示，DJj1 传统施工图如图 6-52 所示。普通阶形独立基础，两阶高度为 500/300 mm。保护层 $c = 40$ mm，起步距离 min(75，$s/2$)，取 75 mm，钢筋间距 s。计算独立基础钢筋。

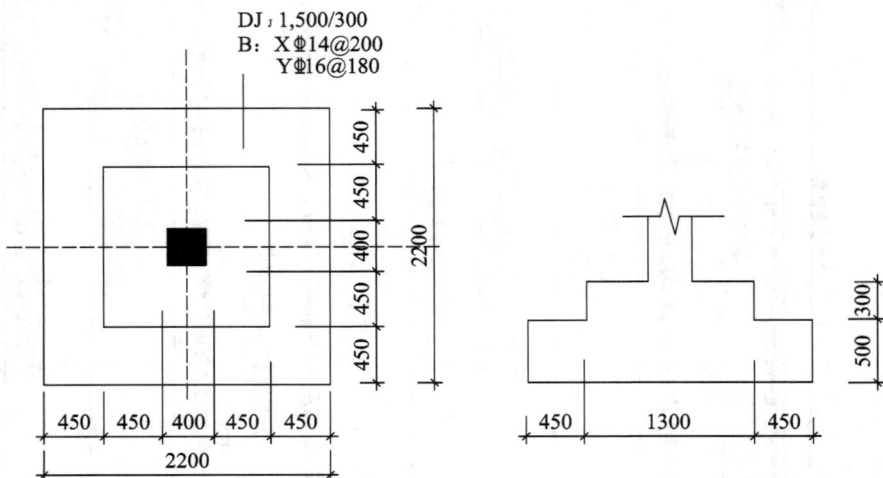

图 6-51　DJj1 现行平法施工图

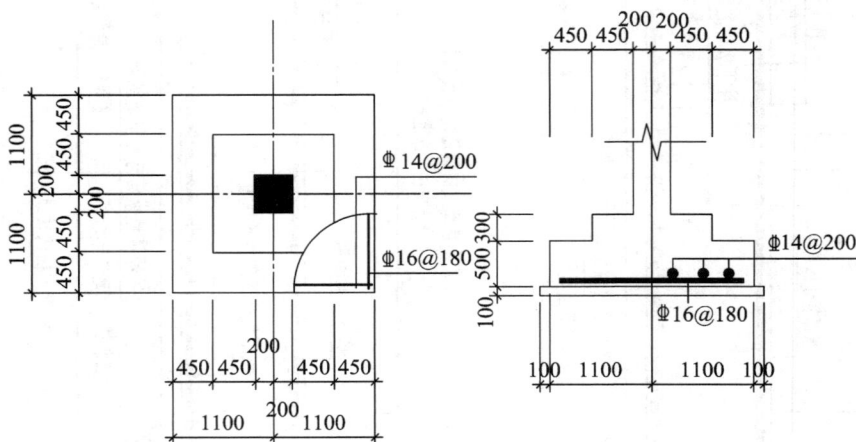

图 6-52　DJj1 传统施工图

解 (1) X 向钢筋。

长度：
$$l = 2200 - 2 \times 40 = 2120 \ \text{mm}$$

根数：
$$\frac{2200 - 2\min(s/2, 75)}{200} + 1 = 12 \ \text{根}$$

(2) Y 向钢筋。

长度：
$$l = 2200 - 2 \times 40 = 2120 \ \text{mm}$$

根数：
$$\frac{2200 - 2 \times 75}{180} + 1 = 13 \ \text{根}$$

【例 6.3】 长度缩减 10%(对称配筋)。

DJp2 平法施工图如图 6-53 所示，保护层 $c = 40 \ \text{mm}$，钢筋间距 s，计算 X 向钢筋的长度及根数。

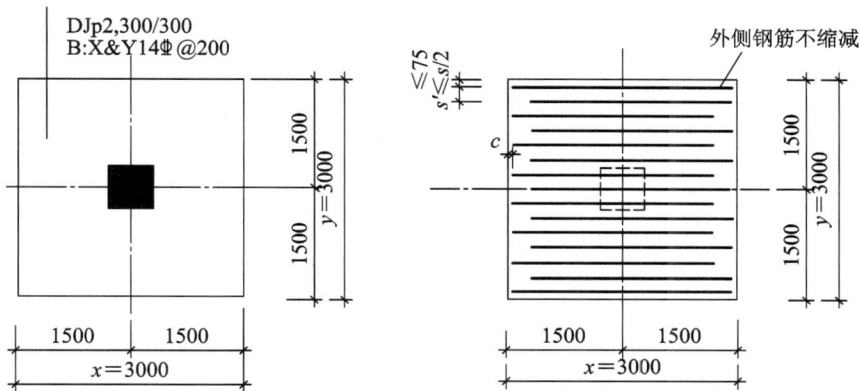

图 6-53 DJp2 平法施工图

解 (1) X 外侧钢筋长度。
$$l = x - 2c = 3000 - 2 \times 40 = 2920 \ \text{mm}$$

(2) X 外侧钢筋根数 = 2 根。

(3) X 向其余钢筋长度。
$$l = 0.9x = 0.9 \times 3000 = 2700 \ \text{mm}$$

(4) X 向其余钢筋根数 $= \dfrac{3000 - (75 + 200) \times 2}{200} + 1 = 14 \ \text{根}$

6.3.2 筏形基础钢筋计算实例

【例 6.4】 筏形基础基础主梁。

JL01 平法施工图如图 6-54 所示，JL01 传统施工图如图 6-55 所示，基础梁的保护层 $c=30 \ \text{mm}$。计算基础主梁钢筋。

解 (1) 顶部贯通纵筋(即①号钢筋)。
$$l = 7000 + 5000 + 7000 + 300 \times 2 - 30 \times 2 + 15 \times 20 \times 2 = 20\ 140 \ \text{mm}$$

(2) 底部贯通纵筋(即②号钢筋)。
$$l = 7000 + 5000 + 7000 + 300 \times 2 - (30 + 20 + 25) \times 2 + 15 \times 20 \times 2 = 20\ 050 \ \text{mm}$$

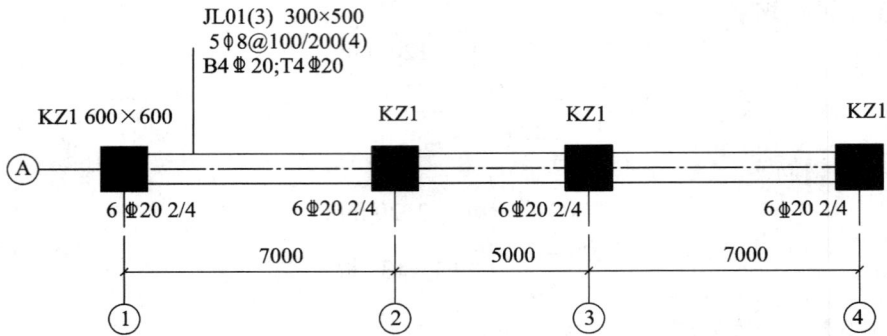

图 6-54 JL01 平法施工图

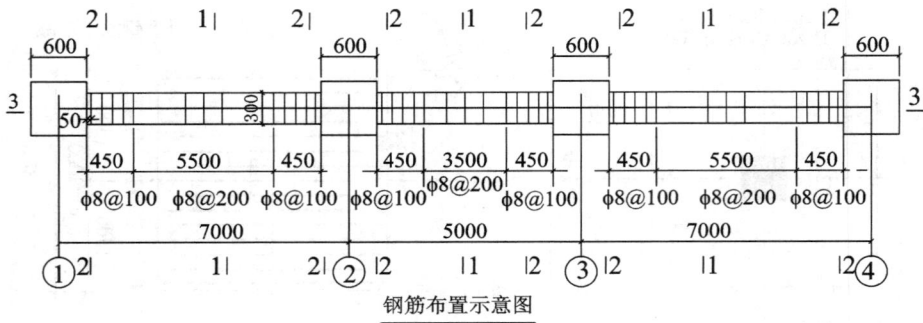

钢筋布置示意图

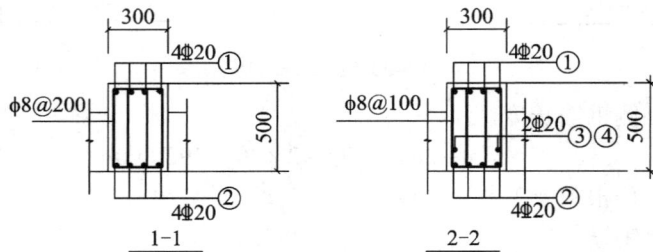

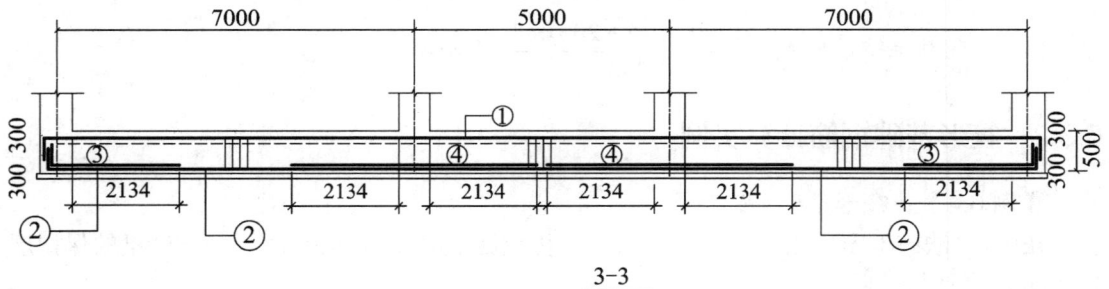

图 6-55 JL01 传统施工图

(3) 支座 1、4 底部非贯通纵筋(即③号钢筋)。

$$l = \frac{7000-600}{3} + 600 - 30 - 20 - 25 - 20 - 25 = 2614 \text{ mm}$$

(4) 支座 2.3 底部非贯通纵筋(即④号钢筋)。

$$l = 600 + 2 \times \frac{7000 - 600}{3} = 4867 \text{ mm}$$

(5) 箍筋长度。

外大箍长度

$$l = (300 - 2 \times 30 - 8) \times 2 + (500 - 2 \times 30 - 8) \times 2 + 2 \times 11.9 \times 8 = 1519 \text{ mm}$$

内小箍长度

$$l = (500 - 2 \times 30 - 8) \times 2 + 2 \times 11.9 \times 8 + \left[\frac{300 - 2 \times 30 - 2 \times 8 - 20}{3} + 20 + 8 \right] \times 2$$

$$= 1247 \text{mm}$$

(6) 第一、三净跨箍筋根数。

单跨每边 5 根间距 100 的箍筋，两端共 10 根。

$$\text{单跨跨中箍筋根数} = \frac{7000 - 600 - (50 + 100 \times 4) \times 2}{200} - 1 = 27 \text{ 根}$$

(7) 第二净跨箍筋根数。

每边 5 根间距 100 的箍筋，两端共 10 根。

$$\text{跨中箍筋根数} = \frac{5000 - 600 - (50 + 100 \times 4) \times 2}{200} - 1 = 17 \text{ 根}$$

(8) 支座内箍筋根数：按梁端第一种箍筋增加设置，不计入总道数。

$$\text{整梁箍筋数} = (10 + 27) \times 2 + (10 + 17) = 101 \text{ 根}$$

【例 6.5】 梁板式基础平板

LPB01 平法施工图如图 6-56 所示，LPB01 传统施工图如图 6-57 所示，板的保护层 $c = 40$ mm，起步距离 min(75，$s/2$)，取 75 mm，钢筋间距 s。计算基础平板钢筋。

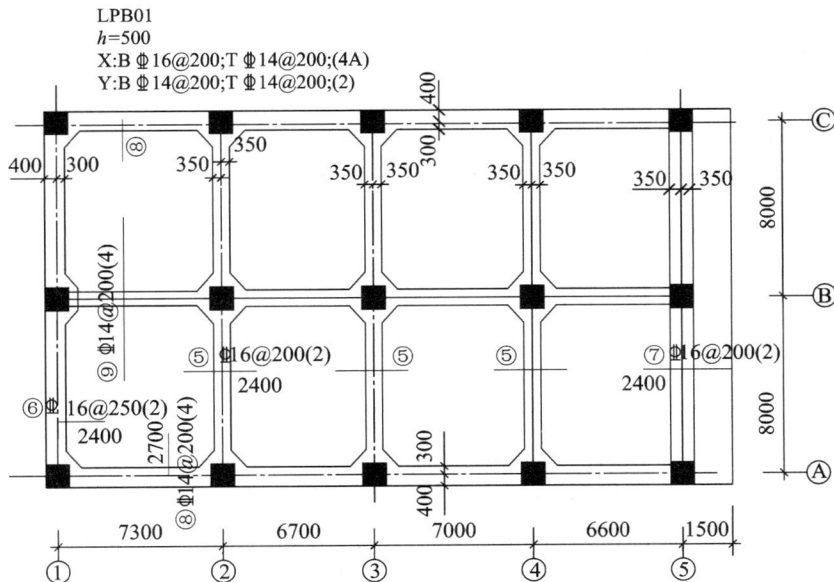

图 6-56　LPB01 平法施工图

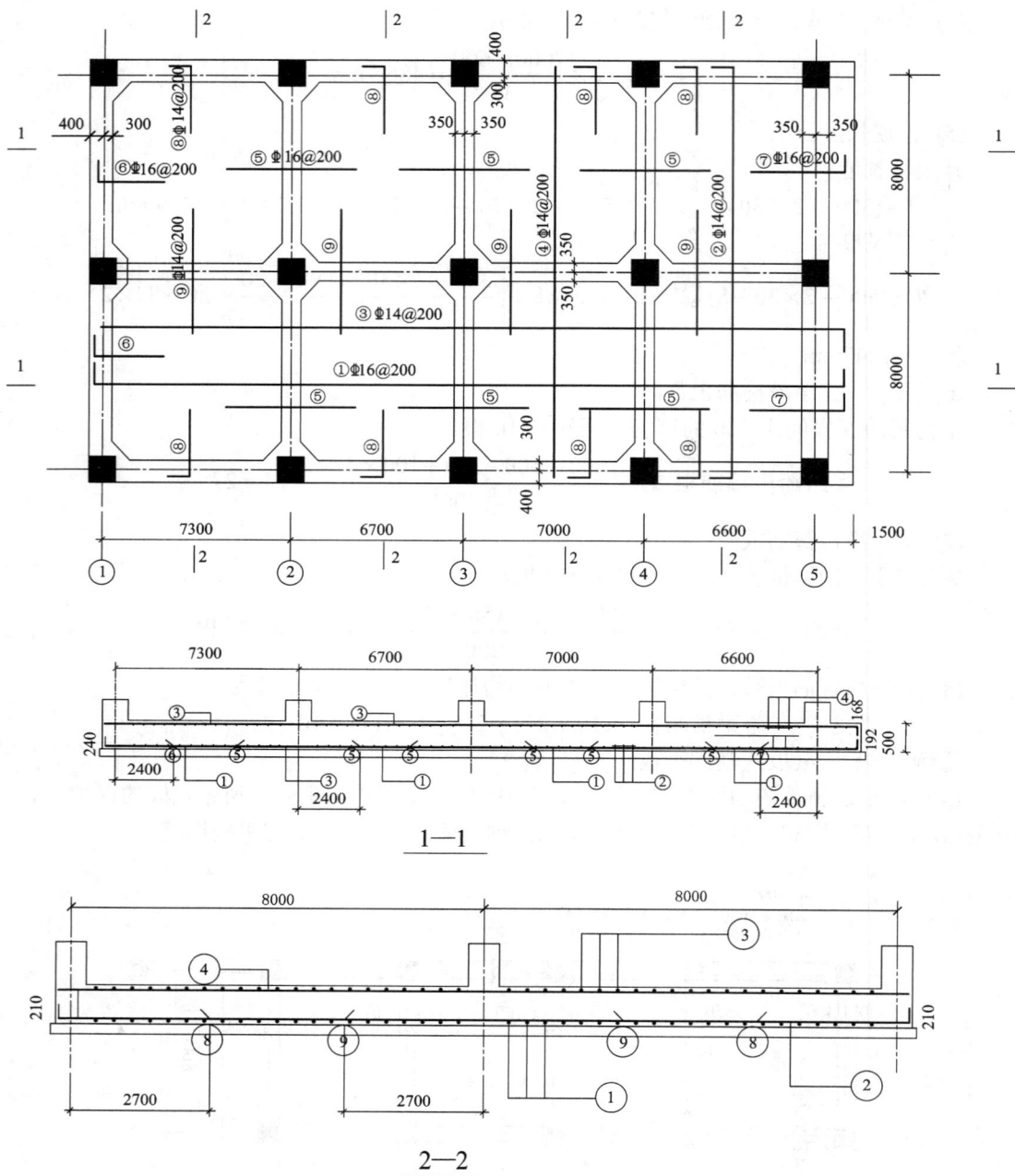

图 6-57 LPB01 传统施工图

解 (1) X 向板底贯通纵筋(①号钢筋)。

左端无外伸底部贯通纵筋伸至端部(留保护层)弯折 15d。

右端外伸底部贯通纵筋伸至端部弯折 12d，采用 U 形封边方式。

长度 $l = 7300 + 6700 + 7000 + 6600 + 1500 + 400 - 2 \times 40 + 15d + 12d = 29\,852$ mm

根数：

$$\left(\frac{8000 - 350 - 300 - 2 \times 75}{200} + 1 \right) \times 2 = 74 \text{ 根}$$

(2) Y 向板底贯通纵筋(②号钢筋)。

$$l = 8000 \times 2 + 2 \times 400 - 2 \times 40 + 2 \times 15d$$
$$= 8000 \times 2 + 2 \times 400 - 2 \times 40 + 2 \times 15 \times 14$$
$$= 17\,140 \text{ mm}$$

根数：$\dfrac{7300 + 6700 + 7000 + 6600 + 1500 + 400 - 700 \times 5 - 75 \times 9}{200} + 1 = 128$ 根

(3) X 向板顶贯通纵筋(③号钢筋)。

左端无外伸顶部贯通纵筋伸入梁内长度不小于 12d 且至少到梁中线。

右端外伸顶部贯通纵筋伸至端部弯折 12d，采用 U 形封边方式。

$$l = 7300 + 6700 + 7000 + 6600 + 1500 - 300 - 350 - 40 + 12d = 29\,278 \text{ mm}$$

根数：$\left(\dfrac{8000 - 300 - 350 - 75 \times 2}{200} + 1\right) \times 2 = 74$ 根

(4) Y 向板顶贯通纵筋(④号钢筋)。

$$l = 8000 \times 2 - 2 \times 300 + 350 \times 2 = 16\,100 \text{ mm}$$

根数：$\dfrac{7300 + 6700 + 7000 + 6600 + 1500 + 400 - 700 \times 5 - 75 \times 9}{200} + 1 = 128$ 根

(5) 板底中间支座负筋(⑤号钢筋)。

$$l = 2400 \times 2 = 4800 \text{ mm}$$

纵向基础梁两侧先布置①号筋，则⑤号筋一跨内

根数：$\dfrac{8000 - 300 - 350 - 75 \times 2 - 100 \times 2}{200} + 1 = 36$ 根

总根数 $36 \times 6 = 216$ 根。

(6) 板底左端支座负筋(⑥号钢筋)。

$$l = 2400 + 400 - 40 + 15 + 16 = 3000 \text{ mm}$$

根数：72 根(计算原理同⑤号钢筋)。

(7) 板底右端支座负筋(⑦号钢筋)。

$$l = 2400 + 1500 - 40 + 12d = 4052 \text{ mm}$$

根数：72 根(计算原理同⑤号钢筋)。

(8) 板底边支座负筋(⑧号钢筋)。

$$l = 2700 + 400 - 40 + 15d = 2700 + 400 - 40 + 15 \times 14 = 3270 \text{ mm}$$

①~②轴线根数：$\left(\dfrac{7300 - 300 - 350 - 75 \times 2 - 100 \times 2}{200} + 1\right) \times 2 = 66$ 根(其余②~⑤轴线计算从略)

(9) 板底中间支座负筋(⑨号钢筋)。

$$l = 2700 \times 2 = 5400 \text{ mm}$$

①~②轴线根数：33 根(计算同⑧号筋，其余从略)

(10) 右边悬挑端 U 形封边筋。

$l = $ 板厚 $-$ 上下保护层 $+ 2\max(15d, 200) = 500 - 40 \times 2 + 2\max(15 \times 12, 200)$
$\qquad = 820 \text{ mm}$

(11) 右边悬挑端 U 形封边侧部构造筋。

$$l = 8000 \times 2 + 400 \times 2 - 2 \times 40 = 16\ 720\ \text{mm}$$

根数：2根。

本 章 小 结

本章主要内容如下：

(1) 独立基础、条形基础、梁板式筏形基础和平板式筏形基础的平法制图规则，以及有关配筋的标准构造详图。

(2) 对柱下独立基础及条形基础底板，若旋转180°来看，分别是在地基反力作用下固定于柱子四周或基础梁两侧的悬臂板。实际施工中，应据此来确定底板交叉布置的钢筋位置及钢筋长度减短10%的布置。

(3) 筏形基础好像是倒置于地基上的楼盖，所以梁板式筏形基础的筏板相当于楼板，基础主次梁相当于楼盖的主次梁，整个梁板式筏形基础相当于倒置的现浇梁板式楼盖，而平板式筏形基础则相当于倒置的无梁楼盖，两者在制图规则及配筋构造上与相应的楼盖非常近似，学习时可互相参照对比。

(4) 基础保护层厚度取值与上部结构体系不同，且通常情况下不考虑地震影响。即锚固长度采用 l_a (或 l_{ab})而非 l_{aE} (或 l_{abE})。

习 题

1. 平法中介绍的基础类型有哪几种？
2. 独立基础的集中标注和原位标注的内容有哪些？
3. 双柱独立基础底板顶部钢筋的上、下位置关系应如何确定？
4. 条形基础梁的集中标注和原位标注的内容有哪些？
5. 条形基础底板的集中标注和原位标注的内容有哪些？
6. 条形基础基础梁端部变截面外伸的钢筋构造要点是什么？
7. 梁板式筏形基础由哪些构件构成？其受力特点是什么？
8. 梁板式筏形基础主梁与基础次梁的集中标注和原位标注的内容有哪些？集中标注中 G4Φ14+3Φ14 表示什么？
9. 梁板式筏形基础平板的集中标注和原位标注的内容有哪些？集中标注中 X：BΦ20@150；TΦ20@180(4A)表示什么意义？
10. 两向基础主梁相交的柱下区域，梁中箍筋怎么布置？
11. 基础主梁上部钢筋的连接区位置在哪里？底部贯通纵筋连接区位置在哪里？
12. 梁式筏形基础平板的跨数如何计算？
13. 梁式筏形基础平板原位标注底部附加非贯通筋时何为"隔一布一""隔一布二"？
14. 基础主梁(JL)与基础次梁(JCL)梁顶(或梁底)有高差时钢筋构造有何不同？
15. 基础主梁(JL)与基础次梁(JCL)纵向钢筋连接区与框架梁(KL)的纵筋连接区位置有何不同？

16. 平板式筏形基础可以划为哪些板带？

17. 独立基础底板钢筋缩短 10% 的条件是什么？其构造要点是什么？

18. 筏形基础中基础主梁的端部构造要点是什么？

19. 筏形基础中基础次梁的端部构造要点是什么？与基础主梁有何不同之处？

20. 筏形基础中平板式基础的端部边缘侧面封边钢筋构造要点是什么？

21. 描述图 6-58 所标注钢筋的含义。

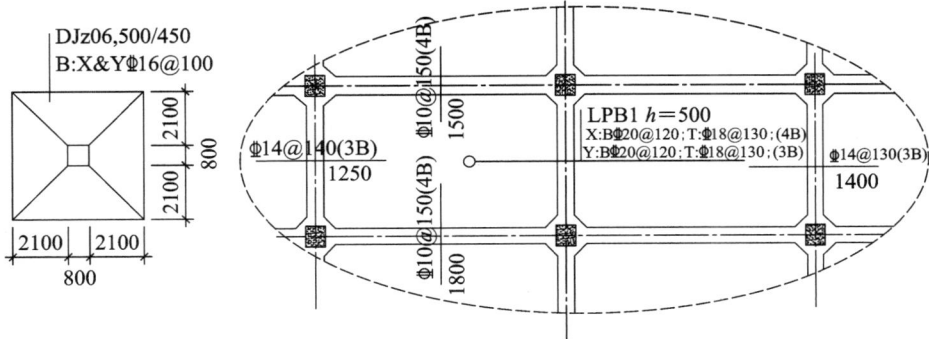

图 6-58　题 6-21 图

22. DJz2 平法施工图见图 6-59，保护层 $c = 40$ mm，钢筋间距 s，计算 X、Y 向钢筋的长度及根数。

23. JCL01 平法施工图见图 6-60，基础钢筋保护层 40 mm，$l_{ab} = 29d$，画出传统配筋图并计算 JCL01 的钢筋量。

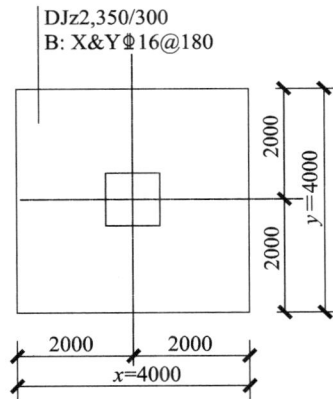

图 6-59　DJz2 平法施工图

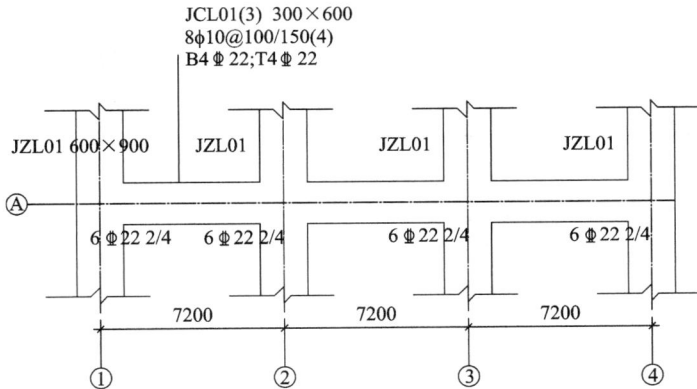

图 6-60　JCL01 平法施工图

习题参考答案

项目 7 楼梯平法识图与钢筋算量

【学习目标】

知识目标：

(1) 熟悉楼梯的平法识图。

(2) 熟悉楼梯钢筋构造的一般规则。

(3) 掌握楼梯钢筋算量的基本知识。

(4) 掌握楼梯钢筋算量的应用。

能力目标：

(1) 具备看懂楼梯平法施工图的能力。

(2) 具备楼梯钢筋算量的基本能力。

素质目标：

(1) 能够耐心细致地读懂 22G101-2、18G901-2 图集和相应图纸。

(2) 能够通过查找、询问和自主学习等方式解决问题。

任务 7.1 楼梯平法识图

本章简单介绍 22G101-2 图集的内容以及楼梯钢筋的基本知识。楼梯可以分为板式楼梯、梁式楼梯、悬挑楼梯和旋转楼梯等几种形式，22G101-2 标准图集只介绍了工程中较常用的现浇混凝土板式楼梯的内容。

7.1.1 22G101-2 图集的适用范围及本章主要内容

22G101-2 标准图集适用于抗震设防烈度为 6～9 度地区的现浇钢筋混凝土板式楼梯，具体内容为 14 种常用的现浇混凝土板式楼梯。

项目 7 扩展阅读

本章主要内容有板式楼梯所包含的构件(踏步段、层间梯梁、层间平板、楼层梯梁和楼层平板等)和板式楼梯的钢筋分类(梯板下部纵筋、低端扣筋、高端扣筋等)，下面结合具体的楼梯类型简单介绍板式楼梯的钢筋计算方法。

本章重点讲述各类板式楼梯的特点及其钢筋计算的方法，从而划分清楚楼梯和其他构件钢筋计算的分界线，使我们在钢筋工程的计算中既不漏算，也不重算。

7.1.2　楼梯的分类

从结构上划分,现浇混凝土楼梯可以分为板式楼梯、梁式楼梯、悬挑楼梯和旋转楼梯等。

楼梯的分类

(1) 板式楼梯。板式楼梯的踏步段是一块板,这块踏步段板支承在高端梯梁和低端梁上,也可直接与高端楼层平板、低端楼层平板或层间平板连成一体。

(2) 梁式楼梯。梁式楼梯踏步段的左右两侧是两根楼梯斜梁,把踏步板支承在楼梯斜梁上,这两根楼梯斜梁支承在楼层梯梁和层间梯梁上。这些楼层梯梁和层间梯梁一般都是两端支承在墙上或柱上的。

(3) 悬挑楼梯。悬挑楼梯直接把楼梯踏步做成悬板(一端支承在墙或者柱上)。抗震设防地区禁止使用悬挑楼梯。

(4) 旋转楼梯。旋转楼梯一改普通楼梯两个梯段曲折上升的形式,而采用围绕一个轴线螺旋上升的做法。旋转楼梯往往与悬挑楼梯相结合,作为旋转中心轴的柱就是踏步悬板的支座,楼梯踏步围绕中心柱形成一个螺旋向上的踏步形式。

7.1.3　不同类型板式楼梯的构件

1. 一跑楼梯

22G101-2 标准图集的"一跑楼梯"包括 AT～ET 的 5 种板式楼梯。

一跑楼梯

(1) 各种板式一跑楼梯的共同点有:

AT～ET 型板式楼梯代号代表一段无滑动支座的梯板。梯板的主体为踏步段,除踏步段之外,梯板可包括低端平板、高端平板及中位平板。设置低端梯梁和高端梯梁,但不计入"梯板"范围。

踏步段的每一个踏步的水平宽度相等、高度相等。

梯板的两端分别以(低端和高端)梯梁为支座。

(2) 各种板式一跑楼梯的不同点有:

AT 型梯板全部由踏步段构成。

BT 型梯板由低端平板和踏步段构成。

CT 型梯板由踏步段和高端平板构成。

DT 型梯板由低端平板、踏步段和高端平板构成。

ET 型梯板由低端踏步段、中位平板和高端踏步段构成。

其中 AT 至 DT 比较有规律,是根据**有无低端平板或高端平板**而区分的,如图 7-1 所示。只有 ET 比较特别,在踏步段的中间插入一块中位平板,如图 7-2 所示。低端平板或高端平板仅属于一个踏步段,而与另一个踏步段无关。

民用建筑中使用最广泛的是 AT 型一跑楼梯。在进行板和梁的钢筋计算时要注意下面两个问题。

第一个问题是:普通住宅楼楼梯间的构成,从二楼经过一个踏步段,到达休息平台,又经过一个踏步段,到达三楼。这个楼梯间我们经过了两个踏步段,但其实是两个"一跑楼梯"AT。

第二个问题是：22G101-2 标准图集的"一跑楼梯"只包含一个踏步段斜板及低端平板、中位平板和高端平板。

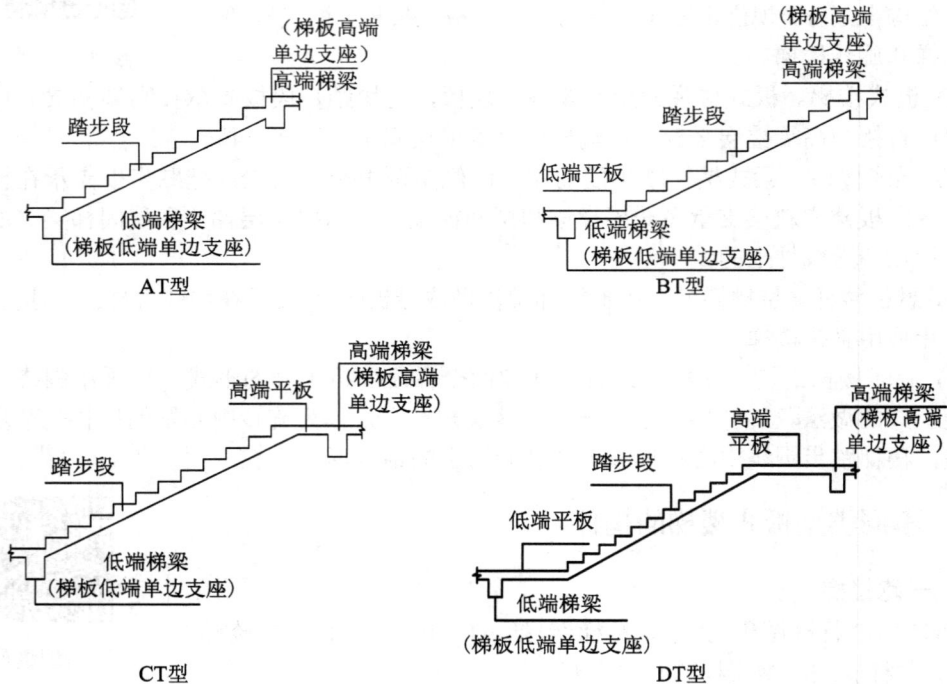

图 7-1 AT~DT 示意图

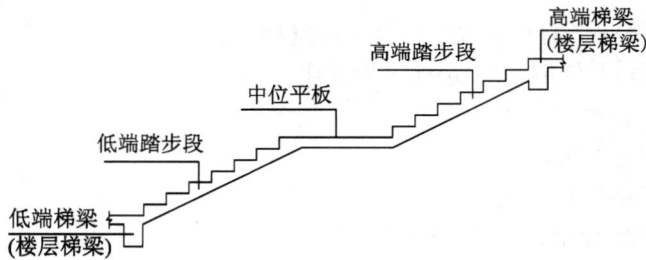

图 7-2 ET 示意图

2. 两跑楼梯

22G101-2 标准图集的两跑楼梯为 FT、GT 两种楼梯，具体如图 7-3 所示。

其中，FT 型梯板由层间平板、踏步段和楼层平板构成，均采用三边支承。

GT 型梯板由层间平板和踏步段构成。层间平板采用三边支承，梯板段采用单边支承。

层间平板或楼层平板：包含层间或楼层平板的为"两跑楼梯"，而不含层间或楼层平板的为"一跑楼梯"。层间或楼层平板为上下两个踏步段共用。

FT型　　　　　　　　　　　　　GT型

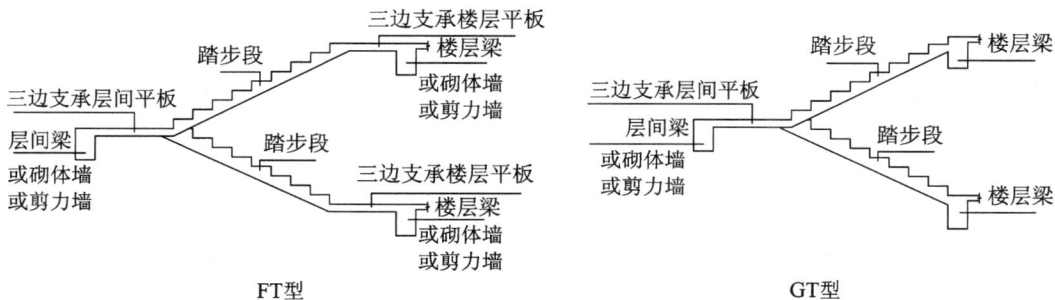

图 7-3　FT、GT 示意图

3. 抗震楼梯

22G101-2 图集中 ATa、ATb、ATc、BTb、CTa、CTb、DTb 型 7 种楼梯(如图 7-4 所示)都有抗震构造措施，其中只有 ATc 型参与结构整体抗震计算。

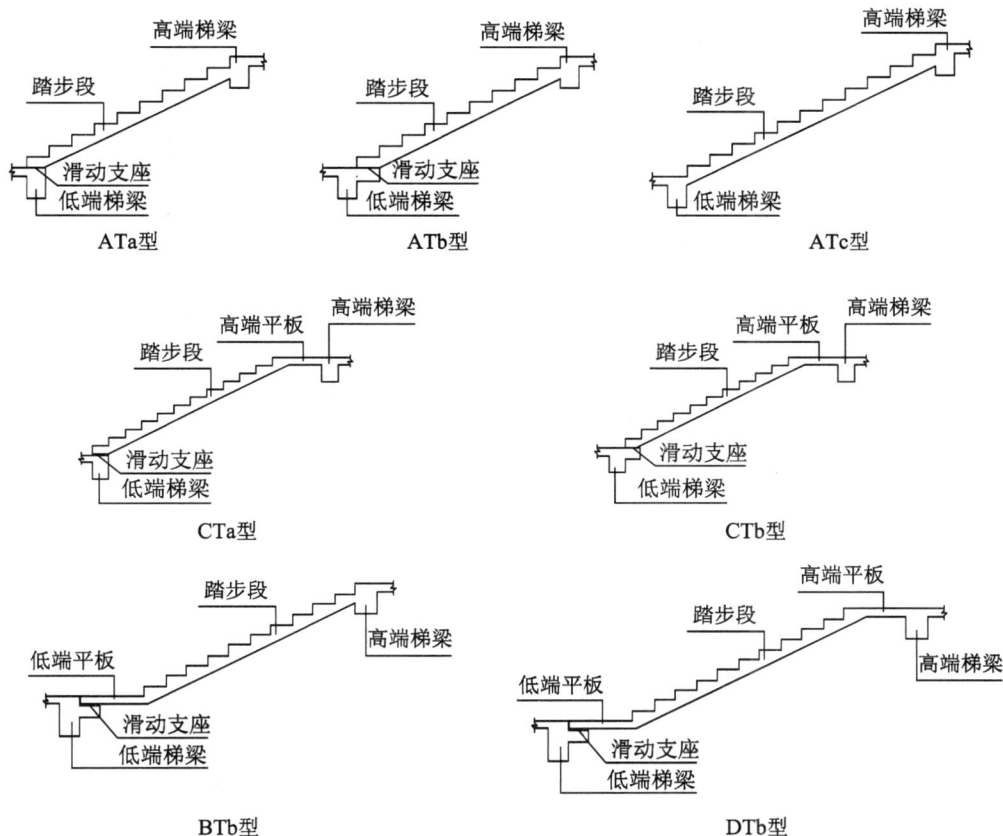

ATa型　　　　　ATb型　　　　　ATc型

CTa型　　　　　　　　　　　　CTb型

BTb型　　　　　　　　　　　　DTb型

图 7-4　抗震楼梯示意图

4. AT 型楼梯平法识图

现浇混凝土板式楼梯平法施工图有平面注写、剖面注写和列表注写三种表达方式，而在实际工程中一般采用平面注写方式，平面注写方式包括集中标注和外围标注。因为民用建筑中使用最广泛的

AT 型楼梯平法识图

是 AT 型一跑楼梯，所以下面重点讲解 AT 型楼梯的平法识图。

AT 型楼梯的适用条件为：两梯梁之间的矩形梯板全部由踏步段构成，即踏步段两端均以梯梁为支座。凡是满足该条件的楼梯均可称为 AT 型。

AT 型楼梯平面注写方式如图 7-5 所示。其中：集中注写的内容有 5 项，第 1 项为梯板类型代号与序号 ATXX；第 2 项为梯板厚度 h；第 3 项为踏步段总高度 H_s/踏步级数 $(m+1)$；第 4 项为上部纵筋及下部纵筋；第 5 项为楼梯分布筋。楼梯外围标注的内容，包括楼梯间的平面尺寸、楼层结构标高、层间结构标高、楼梯的上下方向、梯板的平面几何尺寸、平台板配筋、梯梁及梯柱配筋等。

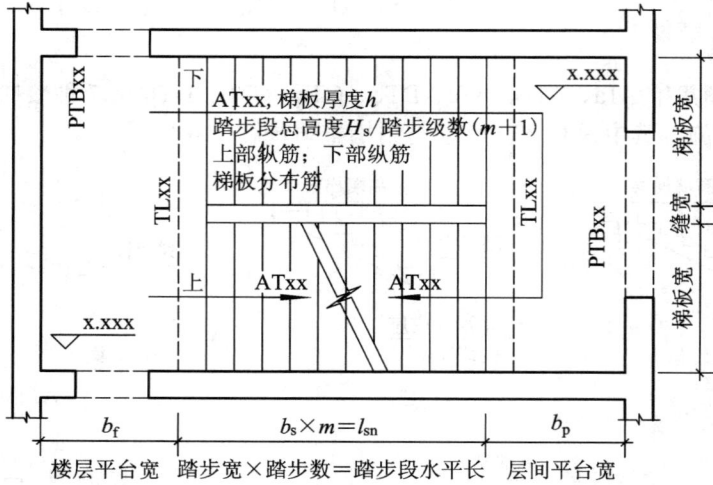

注写方式 标高x.xxx～标高x.xxx楼梯平面图

图 7-5 AT 型楼梯平面注写示意图

AT 型楼梯设计示例如图 7-6 所示。

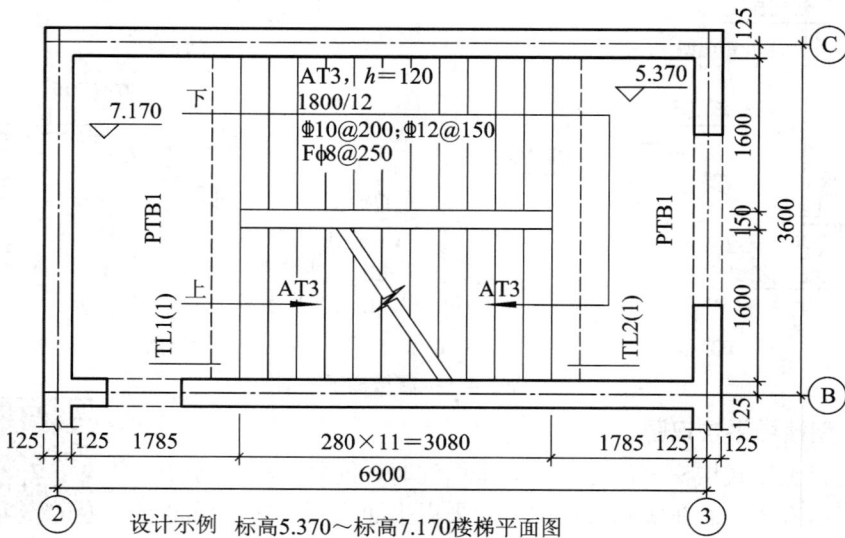

设计示例 标高5.370～标高7.170楼梯平面图

图 7-6 AT 型楼梯设计示例

图中 AT3 表示 AT 型楼梯，序号为 3；

梯板厚度 h=120；

1800/12 表示踏步段总高度为 1800，踏步级数为 12；

Φ10@200；Φ12@150 表示上部纵筋为 HRB400 级，直径为 10，间距为 200；下部纵筋为 HRB400 级，直径为 12，间距为 150；

FΦ8@250 中 F 表示楼梯分布筋，HPB300 级，直径为 8，间距为 250；

梯板的分部钢筋可直接标注，也可统一说明。

平台板 PTB、梯梁 TL、梯柱 TZ 配筋可参照本书相关项目(现浇混凝土框架、剪力墙、梁、板)的规定进行标注。

任务 7.2 楼梯钢筋标准构造及计算原理

7.2.1 板式楼梯受力特点简述

如图 7-7(a)所示板式楼梯，可以把梯段斜板看做是两端简支支承于梯梁上的简支板，如图 7-7(b)所示。由于梯段斜板与梯梁是整体连接的，考虑梯梁对梯段板的弹性约束作用，梯段板弯矩图如图 7-7(c)所示。跨中弯矩比理想简支板略小，支座有负弯矩，数值较小且不易确定。故**梯段斜板下部配置受力筋，两端支座按构造要求配置构造负筋**(参见图 7-9)。

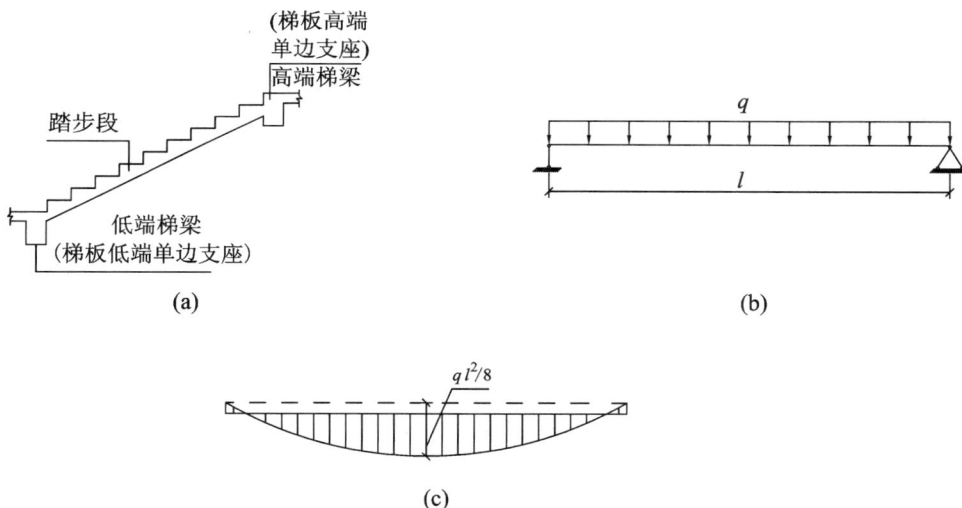

图 7-7 板式楼梯力学模型及弯矩图

(a) 板式楼梯；(b) 简支板；(c) 梯段板弯矩图

7.2.2 AT 楼梯配筋构造及钢筋算量

22G101-2 图集中的 14 种现浇混凝土板式楼梯都有各自的楼梯板钢筋构造图，而且钢筋构造不尽相同，因此，要根据工程选定的具体楼梯类别来进行计算。

AT 楼梯配筋构造 AT 楼梯配筋算量

本节内容将以最常用的 AT 楼梯为例，来分析楼梯板钢筋的计算过程。

AT 楼梯平法标注的一般模式如图 7-8 所示。

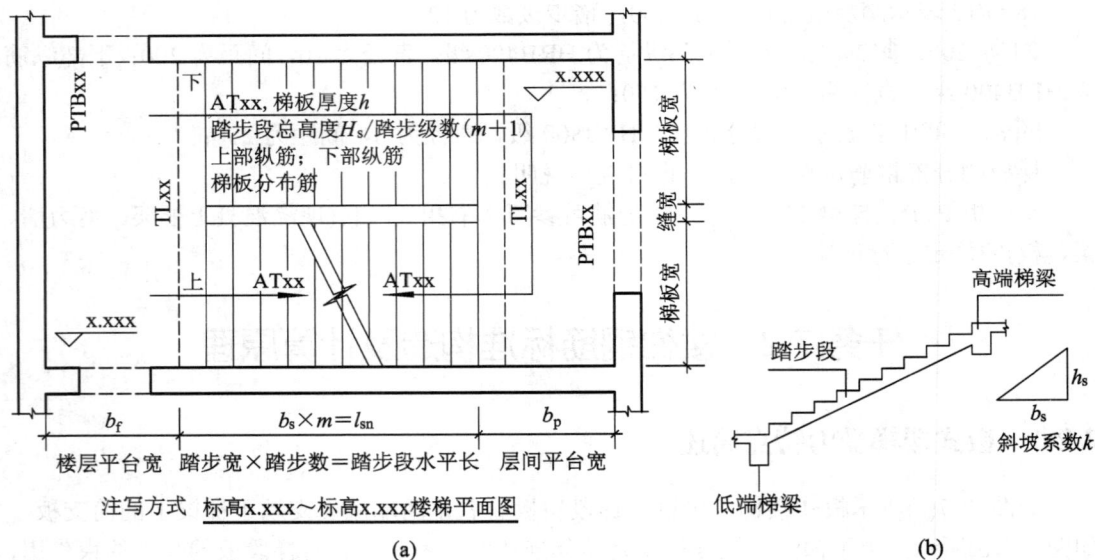

图 7-8　AT 楼梯示意图

1．AT 楼梯板的基本尺寸数据

梯板净跨度 l_n；

梯板净宽度 b_n；

梯板厚度 h；

踏步宽度 b_s；

踏步高度 h_s；

保护层厚度 c；

梯梁截面宽度 b。

2．楼梯板钢筋计算中可能用到的系数

斜坡系数 k，在钢筋计算中，经常需要通过水平投影长度计算斜长：

$$斜长 = 水平投影长度 \times 斜坡系数 k$$

其中，斜坡系数 k 可以通过踏步宽度和踏步高度来进行计算，如图 7-8(b)所示：

$$斜坡系数 k = \sqrt{b_s^2 + h_s^2} / b_s$$

当然，实际计算中 k 值也可以根据 b_s 与 h_s 的比值按照表 7-1 取用。

表 7-1　k 值

b_s/h_s	1.0	1.2	1.4	1.6	1.8	2.0
k	1.414	1.302	1.229	1.179	1.144	1.118

22G101-2 图集给出了 AT 楼梯板钢筋构造如图 7-9 所示，下面根据 AT 楼梯板钢筋构造图分析 AT 楼梯板钢筋计算过程。

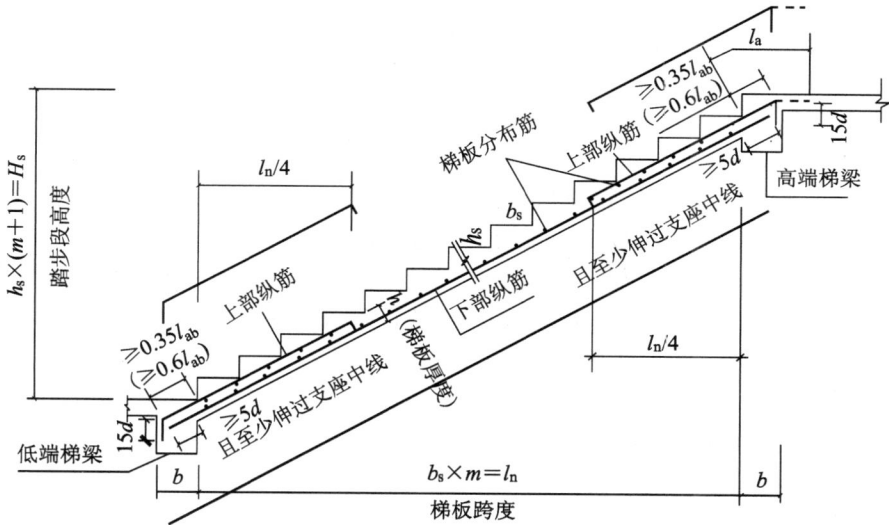

图 7-9　AT 楼梯板钢筋构造

3. AT 楼梯板的纵向受力钢筋

(1) 楼板下部纵筋。

梯板下部纵筋位于 AT 踏步段斜板的下部，其计算依据为梯板净跨度 l_n。

梯板下部纵筋两端分别锚入高端梯梁和低端梯梁。

其锚固长度 $l_{as} \geqslant 5d$ 且至少伸过支座中线。

在具体计算中，可以取锚固长度 $a = \max(5d,\ bk/2)$。

根据上述分析，梯板下部纵筋的计算过程为：

梯板下部纵筋的长度 $l = l_n k + 2a$；

梯板下部纵筋的根数 $= (b_n - 2c)/$间距 $+ 1$；

分布筋长度 $= b_n - 2c$；

分布筋的根数 $= (l_n k - 2 \times s/2)/$间距 $+ 1$，其中，s 表示分布筋间距。

(2) 梯板低端扣筋。

梯板低端扣筋位于踏步段斜板的低端。

扣筋的一端扣在踏步段斜板上，直钩长度为 h_1。

扣筋的另一端伸至低端梯梁对边再向下弯折 $15d$，弯锚水平段长度不小于 $0.35l_{ab}(0.6l_{ab})$。

扣筋的延伸长度水平投影长度为 $l_n/4$。

根据上述分析，梯板低端扣筋的计算过程为：

低端扣筋的长度 $l = l_1 + l_2 + h_1$，式中，l_1 表示扣筋沿踏步板方向长度；l_2 表示扣筋在梯梁中的弯折长度；h_1 表示扣筋在踏步板中的弯折长度。

$l_1 = [l_n/4 + (b - c)]k$，在这里，弯锚水平段长度不小于 $0.35l_{ab}(0.6l_{ab})$ 应该在设计阶段予

以解决，在具体施工中，我们只考虑伸至低端梯梁对边即下弯。

$l_2 = 15d$；

$h_1 = h - 2c$；

梯板低端扣筋的根数 = $(b_n - 2c)$/间距 + 1；

分布筋长度 = $b_n - 2c$；

分布筋的根数 = $(l_n/4k - s/2)$/间距 + 1。

(3) 梯板高端扣筋。

梯板高端扣筋位于踏步段斜板的高端；

扣筋的一端扣在踏步段斜板上，直钩长度为 h_1；

扣筋的另一端锚入高端梯梁内，伸至支座对边再向下弯折，且弯锚水平段长度不小于 $0.35l_{ab}(0.6l_{ab})$，下弯直钩长度 l_2 为 $15d$。扣筋有条件时可直接伸入平台板内锚固，从支座内边算起总锚固长度不小于 l_a，如图 7-9 所示。

扣筋的延伸长度水平投影长度为 $l_n/4$。

根据上述分析，梯板高端扣筋的计算过程为：

高端扣筋的长度 $l = l_1 + l_2 + h_1$；

$h_1 = h - 2c$；

$l_1 = [l_n/4 + (b - c)]k$；

$l_2 = 15d$；

梯板高端扣筋的根数 = $(b_n - 2c)$/间距 + 1；

分布筋 = $b_n - 2c$；

分布筋的根数 = $(l_n/4k - s/2)$/间距 + 1。

7.2.3 板式楼梯配筋构造

22G101-2 中其他 13 种楼梯的配筋构造详图本书不再逐一列举，大家在学习过程中需要注意以下构造要点。

(1) 楼梯板(全部类型)下部设通长纵筋。

(2) 无抗震构造措施时(AT～GT)，楼梯板上部设负筋并按规定尺寸截断；但 ET 型及板厚不小于 150 mm 时，FT、GT 型梯板则设通长负筋。

(3) 楼梯板(AT～GT)下部设通长纵筋，按简支支座锚固；上部负筋采用弯锚，锚固长度按铰接或充分发挥钢筋的抗拉强度两种情况分别考虑。

(4) 楼梯板(全部类型)下部或上部纵筋都应避免内折角。

(5) 有抗震构造措施时(ATa～ATc、BTb、CTa～CTb、DTb)，需要注意两点：一是板上、下部纵筋通常设置，锚固长度采用 l_{aE}(或 l_{abE})；二是梯板两侧边缘设附加纵筋或边缘构件。

任务 7.3　楼梯钢筋计算实例

【例 7.1】　楼梯平面图的 AT 标注(如图 7-10 所示，楼梯间的两个

项目 7 案例讲解

一跑楼梯都标注为"AT7")。

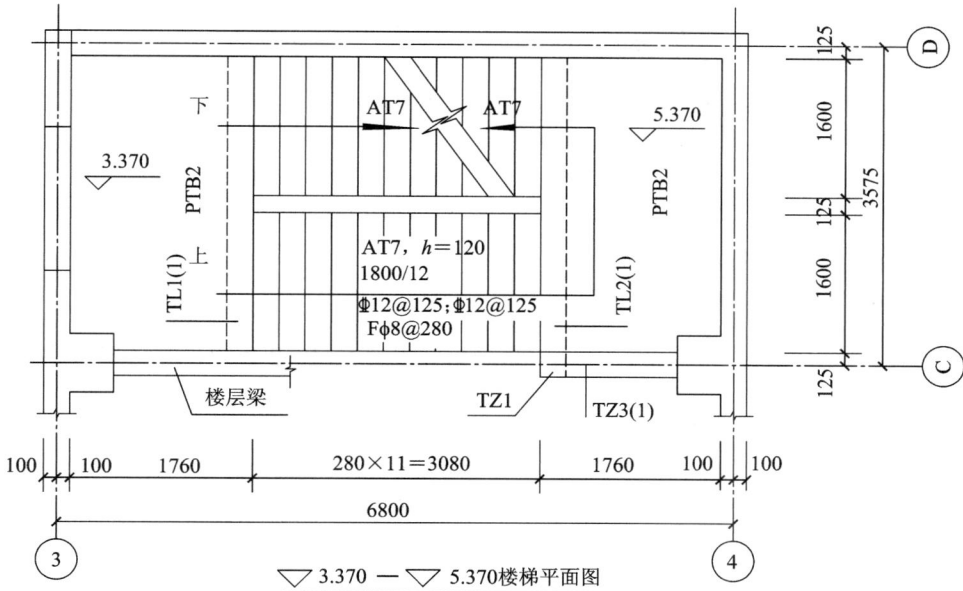

图 7-10 AT 型楼梯设计示例

楼梯平面图的尺寸标注：

梯板净跨度尺寸 $280 \times 11 = 3080$ mm

梯板净宽度尺寸 1600 mm

楼梯井宽度 125 mm

混凝土强度等级为 $C25(l_a = 40d)$，梯板分布筋为 $\Phi8@280$，梯梁宽度 $b = 200$ mm

解 (1) 从楼梯平面图的标注中可以获得与楼梯钢筋计算有关的下列信息。

梯板净跨度 $l_n = 3080$ mm

梯板净宽度 $b_n = 1600$ mm

梯板厚度 $h = 120$ mm

踏步宽度 $b_s = 280$ mm

踏步高度 $h_s = 150$ mm

保护层厚度 $c = 15$ mm

分布筋间距 $s = 280$ mm

上述数据已经满足楼梯钢筋计算的需要。

PTB 不属于 AT 楼梯的内容，应该按平板进行计算，不在本例题的范围之内。

(2) 进行斜坡系数 k 的计算。

$$斜坡系数\ k = \frac{\sqrt{b_s^2 + h_s^2}}{b_s} = \frac{\sqrt{280^2 + 150^2}}{280} = 1.134$$

(3) 梯板下部纵筋的计算。

① 下部纵筋以及分布筋长度的计算：

$$a = \max(5d，\ bk/2) = \max(5 \times 12，\ 200 \times 1.134/2) = 114\ mm$$

$$下部纵筋长度\ l = l_n \times k + 2 \times a = 3080 \times 1.134 + 2 \times 114 = 3721\ \text{mm}$$
$$分布筋长度 = b_n - 2c = 1600 - 2 \times 15 = 1570\ \text{mm}$$

② 下部纵筋以及分布筋根数的计算：

$$下部纵筋根数 = \frac{b_n - 2c}{间距} + 1 = \frac{1600 - 2 \times 15}{125} + 1 = 14\ 根$$

$$分布筋根数 = \frac{l_n \times k - 2s/2}{间距} + 1 = \frac{3080 \times 1.134 - 280}{280} + 1 = 13\ 根$$

(4) 梯板低端扣筋的计算。

① 低端扣筋以及分布筋长度的计算：

$$l_1 = \left[\frac{l_n}{4} + (b - c)\right] \times k = \left[\frac{3080}{4} + (200 - 15)\right] \times 1.134 = 1083\ \text{mm}(b\ 为梯梁宽度)$$
$$l_2 = 15d = 15 \times 12 = 180\ \text{mm}$$
$$h_1 = h - 2c = 120 - 2 \times 15 = 90\ \text{mm}$$
$$低端扣筋的每根长度 = 1083 + 180 + 90 = 1353\ \text{mm}$$
$$分布筋 = b_n - 2c = 1600 - 2 \times 15 = 1570\ \text{mm}$$

② 低端扣筋以及分布筋根数的计算：

$$低端扣筋根数 = \frac{b_n - 2c}{间距} + 1 = \frac{1600 - 2 \times 15}{125} + 1 = 14\ 根$$

$$分布筋根数 = \frac{l_n/4 \times k - s/2}{间距} + 1 = \frac{3080/4 \times 1.134 - 280/2}{280} + 1 = 4\ 根$$

(5) 梯板高端扣筋的计算(与低端对称)。

① 高端扣筋以及分布筋长度的计算：

$$h_1 = h - 2c = 120 - 2 \times 15 = 90\ \text{mm}$$
$$l_1 = \left[\frac{l_n}{4} + (b - c)\right] \times k = \left[\frac{3080}{4} + (200 - 15)\right] \times 1.134 = 1083\ \text{mm}$$
$$l_2 = 15d = 15 \times 12 = 180\ \text{mm}$$
$$高端扣筋的每根长度 = 90 + 1083 + 180 = 1353\ \text{mm}$$
$$分布筋 = b_n - 2c = 1600 - 2 \times 15 = 1570\ \text{mm}$$

② 高端扣筋以及分布筋根数的计算：

$$高端扣筋根数 = \frac{b_n - 2c}{间距} + 1 = \frac{1600 - 2 \times 15}{125} + 1 = 14\ 根$$

$$分布筋根数 = \frac{l_n/4 \times k - s/2}{间距} + 1 = \frac{3080/4 \times 1.134 - 280/2}{280} + 1 = 4\ 根$$

上面只计算了一跑 AT7 的钢筋，一个楼梯间有两跑 AT7，就把上述的钢筋数量乘以 2。

本 章 小 结

本章介绍的是板式楼梯平法识图制图规则及其配筋构造详图，主要内容包括：

(1) 板式楼梯施工图采用平面注写方式表达。

(2) 板式楼梯配筋构造要点：楼梯板(全部类型)下部设通长纵筋。楼梯板上部设负筋并按规定尺寸截断；当板厚不小于 150 mm 或有抗震构造措施时，板上部设通长负筋。钢筋避免内折角(包括板下部的通长筋及两端支座处负筋)；不考虑抗震时，下部钢筋在支座处按简支支座锚固，支座负筋采用弯锚。

习　　题

1. 22G101-2 图集楼梯按构造不同可分几种类型？分别具备什么特征？

2. 什么是斜坡系数 k？有何作用？

3. 楼梯不考虑抗震与考虑抗震时，梯板上部和下部钢筋在两端支座处的锚固有何不同？

4. 钢筋在阴角部位转折时应注意什么问题？

5. 什么情况下，梯板上部钢筋是贯通的？

6. 楼梯平面图的 AT 标注，如图 7-11 所示。已知混凝土强度等级为 C25($l_a = 40d$)，试计算梯板钢筋量。(梯梁截面宽度 $b = 250$ mm)

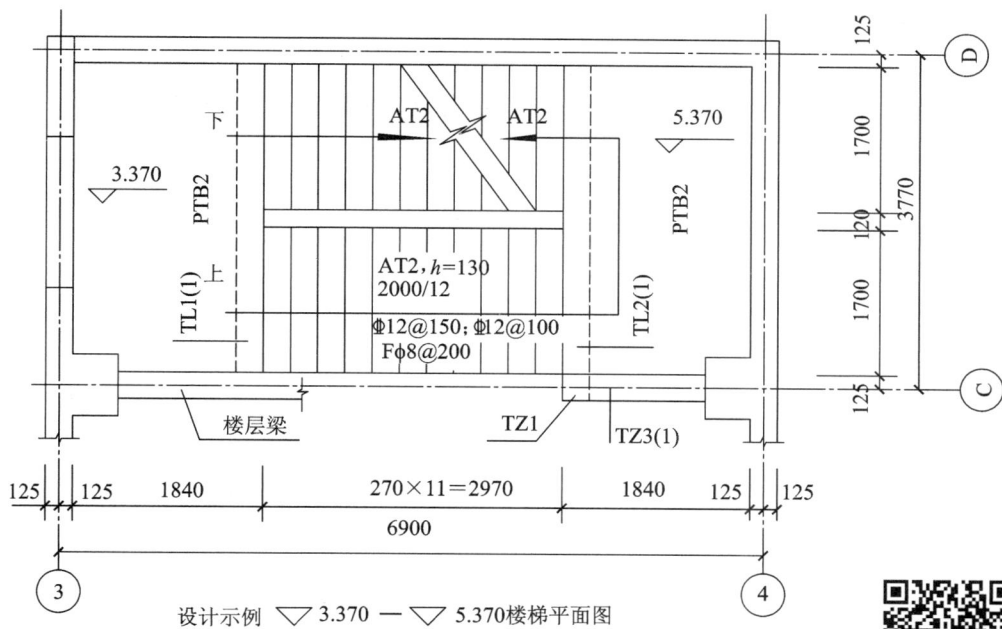

图 7-11　AT 型楼梯设计示例

参 考 文 献

[1] 中国建筑标准设计研究院. 22G101-1 混凝土结构施工图平面整体表示方法制图规则和构造详图(现浇混凝土框架、剪力墙、梁、板). 北京：中国计划出版社，2022.

[2] 中国建筑标准设计研究院. 22G101-2 混凝土结构施工图平面整体表示方法制图规则和构造详图(现浇混凝土板式楼梯). 北京：中国计划出版社，2022.

[3] 中国建筑标准设计研究院. 22G101-3 混凝土结构施工图平面整体表示方法制图规则和构造详图(独立基础、条形基础、筏形基础及桩基承台). 北京：中国计划出版社，2022.

[4] 中国建筑标准设计研究院. 18G901-1 混凝土结构施工钢筋排布规则与构造详图(现浇混凝土框架、剪力墙、梁、板). 北京：中国计划出版社，2018.

[5] 中国建筑标准设计研究院. 18G901-2 混凝土结构施工钢筋排布规则与构造详图(现浇混凝土板式楼梯). 北京：中国计划出版社，2018.

[6] 中国建筑标准设计研究院. 18G901-3 混凝土结构施工钢筋排布规则与构造详图(独立基础、条形基础、筏形基础及桩基承台). 北京：中国计划出版社，2018.

[7] 混凝土结构设计规范(2015 年版). GB50010-2010. 北京：中国建筑工业出版社，2015.

[8] 建筑抗震设计规范(2016 年版). GB50011-2010. 北京：中国建筑工业出版社，2016.

[9] 高层建筑混凝土结构技术规程. JGJ3-2010. 北京：中国建筑工业出版社，2011.